高职高专机电类专业规划教材

工业机器人技术及应用

龚仲华　夏　怡　编著

化学工业出版社

·北京·

本书从应用型人才培养的实际应用要求出发，根据高等职业院校的培养目标编写。书中介绍了机器人的一般知识，对工业机器人的性能参数、本体结构、核心部件等进行了完整详细的讲解，对工业机器人的运动控制技术、手动操作以及移动要素的定义、RAPID程序结构、常用指令的编程格式与要求、参数编程技术、应用程序设计等进行了全面系统阐述。

本书按项目式教材体例编写，分四个项目、十二个任务。每个任务均有明确的知识、能力目标，设有基础学习、实践指导、拓展提高、技能训练四个教学环节，教学内容由理论到实践，由浅入深，循序渐进，层次分明，易教易学。

本书可作为高等职业院校工业机器人技术、机电一体化技术、机械制造与自动化、电气自动化技术、机电设备维护、机电设备维修、精密机械、数控技术应用等专业的教材，也可供应用型本科院校师生与工程技术人员参考。

图书在版编目（CIP）数据

工业机器人技术及应用/龚仲华，夏怡编著. —北京：化学工业出版社，2019.3
高职高专机电类专业规划教材
ISBN 978-7-122-33904-1

Ⅰ.①工⋯　Ⅱ.①龚⋯②夏⋯　Ⅲ.①工业机器人-高等职业教育-教材　Ⅳ.①TP242.2

中国版本图书馆 CIP 数据核字（2019）第 028243 号

责任编辑：潘新文　　　　　　　　　　　装帧设计：韩　飞
责任校对：杜杏然

出版发行：化学工业出版社（北京市东城区青年湖南街 13 号　邮政编码 100011）
印　　装：北京市白帆印务有限公司
787mm×1092mm　1/16　印张 15¼　字数 372 千字　2019 年 5 月北京第 1 版第 1 次印刷

购书咨询：010-64518888　　　　　　　　　售后服务：010-64518899
网　　址：http://www.cip.com.cn
凡购买本书，如有缺损质量问题，本社销售中心负责调换。

定　　价：42.00 元

前　言

　　工业机器人是集机械、电子、自动控制、计算机、传感器、人工智能等多学科先进技术于一体的机电一体化设备，被称为工业自动化的三大支持技术之一。随着社会的进步和劳动力成本的增加，工业机器人在我国的应用越来越广，因此工业机器人技术课程在高等职业院校机电类人才培养中的重要性正在日益显现。

　　本书从应用型人才培养的实际应用要求出发，根据高等职业院校的培养目标编写。书中介绍了机器人的一般知识，对工业机器人的性能参数、本体结构、核心部件等进行了完整详细的讲解，对工业机器人的运动控制技术、手动操作以及移动要素的定义、RAPID程序结构、常用指令的编程格式与要求、参数编程技术、应用程序设计等进行了全面系统阐述。

　　本书按项目式教材体例编写，分四个项目、十二个任务。每个任务均有明确的知识、能力目标，设有基础学习、实践指导、拓展提高、技能训练四个教学环节，教学内容由理论到实践，由浅入深，循序渐进，层次分明，易教易学。

　　项目一介绍了机器人的产生、发展、分类以及工业机器人的应用、主要生产企业及其产品等，对工业机器人的组成与特点、结构形态、技术性能、主要技术参数进行了详细说明。通过学习，读者可了解机器人的应用情况，熟悉工业机器人性能和主要技术参数，初步具备工业机器人结构和技术性能选择、比较等基本技能。

　　项目二对工业机器人的本体结构以及谐波减速器、RV减速器等核心部件的结构与原理进行了全面分析阐述。通过学习，读者可熟悉工业机器人本体、谐波减速器、RV减速器的原理与结构，具备机器人安装、使用、维护等应用技能。

　　项目三对机器人本体及工具的坐标系与姿态、机器人移动要素的定义方法、工业机器人的手动操作、移动指令等进行了全面阐述。通过学习，读者可熟悉机器人坐标系与移动要素的定义方法，掌握工业机器人手动操作、运动控制参数设置等技能。

　　项目四介绍了RAPID程序的组成结构、格式要求及程序数据定义方法，对运动控制、输入/输出、程序运行控制等的常用指令，以及RAPID参数编程技术进行了深入讲解。通过学习，读者可掌握RAPID程序创建，以及RAPID常用指令编程、参数编程的基本方法，具备工业机器人的程序设计能力。

　　本书编写过程中得到了ABB、安川等公司的大力支持，在此表示衷心感谢。

　　由于编者水平有限，书中难免存在不足，恳请广大读者批评指正。

编者

2018 年 12 月

目录

项目三　工业机器人运动控制　　⬤95

认识工业机器人

工业机器人是在工业环境下应用的机器人，是集机械、电子、自动控制、计算机、传感器等多学科先进技术于一体的典型机电一体化设备，有人曾将其与 CNC（数控）、PLC（可编程序控制器）并称为工业自动化的三大支持技术。随着社会的进步、工业自动化程度的提高和劳动力成本的增加，工业机器人的应用已越来越广。

工业机器人是所有机器人中最早研发、推广应用的产品。工业机器人的概念由美国发明家 George Devol（乔治·德沃尔）在 1954 年率先提出，1959 年，美国机器人专家 Joseph F. Engelberger（约瑟夫·恩盖尔柏格）利用 George Devol 的专利，研制出了世界上第一台真正意义上的工业机器人。

除工业机器人外，现代机器人还包括了其他服务于人类非生产性活动的机器人，这些机器人统称为服务机器人，其应用范围更广，智能化程度更高，技术难度更大，是当代机器人的重要发展方向。

本项目将对机器人产生、发展、分类、应用等基本概念进行学习。

任务 1　了解机器人分类及应用

知识目标

① 了解机器人的提出、产生过程及定义；知道第一、二、三代机器人的主要区别。

② 了解机器人的一般分类方法。

③ 熟悉工业机器人的分类、产品及应用情况。

④ 了解服务机器人的分类及一般应用领域。

能力目标

① 能正确判定机器人的技术水平，区分工业机器人、服务机器人。

② 能正确区分加工类、装配类、搬运类、包装类工业机器人。

③ 能说出服务机器人的一般应用领域及其类别。

一、机器人的产生及定义

1. 概念的提出

机器人（Robot）一词源自捷克著名剧作家 Karel Čapek（卡雷尔·恰佩克）1921 年创作的剧本《Rossumovi univerzální roboti》（罗萨姆的万能机器人，简称 R. U. R），由于 R. U. R 剧中的人造机器被取名为 Robota（捷克语，即奴隶、苦力），因此，英文 Robot 一词开始代表机器人。

机器人概念一经出现，首先引起了科幻小说家的广泛关注。自 20 世纪 20 年代起，机器人成了很多科幻小说、电影的主人公，如星球大战中的 C3P 等。科幻小说家的想象力是无限的。为了预防机器人可能引发的人类灾难，1942 年，美国科幻小说家 Isaac Asimov（艾萨克·阿西莫夫）在《I, Robot》的第 4 个短篇《Runaround》中，首次提出了"机器人学三原则"，它被称为"现代机器人学的基石"，这也是"机器人学（Robotics）"这个名词在人类历史上的首度亮相。

机器人学三原则的主要内容如下。

原则 1：机器人不能伤害人类，或因其不作为而使人类受到伤害。

原则 2：机器人必须执行人类的命令，除非这些命令与原则 1 相抵触。

原则 3：在不违背原则 1、原则 2 的前提下，机器人应保护自身不受伤害。

到了 1985 年，Isaac Asimov 在机器人系列最后作品《Robots and Empire》中，又补充了凌驾于"机器人学三原则"之上的"原则 0"：

原则 0：机器人必须保护人类的整体利益不受伤害，其他 3 条原则都必须在这一前提下才能成立。

继 Isaac Asimov 之后，其他科幻作家还不断提出了对"机器人学三原则"的补充、修正意见，但是，这些大都是科幻小说家对想象中机器人所施加的限制；实际上，"人类整体利益"等概念本身就是模糊的，甚至连人类自己都搞不明白，更不要说机器人了。因此，目前人类的认识和科学技术实际上还远未达到制造科幻片中的机器人的水平；制造出具有类似人类智慧、感情、思维的机器人仍属于科学家的梦想和追求。

2. 工业机器人的产生

现代机器人的研究起源于 20 世纪中叶的美国，它从工业机器人的研究开始。

第二次世界大战期间，由于军事、核工业的发展需要，在原子能实验室的恶劣环境下，需要有操作机械来代替人类进行放射性物质的处理。为此，美国的 Argonne National Laboratory（阿尔贡国家实验室）开发了一种遥控机械手（Teleoperator）。接着，在 1947 年，又开发出了一种伺服控制的主-从机械手（Master-Slave Manipulator），这些都是工业机器人的雏形。

工业机器人的概念由美国发明家 George Devol（乔治·德沃尔）最早提出，他在 1954 年申请了专利，并在 1961 年获得授权。1958 年，美国著名的机器人专家 Joseph F. Engelberger（约瑟夫·恩盖尔柏格）建立了 Unimation 公司，并利用 George Devol 的专利，于 1959 年研制出了图 1-1-1 所示的世界上第一台真正意义上的工业机器人 Unimate，开创了机器人发展的新纪元。

Joseph F. Engelberger 对世界机器人工业的发展做出了杰出的贡献，被人们称为"机器人之父"。1983 年，就在工业机器人销售日渐增长的情况下，他又毅然决定将 Unimation 公司出让给美国 Westinghouse Electric Corporation（西屋电气公司，又译威斯汀豪斯电气公司），并创建了 TRC 公司，并前瞻性地开始了服务机器人的研发工作。

从 1968 年起，Unimation 公司先后将工业机器人的制造技术转让给了日本 KAWASAKI（川崎）公司和英国 GKN 公司等企业，机器人开始在日本和欧洲得到了快速发展。据有关方

图 1-1-1　Unimate 工业机器人

面的统计，目前世界上至少有 48 个国家在发展机器人，其中 25 个国家已在进行智能机器人开发。美国、日本、德国、法国等都是机器人的研发和制造大国，无论在基础研究还是产品研发、制造方面，都居世界领先水平。

3. 机器人的定义

由于机器人的应用领域众多、发展速度快，加上它又涉及人类的有关概念，因此，对于机器人，世界各国标准化机构，甚至同一国家的不同标准化机构，至今尚未形成一个统一、准确、世所公认的严格定义。

例如，欧美国家一般认为，机器人是一种"由计算机控制，可通过编程改变动作的多功能、自动化机械"。而日本作为机器人生产的大国，则将机器人分为"能够执行人体上肢（手和臂）类似动作"的工业机器人和"具有感觉和识别能力，并能够控制自身行为"的智能机器人两大类。

客观地说，欧美国家的机器人定义侧重其控制方式和功能，其定义和现行的工业机器人较接近；而日本的机器人定义，关注的是机器人的结构和行为特性，且已经考虑到了现代智能机器人的发展需要，其定义更为准确。

作为参考，目前在相关资料中使用较多的机器人定义主要有以下几种。

（1）ISO（国际标准化组织）定义：机器人是一种"自动的、位置可控的、具有编程能力的多功能机械手，这种机械手具有几个轴，能够借助可编程序操作来处理各种材料、零件、工具和专用装置，执行各种任务"。

（2）JRA（日本机器人协会）将机器人分为工业机器人和智能机器人两大类，工业机器人是一种"能够执行人体上肢（手和臂）类似动作的多功能机器"；智能机器人是一种"具有感觉和识别能力，并能够控制自身行为的机器"。

（3）NBS（美国国家标准局）定义：机器人是一种"能够进行编程，并在自动控制下执行某些操作和移动作业任务的机械装置"。

（4）RIA（美国机器人协会）定义：机器人是一种"用于移动各种材料、零件、工具或专用装置的，通过可编程的动作来执行各种任务的，具有编程能力的多功能机械手"。

（5）我国 GB/T12643 标准定义：工业机器人是一种"能够自动定位控制，可重复编程的、多功能的、多自由度的操作机，能搬运材料、零件或操持工具，用于完成各种作业"。

以上标准化机构及专门组织对机器人的定义都是在特定时间给出的，多偏重于工业机器人，而科学技术对未来是无限开放的，当代智能机器人无论在外观还是在功能、智能化程度方面，都已超出了传统工业机器人的范畴，而且机器人正在源源不断地向人类活动的各个领域渗透，它所涵盖的内容也越来越丰富。

二、机器人的发展

机器人最早用于工业领域，用来协助人类完成重复、单调、长时间的工作，或进行高温、粉尘、有毒、辐射、易燃、易爆等恶劣、危险环境下的作业。随着科学技术发展和智能化技术研究的深入，各式各样具有感知、决策、行动和交互能力的可适应不同领域特殊要求的机器人相继问世，机器人已开始进入人们生产、生活的各个领域。

1. 第一代机器人

第一代机器人一般是指能通过离线编程或示教操作生成程序，并再现动作的机器人。第一代机器人所使用的技术和数控机床十分相似，可通过离线编制的程序控制机器人的运动，也可通过手动示教操作（数控机床称为 Teach in 操作），使机器人记录运动过程并生成程序，并进行再现运行。

第一代机器人的全部行为完全由人控制，它没有分析和推理能力，无智能性，其控制以示教、再现为主，故又称示教再现机器人。第一代机器人现已实用和普及，包括图 1-1-2 所示的大多数工业机器人都属于第一代。

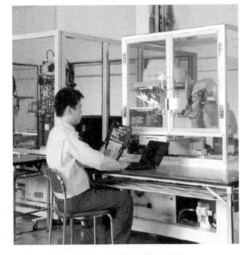

图 1-1-2　第一代机器人

2. 第二代机器人

第二代机器人装备有一定数量的传感器，它能获取作业环境、操作对象的部分信息，并通过计算机的分析处理作出简单的推理，适当调整自身的动作和行为。

例如，在图 1-1-3（a）所示的探测机器人上，可通过所安装的摄像头及视觉传感系统识别图像，判断和规划探测车的运动轨迹，它对外部环境具有了一定的适应能力。在图 1-1-3（b）所示的人机协同作业机器人上，触觉传感系统能防止人体碰撞，实现安全的人机协同作业。

第二代机器人已具备一定的感知和简单推理能力，故又称感知机器人或低级智能机器人，当前使用的大多数服务机器人或多或少都已经具备第二代机器人的特征。

3. 第三代机器人

第三代机器人具有高度的自适应能力，具有多种感知机能，可通过复杂的推理作出判断和决策，自主决定机器人的行为，具有相当程度的智能，故称为智能机器人。第三代机器人目前主要用于家庭、个人服务及军事、航天等领域，目前只有美国、日本、德国等少数发达国家能掌握和应用。

日本 HONDA（本田）公司最新研发的图 1-1-4（a）所示的 Asimo 机器人不仅能实现跑步、爬楼梯、跳舞等动作，还能进行踢球、倒饮料、打手语等简单智能动作。日本 Riken

（a）探测机器人 （b）人机协同作业机器人

图 1-1-3 第二代机器人

Institute（理化学研究所）最新研发的图 1-1-4（b）所示的 Robear 机器人，其肩部、关节等部位都安装有测力感应系统，它能够像人一样柔和地将卧床者从床上扶起，或将坐着的人抱起，其样子亲切可爱，充满活力。

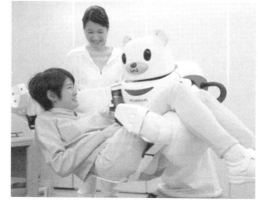

（a）Asimo 机器人 （b）Robear 机器人

图 1-1-4 第三代机器人

三、机器人的分类

机器人的分类方法很多，但由于人们观察问题的角度有所不同，目前还没有一种世所公认的完美分类方法。总体而言，通常机器人分类方法有专业分类法和应用分类法两种。

1. 专业分类法

专业分类法一般是机器人设计、制造和使用厂家技术人员所使用的分类方法，其专业性较强，业界外较少使用。目前，可按机器人控制系统的技术水平、机械结构形态和运动控制方式进行分类。

（1）按控制系统的技术水平分类。根据机器人目前的控制系统水平，一般可分为示教再现机器人（第一代）、感知机器人（第二代）、智能机器人（第三代）三类。

（2）按机械结构形态分类。根据机器人现有的机械结构形态，可分为圆柱坐标（Cylindrical Coordinate)、球坐标（Polar Coordinate）、直角坐标（Cartesian Coordinate）及关节型（Articulated）、并联型（Parallel）等，其中以关节型机器人为常用。不同形态机器人在外观、机械结构、控制要求、工作空间等方面均有较大的区别。例如，关节型机器人的动作类似人类手臂，而直角坐标及并联型机器人的外形和结构则与数控机床十分类似等。有关工业机器人的结构形态，将在项目二进行详细阐述。

（3）按运动控制方式分类。根据机器人的运动控制方式，可分为顺序控制型、轨迹控制型、远程控制型、智能控制型等。顺序控制型又称点位控制型，这种机器人只需要按照规定的次序和移动速度运动到指定点进行定位，而不需要控制移动过程中的运动轨迹，它可以用于物品搬运等。轨迹控制型机器人需要同时控制移动轨迹、移动速度和运动终点，它可用于焊接、喷漆等连续移动作业。远程控制型机器人可实现无线遥控，如军事机器人、空间机器人、水下机器人等。智能控制型机器人就是前述的第三代机器人，多用于军事、场地、医疗等行业。

2. 应用分类法

应用分类法是根据机器人应用环境（用途）进行分类的大众分类方法，其定义通俗，易为公众所接受。例如，日本将机器人分为工业机器人和智能机器人两类，我国则分为工业机器人和特种机器人两类等，然而由于对机器人的智能性判别尚缺乏严格、科学的标准，工业机器人和特种机器人的界线也较难划分，因此本书参照国际机器人联合会（IFR）的相关定义，根据机器人的应用环境将机器人分为工业机器人和服务机器人两类，前者用于环境已知的工业领域，后者用于环境未知的服务领域。如进一步细分，目前常用的机器人基本上可分为图 1-1-5 所示的几类。

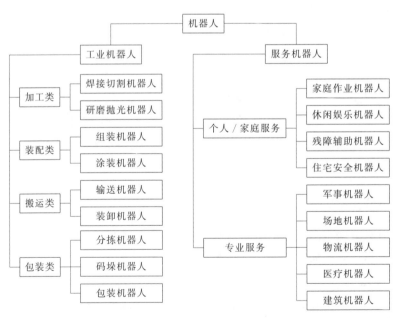

图 1-1-5　机器人的分类

（1）工业机器人。工业机器人（Industrial Robot，简称 IR）是指在工业环境下应用的机器人，它是一种可编程的多用途自动化设备。当前实用化的工业机器人以第一代示教再现机器人居多，但部分工业机器人已能通过图像的识别、判断来规划或探测途径，对外部环境具有了一定的适应能力，初步具备了第二代感知机器人的一些功能。

工业机器人可根据其用途和功能，分为加工、装配、搬运、包装 4 大类；在此基础上，还可对每类进行细分。

（2）服务机器人。服务机器人（Personal Robot，简称 PR）是服务于人类非生产性活动的机器人的总称，它在机器人中所占的比例高达 95% 以上。根据国际机器人联合会的定义，服务机器人是一种半自主或全自主工作的机械设备，它能完成有益于人类的服务工作，但不直接从事工业品的生产。

服务机器人的涵盖范围非常广，除工业生产用的机器人外，其他所有的机器人均属于服务机器人的范畴。

实践指导

一、工业机器人的分类及应用

工业机器人（Industrial Robot，简称 IR）是用于工业生产环境的机器人的总称。用工业机器人替代人工操作，不仅可保障人身安全、改善劳动环境、减轻劳动强度、提高劳动生产率，而且能够起到提高产品质量、节约原材料消耗及降低生产成本等多方面作用，因而它在工业生产各领域的应用也越来越广泛。

1. 工业机器人的分类

工业机器人自 1959 年问世以来，经过近六十年的发展，在各方面都有了很大的变化，结构越来越合理，控制越来越先进，功能越来越强大。根据工业机器人的功能与用途，其主要产品大致可分为图 1-1-6 所示的加工、装配、搬运、包装 4 大类。

（a）加工

（b）装配

（c）搬运

（d）包装

图 1-1-6 工业机器人的分类

（1）加工机器人。加工机器人是直接用于工业产品加工作业的工业机器人，常用的有金属材料焊接、切割、折弯、冲压、研磨、抛光等；此外，也有部分用于建筑、木材、石材、玻璃等行业的非金属材料切割、研磨、雕刻、抛光等加工作业。

焊接、切割、研磨、雕刻、抛光加工的作业环境通常较恶劣，加工时所产生的强弧光、高温、烟尘、飞溅物、电磁波等都有害于人体健康。这些行业采用机器人自动作业，不仅可改善工作环境，避免人体伤害，而且还可自动连续工作，提高工作效率和改善加工质量。

焊接机器人（Welding Robot）是目前工业机器人中产量最大、应用最广的一种，被广泛用于汽车、铁路、航空航天、军工、冶金、电气等行业。自1969年美国GM公司（通用汽车）在美国Lordstown汽车组装生产线上装备首台汽车点焊机器人以来，机器人焊接技术已日臻成熟，通过机器人的自动化焊接作业，可提高生产率，确保焊接质量，改善劳动环境。

材料切割是工业生产不可缺少的加工方式，从传统的金属材料火焰切割、等离子切割到可用于多种材料的激光切割加工，都可用机器人完成切割作业。目前薄板类材料的切割大多采用数控火焰切割机、数控等离子切割机和数控激光切割机等数控机床完成，但异形、大型材料或废旧船舶、车辆等大型设备的切割已开始逐步使用工业机器人。

研磨、雕刻、抛光机器人主要用于汽车、摩托车、工程机械、家具建材、电子电气、陶瓷卫浴等行业的表面处理。使用研磨、雕刻、抛光机器人不仅能使操作者远离高温、粉尘、有毒、易燃、易爆的工作环境，而且能够提高加工质量和生产效率。

（2）装配机器人。装配机器人（Assembly Robot）是将不同的零件或材料组合成组件或成品的工业机器人，常用的有组装和涂装2大类。

计算机（Computer）、通信（Communication）和消费性电子（Consumer Electronic）行业（简称3C行业）是目前组装机器人最大的应用市场。3C行业是典型的劳动密集型产业，采用人工装配，不仅需要大量的员工，而且操作工人的工作高度重复，操作频繁，劳动强度极大；此外，随着电子产品不断向轻薄化、精细化方向发展，产品对零部件装配的精细程度要求在日益提高，部分作业人工已无法完成。

涂装类机器人用于部件或成品的上漆、喷涂等表面处理，这类作业环境通常含有影响人体健康的有害、有毒气体，采用机器人自动作业后，不仅可改善作业环境，避免有害、有毒气体的危害，而且还可自动连续工作，提高工作效率和改善加工质量。

（3）搬运机器人。搬运机器人是从事物体移动作业的工业机器人的总称，常用的主要有输送机器人（Transfer Robot）和装卸机器人（Handling Robot）2大类。

工业生产中的输送机器人以无人搬运车（Automated Guided Vehicle，简称AGV）为主。AGV依靠计算机控制系统和路径识别传感器，能够自动行走和定位停止，广泛应用于机械、电子、纺织、卷烟、医疗、食品、造纸等行业的物品搬运和输送。在机械加工行业，AGV大多用于无人化工厂、柔性制造系统（Flexible Manufacturing System，简称FMS）的工件、刀具输送，它通常需要与自动化仓库、刀具中心及数控加工设备、柔性加工单元（Flexible Manufacturing Cell，简称FMC）的控制系统互连，以构成无人化工厂、柔性制造系统的自动化物流系统。

装卸机器人多用于机械加工设备的工件装卸（上下料），它通常和数控机床等自动化加工设备组合，构成柔性加工单元（FMC），成为无人化工厂、柔性制造系统（FMS）的一部分。装卸机器人还经常用于冲剪、锻压、铸造等设备的上下料，以替代人工完成高风险、高温等恶劣环境下的危险作业或繁重作业。

（4）包装机器人。包装机器人（Packaging Robot）是用于物品分类、成品包装、码垛的工业机器人，常用的主要有分拣、包装和码垛3类。

计算机、通信和消费性电子行业（3C行业）和化工、食品、饮料、药品行业是包装机器人的主要应用领域。3C行业的产品产量大，周转速度快，成品包装任务繁重，而化工、食品、饮料、药品行业由于行业特殊性，人工作业涉及安全、卫生、清洁、防水、防菌等方面的问题，因此都需要利用装配机器人来完成物品的分拣、包装和码垛作业。

2. 工业机器人应用

根据国际机器人联合会（IFR）的最新统计，当前工业机器人的应用分布情况大致如图1-1-7所示。其中，汽车制造业、电子电气工业、金属制品业是目前工业机器人的主要应用领域。

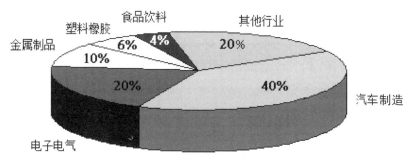

图1-1-7　工业机器人的应用分布

汽车及汽车零部件制造业历来是工业机器人用量最大的行业，其机器人使用量长期保持在工业机器人应用总量的40%以上，采用的机器人以加工、装配类机器人为主，是焊接、研磨、抛光及装配、涂装机器人的主要应用领域。

电子电气（包括计算机、通信、家电、仪器仪表等）是工业机器人应用的另一主要行业，其使用量也保持在工业机器人应用总量的20%以上，使用的主要机器人产品为装配、包装类机器人。

金属制品及加工业的机器人用量大致在工业机器人应用总量的10%左右，使用的机器人产品主要为搬运类的输送机器人和装卸机器人。

建筑、化工、橡胶、塑料以及食品、饮料、药品等其他行业的机器人用量都在工业机器人应用总量的10%以下，橡胶、塑料、化工、建筑行业使用的机器人种类较多；食品、饮料、药品行业使用的机器人通常以加工、包装类为主。

中国是目前全世界最大的工业机器人消费国家，可以说近年来全球工业机器人消费的增长，基本上来自中国市场。据中国机器人产业联盟、美国《华尔街日报》等统计，2013年中国的工业机器人销量为3.7万台，约占全球销量（17.7万台）的1/5；2014年、2015年，中国工业机器人的年销量分别为5.7万、6.6万台，达到全球销售量（22.5万、24.7万台）的1/4以上；2016年、2017年，中国工业机器人的年销量更是达到了8.7万、14.1万台，占全球销售量（29.4万、38万台）的1/3以上。但是，我们应当清醒地认识到，中国工业机器人市场的壮大，在很大程度上得益于国家政策，而并不代表我国的工业自动化程度已真正超过了发达国家。

二、工业机器人生产企业与产品

目前，全球工业机器人的主要生产厂家主要有日本的 FANUC（发那科）、YASKAWA（安川）、KAWASAKI（川崎）、NACHI（不二越）、DAIHEN（OTC 或欧希地）、PANASONIC（松下），瑞士和瑞典的 ABB，德国的 KUKA（库卡）、REIS（徕斯，现为 KUKA 成员），意大利的 COMAU（柯马），奥地利的 IGM（艾捷默），韩国的 HYUNDAI（现代）等。其中，FANUC、YASKAWA、ABB、KUKA 是当前工业机器人研发、生产的代表性企业；KAWASAKI、NACHI 公司是全球最早从事工业机器人研发生产的企业；DAIHEN 的焊接机器人是国际名牌产品。以上企业的产品在我国的应用最为广泛。

工业机器人研发的起始时间基本分为图 1-1-8 所示的 20 世纪 60 年代末、70 年代中、70 年代末 3 个时期。

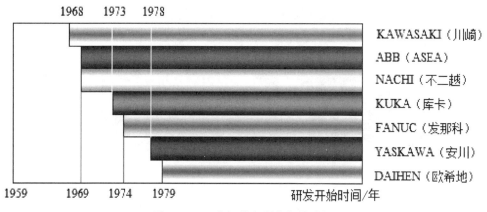

图 1-1-8　工业机器人研发起始时间

日本的 FANUC（发那科）、YASKAWA（安川）、KAWASAKI（川崎），欧洲的 ABB、KUKA 是目前工业机器人的主要生产企业，其主要产品研发情况简介如下。

1. FANUC（发那科）

FANUC（发那科）是目前全球最大、最著名的数控系统（CNC）生产厂家和全球产量最大的工业机器人生产厂家，其产品的技术水平居世界领先地位。FANUC 从 1956 年起就开始从事数控和伺服的民间研究，1972 年正式成立 FANUC 公司；1974 年开始研发、生产工业机器人。FANUC 公司的工业机器人及关键部件的研发、生产历史如下。

1972 年：FANUC 公司正式成立。

1974 年：开始进入工业机器人的研发、生产领域，并从美国 GETTYS 公司引进了直流伺服电机的制造技术，进行商品化与产业化生产。

1977 年：开始批量生产、销售 ROBOT-MODEL1 工业机器人。

1982 年：FANUC 和 GM 公司合资，在美国成立了 GM Fanuc 机器人公司（GM Fanuc Robotics Corporation），专门从事工业机器人的研发、生产；同年还成功研发了交流伺服电机产品。

1992 年：FANUC 在美国成立了全资子公司 GE Fanuc 机器人公司（GE Fanuc Robotics Corporation）；同年，和我国机械电子工业部北京机床研究所合资，成立了北京发那科（FANUC）机电有限公司。

1997 年：和上海电气集团合资，成立了上海发那科（FANUC）机器人有限公司，成为最早进入中国市场的国外工业机器人企业之一。

2008 年：工业机器人总产量位居全世界第一，成为全球首家突破 20 万台工业机器人总产量的生产企业。

2011 年：成为全球首家突破 25 万台工业机器人总产量的生产企业，工业机器人总产量继续位居全世界第一。

2. YASKAWA（安川）

YASKAWA（安川）公司成立于 1915 年，是全球著名的伺服电机、伺服驱动器、变频器和工业机器人生产厂家，其工业机器人的总产量目前名列全球前两名，它也是首家进入中国的工业机器人企业。YASKAWA（安川）公司的工业机器人及关键部件的研发、生产历史如下。

1915 年：YASKAWA（安川）公司正式成立。

1954 年：与 BBC 德国公司合作，开始研发直流电机产品。

1977 年：垂直多关节工业机器人 MOTOMAN-L10 研发成功，创立了 MOTOMAN 工业机器人品牌。

1983 年：开始产业化生产交流伺服驱动产品。

1990 年：带电作业机器人研发成功，MOTOMAN 机器人中心成立。

1996 年：北京工业机器人合资公司正式成立，成为首家进入中国的工业机器人企业。

2003 年：MOTOMAN 机器人总销量突破 10 万台。

2005 年：推出新一代双腕 7 轴工业机器人，并批量生产。

2006 年：MOTOMAN 机器人总销量突破 15 万台。

2008 年：MOTOMAN 机器人总销量突破 20 万台，与 FANUC 公司同时成为全球工业机器人总产量超 20 万台的企业。

2014 年：MOTOMAN 机器人总销量突破 30 万台。

3. KAWASAKI（川崎）

KAWASAKI（川崎）公司成立于 1878 年，是日本著名大型企业集团，集团公司下辖有车辆、宇宙航空、燃气轮机、机械、通用机、船舶等公司和部门，拥有上百家分公司和企业。KAWASAKI 公司的业务范围涵盖航空、航天、军事、电力、铁路、造船、工程机械、钢结构、发动机、摩托车、机器人等众多领域，其产品代表了日本科技的先进水平。

KAWASAKI 公司的主营业务实际上以大型装备为主，包括飞机（特别是直升飞机）、坦克、桥梁、电气机车及火力发电、金属冶炼设备等。日本第一台蒸汽机车由 KAWASAKI（川崎）制造，新干线的电气机车大都由 KAWASAKI 公司制造。KAWASAKI 是日本仅次于三菱重工的著名军工企业，是日本自卫队飞机和潜艇的主要生产商。日本第一艘潜艇、"榛名"号战列舰、"加贺"号航空母舰、"飞燕"战斗机、"五式"战斗机、"一式"运输机等军用产品也都由 KAWASAKI 公司参与建造。此外，KAWASAKI 公司也是世界著名的摩托车和体育运动器材生产厂家。

KAWASAKI（川崎）公司的工业机器人研发始于 1968 年，是日本最早研发、生产工业机器人的著名企业，曾研制出了日本首台工业机器人"川崎-Unimation2000"和全球首台用于摩托车车身焊接的弧焊机器人等标志性产品，在焊接机器人技术方面居世界领先水平。

4. ABB

ABB 集团公司是由原总部位于瑞典的 ASEA 和总部位于瑞士的 BBC 两个具有百年历史的著名电气公司于 1988 年合并而成。ABB 的集团总部位于瑞士苏黎世，低压交流传动研发中心位于芬兰赫尔辛基，中压传动研发中心位于瑞士，直流传动及传统低压电器等产品的研发中心位于德国法兰克福。

ASEA 公司成立于 1890 年，1942 年研发制造了世界首台 120MV·A/220kV 变压器；1954 年，建造了世界首条 100kV 高压直流输电线路；1969 年，ASEA 公司研发出全球第一台喷涂机器人，开始进入工业机器人的研发制造领域。

BBC 公司成立于 1891 年，是全球首家高压输电设备生产供应商；1901 年研发制造了欧洲首台蒸汽涡轮机。BBC 又是著名的低压电器和电气传动设备生产企业，其产品广泛应用于工商业、民用建筑配电、各类自动化设备和大型基础设施工程。

组建后的 ABB 公司业务范围更广，成为世界电力和自动化技术领域的领导厂商之一。ABB 公司协助建造了我国第一艘采用电力推进装置的科学考察船、第一座自主设计的半潜式钻井平台、第一条全自动重型卡车冲压生产线等重大装备，参与了四川锦屏至苏南的 2090km 7200MW/800kV 输电线路（世界最长、容量最大的特高压直流输电线路）、武广高铁（中国第一条高速铁路，全长 1068km，设计时速 350km/h）、江苏如东海上风电基地（中国最大的海上风电基地）、上海罗泾港码头（中国第一座全自动散货码头）、江苏沙钢集团（全球最先进、高效的轧钢厂）等重大工程建设。

ABB 公司是全球最早从事工业机器人研发制造的企业之一，其工业机器人累计销量已超过 20 万台，产品规格全、产量大，是世界著名的工业机器人制造商和我国工业机器人的主要供应商之一。ABB 公司的工业机器人及关键部件的研发、生产历史如下。

1969 年：研制出全球首台喷涂机器人，并在挪威投入使用。

1974 年：研制出了世界首台微机控制、全电气驱动的 5 轴涂装机器人 IRB 6。

1998 年：研制出了 Flex Picker 柔性手指和 Robot Studio 离线编程和仿真软件。

2005 年：ABB 在上海成立机器人研发中心，并建成了机器人生产线。

2009 年：研制出当时全球精度最高、速度最快、质量为 25kg 的 6 轴小型工业机器人 IRB 120。

2010 年：ABB 最大的工业机器人生产基地和唯一的喷涂机器人生产基地——中国机器人整车喷涂实验中心建成。

2011 年：研制出全球最快码垛机器人 IRB 460。

2014 年：研制出当前全球首台真正意义上可实现人机协作的机器人 YuMi。

5. KUKA（库卡）

KUKA（库卡）公司的创始人为 Johann Josef Keller 和 Jakob Knappich，公司于 1898 年在德国巴伐利亚州的奥格斯堡（Augsburg）正式成立，取名为"Keller und Knappich Augsburg"，简称 KUKA。KUKA 公司最初的主要业务为室内及城市照明，后开始从事焊接设备、大型容器、市政车辆的研发生产，1966 年成为欧洲市政车辆的主要生产商。

KUKA 公司的工业机器人研发始于 1973 年；1995 年，其机器人事业部与焊接设备事业部分离，成立 KUKA 机器人有限公司。KUKA 公司是世界著名的工业机器人制造商之一，其产品规格全、产量大，是我国目前工业机器人的主要供应商之一。KUKA 公司的工业机器人及关键部件的研发、生产历史如下。

1973 年：研发出世界首台 6 轴工业机器人 FAMULUS。

1985 年：研制出世界首台具有 3 个平移和 3 个转动自由度的 Z 型 6 自由度机器人。

1989 年：研发出交流伺服驱动的工业机器人产品。

2007 年："KUKA titan" 6 轴工业机器人研发成功，产品被收入吉尼斯纪录。

2012 年：研发出小型工业机器人产品系列 KR Agilus。

2013 年：研发出概念机器车 moiros，并获 2013 年汉诺威工业博览会机器人应用方案冠军和 Robotics Award 大奖。

2014 年：德国 REIS（徕斯）公司并入 KUKA（库卡）公司。

2016 年：中国美的集团收购库卡 85％ 的股权。

拓展提高

一、服务机器人简介

1. 产品及应用

服务机器人是服务于人类非生产性活动的机器人的总称。从控制要求、功能、特点等方面看，服务机器人与工业机器人的本质区别在于：工业机器人所处的工作环境在大多数情况下是已知的，因此，利用第一代机器人技术已可满足其要求；然而，服务机器人的工作环境在绝大多数场合是未知的，故都需要使用第二代、第三代机器人技术。从行为方式上看，服务机器人一般没有固定的活动范围和规定的动作行为，它需要有良好的自主感知、自主规划、自主行动和自主协同等方面的能力，因此服务机器人较多地采用仿生、车辆等结构形态。

早在 1967 年，在日本举办的第一届机器人学术会议上，人们就提出了两种描述服务机器人特点的代表性意见。一种意见认为服务机器人是一种"具有自动性、个体性、智能性、通用性、半机械半人性、移动性、作业性、信息性、柔性、有限性等特征的自动化机器"；另一种意见认为具备如下 3 个条件的机器可称为服务机器人：

（1）具有类似人类的脑、手、脚等的功能要素；

（2）具有非接触式和接触式传感器；

（3）具有平衡觉和固有觉传感器。

当然，鉴于当时的情况，以上定义都强调了服务机器人的"类人"含义，突出了由"脑"统一指挥、靠"手"进行作业、靠"脚"实现移动、通过非接触式传感器和接触式传感器使机器人识别外界环境、利用平衡觉和固有觉传感器感知本身状态等基本属性。但它对服务机器人的研发仍具有参考价值。

服务机器人的出现虽然晚于工业机器人，但由于它与人类进步、社会发展、公共安全等诸多重大问题息息相关，应用领域众多，市场广阔，因此其发展非常迅速，潜力巨大。有国外专家预测，在不久的将来，服务机器人产业可能成为继汽车、计算机后的另一新兴产业。

在服务机器人中，个人/家用服务机器人（Personal/Domestic Robots）为大众化、低价位产品，其市场最大。在专业服务机器人中，涉及公共安全的军事机器人（Military Robot）、场地机器人（Field Robots）、医疗机器人的应用最广。

在服务机器人的研发领域，美国不但在军事、场地、医疗等专业服务机器人的研究上遥遥领先于其他国家，而且在个人/家用服务机器人的研发上同样占有显著的优势。其服务机器人总量约占全球服务机器人市场的60%。此外，日本的个人/家用服务机器人产量约占全球市场的50%。欧洲的德国、法国也是服务机器人的研发和使用大国。我国在服务机器人领域的研发起步较晚，直到2005年才初具市场规模，总体水平与发达国家相比存在很大的差距。目前，我国的个人/家用服务机器人主要用于吸尘、教育娱乐、保安、智能玩具等，专用服务机器人主要有医疗机器人及部分军事机器人、场地机器人等。

2. 个人/家用机器人

个人/家用机器人泛指为人们日常生活服务的机器人，例如用于家庭作业、娱乐休闲、残障辅助、住宅安全等。个人/家用服务机器人是被人们普遍看好的未来最具发展潜力的新兴产业之一。

在个人/家用机器人中，以家庭作业和娱乐休闲机器人的产量为最大，两者占个人/家用服务机器人总量的90%以上；残障辅助、住宅安全机器人的普及率目前还较低，但市场前景被人们普遍看好。

早在20世纪80年代，美国就开始进行吸尘机器人的研究。iRobot公司是目前家用服务机器人行业公认的领先企业，其产品技术先进，全球市场占有率最大。德国的Karcher公司也是著名的家庭作业机器人生产商，它在2006年研发的Rc3000家用清洁机器人是世界上第一台能够自行完成家庭地面清洁工作的家用清洁机器人。此外，美国的Neato、Mint，日本的SHINK、PANASONIC（松下），韩国的LG、三星等公司也都是全球较著名的家用清洁机器人研发、制造企业。

在我国，家庭作业服务机器人的使用率非常低。

3. 专业服务机器人

专业服务机器人的涵盖范围非常广，简而言之，除工业生产用的工业机器人和为人们日常生活服务的个人/家用机器人外，其他所有的机器人均属于专业服务机器人。在专业服务机器人中，军事、场地和医疗机器人是应用最广的产品，3类产品的概况如下。

（1）军事机器人。军事机器人是为了军事目的而研制的自主、半自主式或遥控的智能化装备，它可用来帮助或替代军人完成特定的战术或战略任务。军事机器人具备全方位、全天候的作战能力和极强的战场生存能力，可在超过人类承受能力的恶劣环境中工作，在遭到毒气、冲击波、热辐射等袭击时，能继续进行工作；军事机器人也不存在人类的恐惧心理，可严格地服从命令、听从指挥，有利于指挥者对战局的掌控；在未来战争中，机器人战士完全可能成为军事行动中的主力军。

军事机器人的研发早在20世纪60年代就已经开始，产品已从第一代的遥控操作器发展到了现在的第三代智能机器人。目前，世界上已知的军用机器人达上百个品种，其应用范围涵盖侦察、排雷、防化、进攻、防御及后勤保障等方面。用于监视、勘察、获取危险领域信息的无人驾驶飞行器（UAV）和地面车（UGV）、具有强大运输功能和精密侦察功能的机器人武装战车（ARV）、在战斗中担任补充作战物资任务的多功能后勤保障机器人（MULE）是当前军事机器人的主要产品。

目前，美国是世界上唯一具有综合开发、试验和实战应用各类军事机器人的国家，其军事机器人的应用范围已涵盖陆、海、空、天等诸兵种。此外，德国的智能地面无人作战平台、反水雷及反潜水下无人航行体的研究和应用，英国的战斗工程牵引车（CET）、工程坦克（FET）、排爆机器人的研究和应用，法国的警戒机器人和低空防御机器人、无人侦察车、野外快速巡逻机器人的研究和应用，以色列的机器人自主导航车、"守护者（Guardium）"监视与巡逻系统、步兵城市作战用的手携式机器人的研究和应用等，也具有世界领先水平。

（2）场地机器人。场地机器人是除军事机器人外，可进行大范围作业的其他服务机器人的总称。场地机器人多用于科学研究和公共服务，如太空探测、水下作业、危险作业、消防救援、园林作业等。

美国的场地机器人研究始于 20 世纪 60 年代，其产品应用范围已遍及空间、陆地和水下，从海盗号火星探测器到 Spirit MER-A（"勇气"号）和 Opportunity（"机遇"号）火星探测器、Curiosity（"好奇"号）核动力驱动火星探测器，都无一例外地代表了全球空间机器人研究的最高水平。此外，俄罗斯和欧盟在太空探测机器人等方面的研究和应用也居世界领先水平，如早期的空间站飞行器对接机器人、燃料加注机器人等；德国于 1993 年研制的由"哥伦比亚"号航天飞机携带升空的 ROTEX 远距离遥控机器人也代表了当时的空间机器人技术水平；我国在探月、水下机器人方面的研究也取得了较大的进展。

（3）医疗机器人。医疗机器人是专业服务机器人的重点发展领域之一。医疗机器人主要用于伤病员的手术、救援、转运和康复，它包括诊断机器人、外科手术或手术辅助机器人、康复机器人等。通过外科手术机器人，医生可利用其精准性和微创性，大幅度减小手术伤口、迅速恢复病人正常生活。据统计，目前全世界已有 30 个国家的近千家医院成功开展了数十万例机器人手术，手术种类涵盖泌尿外科、妇产科、心脏外科、胸外科、肝胆外科、胃肠外科、耳鼻喉科等。

当前，医疗机器人的研发与应用主要集中于美国、日本等发达国家，发展中国家的普及率还很低。美国的 Intuitive Surgical（直觉外科）公司是全球领先的医疗机器人研发制造企业，该公司研发的达·芬奇机器人是目前世界上最先进的手术机器人，它可模仿外科医生的手部动作，进行微创手术，目前已经成功用于普通外科、胸外科、泌尿外科、妇产科、头颈外科及心脏手术等。

二、机器人生产国及水平

机器人自问世以来，得到了世界各国的广泛重视。美国、日本和德国为机器人研究、制造和应用大国，英国、法国、意大利、瑞士等国的机器人研发水平也居世界前列。目前世界上主要机器人生产制造国的研发、应用情况如下。

1. 美国

美国是机器人的发源地，其机器人研究领域广泛，产品技术先进，机器人的研究实力和技术均处于领先水平。Adept Technology、American Robot、Emerson Industrial Automation、S-T Robotics、iRobot、Remotec 等都是美国著名的机器人生产企业。

美国的机器人研究目前已更多地转向医疗、家庭服务及军事、场地等高层次智能机器人的研发。据统计，美国的智能机器人占据了全球约 60% 的市场，iRobot、Remotec 等都是全球著名的服务机器人生产企业。

美国的军事机器人（Military Robot）技术更是遥遥领先于其他国家，无论在基础技术研究、系统开发、生产配套方面，还是在技术转化、实战应用方面，都具有强大的优势，其产品研发与应用已涵盖陆、海、空、天等诸多兵种。Boston Dynamics（波士顿动力，现已被 Google 并购）、Lockheed Martin（洛克希德·马丁）等公司均为世界闻名的军事机器人研发制造企业。

美国现有的军事机器人产品包括无人驾驶飞行器、无人地面车、机器人武装战车及多功能后勤保障机器人、机器人战士等多种产品。图 1-1-9 为 Boston Dynamics（波士顿动力）研制的军事机器人。其中，BigDog（大狗）系列机器人的军用产品 LS3（Legged Squad Support Systems，又名阿尔法狗），重达 1250lb（约 570kg），它可在搭载 400lb（约 181kg）重物情况下，连续行走 20mile（约 32km），并能穿过复杂地形、应答士官指令；WildCat（野猫）机器人能在各种地形上，以超过 25km/h 的速度奔跑。

（a）BigDog-LS3

（b）WildCat

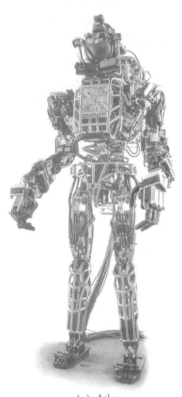

（c）Atlas

图 1-1-9　Boston Dynamics 研制的军事机器人

此外，为了避免战争中的牺牲，Boston Dynamics 还研制出了类似科幻片中的"机器人战士"的机器人。如"哨兵"机器人已经能够自动识别声音、烟雾、风速、火等，而且还可说 300 多单词，向可疑目标发出口令，一旦目标不能正确回答，便可迅速、准确地瞄准和射击。图 1-1-9（c）所示的 Atlas（阿特拉斯）机器人高 1.88m，重 150kg，其四肢共拥有 28 个自由度，能够直立行走、攀爬、自动调整重心，其灵活性已接近于人类，堪称当今世界上最先进的机器人战士。

美国的场地机器人（Field Robots）研究水平同样令其他各国望尘莫及，其应用领域遍及空间、陆地、水下，并已经用于月球、火星等天体的探测。

1976 年，National Aeronautics and Space Administration（NASA，美国宇航局）发射的"海盗"号火星探测器着陆火星，对土壤等进行了采集和分析，以寻找生命迹象；2003 年，NASA 又接连发射了 Spirit（"勇气"号）和 Opportunity（"机遇"号）两个火星探测器，并于 2004 年 1 月先后着陆火星表面，可在人类的遥控下，在火星上自由行走。通过对火星岩石和土壤的分析，收集到了火星上曾经有水流动的强有力证据。2011 年 11 月 NASA

又成功发射了图 1-1-10(a) 所示的 Curiosity（"好奇"号）核动力驱动的火星探测器，并于 2012 年 8 月 6 日安全着陆火星，开启了人类探寻火星生命元素的历程。图 1-1-10(b) 是 Google 公司最新研发的 Andy（"安迪"号）月球车。

（a）Curiosity 火星探测器　　　　　　　（b）Andy 月球车

图 1-1-10　美国的场地机器人

2. 日本

日本是目前全球最大的机器人研发、生产和使用国，在工业机器人及家用服务机器人、护理机器人、医疗智能机器人的研发上具有世界领先水平。20 世纪 90 年代，日本开始普及第一代和第二代工业机器人，目前，日本仍保持工业机器人产量、安装数量世界第一的地位。据统计，日本的工业机器人产量约占全球的 50%，安装数量约占全球的 23%。

日本在工业机器人的主要零部件供给、研究等方面同样居世界领先地位，其主要零部件（精密减速机、伺服电机、传感器等）占全球市场的 90% 以上。日本的 Harmonic Drive System（哈默纳科）是全球最早生产谐波减速器的企业，是目前全球最大的谐波减速器生产企业，其产品规格齐全，产量占全世界总量的 15% 左右。日本的 Nabtesco Corporation（纳博特斯克公司）是全球最大、技术最领先的 RV 减速器生产企业，其产品占据了全球 60% 以上的工业机器人 RV 减速器市场及日本 80% 以上的数控机床自动换刀（ATC）装置 RV 减速器市场。世界著名的工业机器人几乎都使用 Harmonic Drive System 生产的谐波减速器和 Nabtesco Corporation 生产的 RV 减速器。

日本在发展第三代智能机器人上同样取得了举世瞩目的成就。为了攻克智能机器人的关键技术，自 2006 年起，政府每年都投入巨资用于服务机器人的研发。

3. 德国

德国的机器人研发稍晚于日本，但其发展十分迅速。在 20 世纪 70 年代中后期，德国政府在"改善劳动条件计划"中，强制规定了部分有危险、有毒、有害的工作岗位必须用机器人来代替人工的要求，为机器人的应用开辟了广阔的市场。据 VDMA（德国机械设备制造业联合会）统计，目前德国的工业机器人密度已在法国的 2 倍、英国的 4 倍以上，目前已成为欧洲最大的工业机器人生产和使用国。

德国的工业机器人以及军事机器人中的地面无人作战平台、水下无人航行体的研究和应用水平居世界领先地位。德国的 KUKA（库卡）、REIS（徕斯，现为 KUKA 成员）、Carl-Cloos（卡尔-克鲁斯）等都是全球著名的工业机器人生产企业；德国宇航中心、德国机器人技术商业集团、Kärcher 公司、Fraunhofer Institute for Manufacturing Engineering and Automation（弗劳恩霍夫制造技术和自动化研究所）及 STN 公司、HDW 公司是有名的服务机器人及军事机器人研发企业。

德国在智能服务机器人的研究和应用上同样具有世界领先水平。弗劳恩霍夫制造技术和自动化研究所研发的服务机器人 Care-O-Bot4，不但能够识别日常的生活用品，还能听懂语音命令和看懂手势命令，按声控或手势的要求进行自我学习。

4. 中国

由于国家政策导向等多方面的原因，近年来，中国已成为全世界工业机器人应用量增长最快、销量最大的市场，工业机器人总销量已经连续多年位居全球第一。2013 年，工业机器人销量近 3.7 万台，占全球总销售量（17.7 万台）的 20.9%；2014 年的销量为 5.7 万台，占全球总销售量（22.5 万台）的 25.3%；2014 年的销量为 5.7 万台，占全球总销售量（22.5 万台）的 25.3%；2015 年的销量为 6.6 万台，占全球总销售量（24.7 万台）的 26.7%；2016 年的销量为 8.7 万台，占全球总销售量（29.4 万台）的 29.6%；2017 年的销量为 14.1 万台，占全球总销售量（38 万台）的 37.1%。

我国的机器人研发起始于 20 世纪 70 年代初期，到了 20 世纪 90 年代，先后研制出了点焊、弧焊、装配、喷漆、切割、搬运、包装码垛等工业机器人，在工业机器人及其零部件研发等方面取得了一定的成绩。总体而言，我国的机器人研发目前还处于初级阶段，和先进国家的差距依旧十分明显，产品以低档工业机器人为主，关键部件几乎完全依赖进口，国产机器人的市场占有率十分有限，目前还没有真正意义上的完全自主机器人生产商。

高端装备制造产业是国家重点支持的战略新兴产业，工业机器人作为高端装备制造业的重要组成部分，有望在今后一段时期得到快速发展。

技能训练

一、结合本任务的学习，完成以下多项选择题。

1. 机器人（Robot）一词源自（　　　）。

A. 英语　　　　　　B. 德语　　　　　　C. 法语　　　　　　D. 捷克语

2. 提出"机器人学三原则"的是（　　　）。

A. 物理学家　　　　B. 哲学家　　　　　C. 科幻小说家　　　D. 社会学家

3. 世界上第一台真正意义上的工业机器人诞生于（　　　）。

A. 1952 年，美国　B. 1959 年，美国　C. 1959 年，日本　D. 1952 年，德国

4. 目前，大多数工业机器人使用的是（　　　）机器人技术。

A. 第一代　　　　　B. 第二代　　　　　C. 第三代　　　　　D. 第四代

5. 根据机器人的应用环境，机器人一般分为（　　　）两类。

A. 关节型机器人和并联型机器人　　　　B. 工业机器人和服务机器人

C. 示教再现机器人和智能机器人　　　　D. 顺序控制和轨迹控制机器人

6. 根据工业机器人的功能与用途，目前主要有（　　　）几类。

A. 加工类　　　　　B. 装配类　　　　　C. 搬运类　　　　　D. 包装类

7. 以下属于加工类工业机器人的是（　　　）。

A. 焊接机器人　　　B. 装卸机器人　　　C. 涂装机器人　　　D. 码垛机器人

8. 以下属于装配类工业机器人的是（　　　）。

A. 焊接机器人　　　　B. 涂装机器人　　　　C. 分拣机器人　　　　D. 包装机器人

9. 以下属于服务机器人的是（　　　）。

A. 家庭清洁机器人　B. 军事机器人　　　C. 医疗机器人　　　D. 场地机器人

10. "月兔"号月球探测器、Curiosity（"好奇"号）火星探测器属于（　　　）的一种。

A. 工业机器人　　　　B. 军事机器人　　　C. 医疗机器人　　　D. 场地机器人

11. 美国的 E-2D "鹰眼"预警机属于（　　　）的一种。

A. 工业机器人　　　　B. 军事机器人　　　C. 医疗机器人　　　D. 场地机器人

12. 目前全球工业机器人产销量最大的生产企业是（　　　）。

A. ABB　　　　　　　B. YASKAWA　　　C. FANUC　　　　D. KUKA

13. 日本最早生产工业机器人的企业是（　　　）。

A. KAWASAKI　　　B. YASKAWA　　　C. FANUC　　　　D. DAIHEN

14. 目前，工业机器人年销量最大的国家是（　　　）。

A. 美国　　　　　　　B. 德国　　　　　　C. 日本　　　　　　D. 中国

15. 目前工业机器人使用量最大的行业是（　　　）。

A. 电子电气工业　　　　　　　　　　　B. 汽车制造业

C. 金属制品及加工业　　　　　　　　　D. 食品和饮料业

二、结合本任务的学习，简要回答以下问题。

1. 第一、二、三代机器人在组成、性能等方面的区别是什么？

2. 工业机器人和服务机器人在用途、性能等方面的区别是什么？

任务 2　熟悉工业机器人性能

知识目标

① 熟悉工业机器人的组成与特点，了解工业机器人、数控机床、机械手的区别。

② 了解工业机器人的结构形态。

③ 熟悉工业机器人的技术性能。

④ 掌握工业机器人主要技术参数。

能力目标

① 能正确区分工业机器人、数控机床、机械手。

② 能识别垂直串联、SCARA、Delta 结构机器人，并指出它们的区别。

③ 能看懂产品样本，并通过技术参数了解产品性能。

基础学习

一、工业机器人的组成与特点

1. 工业机器人系统

工业机器人是一种功能完整、可独立运行的典型机电一体化设备，它有自身的控制器、驱动系统和操作界面，可对其进行手动、自动操作及编程，它能依靠自身的控制能力来实现所需要的功能。

广义上的工业机器人是由图 1-2-1 中所示的机器人本体及相关附加设备组成的完整系统，它总体可分为机械部件和控制系统两大部分。

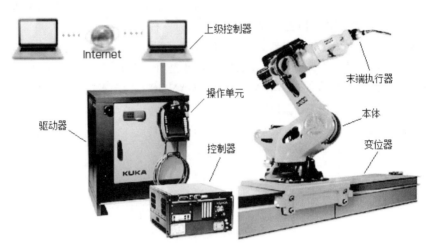

图 1-2-1　工业机器人系统的组成

工业机器人（以下简称机器人）系统的机械部件包括机器人本体、末端执行器、变位器等；控制系统主要包括控制器、驱动器、操作单元、上级控制器等。其中机器人本体、末端执行器以及控制器、驱动器、操作单元是机器人必需的基本组成部件。

末端执行器又称工具，它是机器人的作业机构，与作业对象和作业要求有关，其种类繁多，一般需要由机器人制造厂和用户共同设计、制造与集成。变位器是用于机器人或工件的整体移动或进行系统协同作业的附加装置，它可根据需要选配。

在控制系统中，上级控制器是用于机器人系统协同控制、管理的附加设备，既可用于机器人与机器人、机器人与变位器的协同作业控制，也可用于机器人和数控机床、机器人和自动生产线其他机电一体化设备的集中控制，此外还可用于机器人的操作、编程与调试。上级控制器同样可根据实际系统的需要选配，在柔性加工单元（FMC）、自动生产线等自动化设备上，上级控制器的功能也可直接由数控机床所配套的数控系统（CNC）、生产线控制用的 PLC 等承担。

2. 机器人本体

机器人本体又称操作机，它是用来完成各种作业的执行机构，包括机械部件及安装在机械部件上的驱动电机、传感器等。

机器人本体的形态各异，但绝大多数都是由若干关节（Joint）和连杆（Link）连接而成。以常用的 6 轴垂直串联型（Vertical Articulated）工业机器人为例，其运动主要包括整体回转（腰关节）、下臂摆动（肩关节）、上臂摆动（肘关节）、腕回转和弯曲（腕关节）等，工业机器人本体的典型结构如图 1-2-2 所示，其主要组成部件包括手部、腕部、上臂、下臂、腰部、基座等。

机器人的手部用来安装末端执行器，它既可以安装类似人手的手爪，也可以安装吸盘或其他各种作业工具；腕部用来连接手部和手臂，起到支撑手部的作用；上臂用来连接腕部和下臂。上臂可回绕下臂摆动，实现手腕大范围的上下（俯仰）运动；下臂用来连接上臂和腰

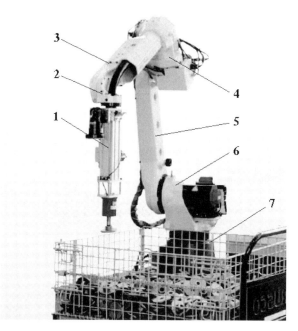

图 1-2-2 工业机器人本体的典型结构

1—末端执行器；2—手部；3—腕部；4—上臂；5—下臂；6—腰部；7—基座

部，并可回绕腰部摆动，以实现手腕大范围的前后运动；腰部用来连接下臂和基座，它可以在基座上回转，以改变整个机器人的作业方向；基座是整个机器人的支撑部分。机器人的基座、腰部、下臂、上臂通称机身；机器人的腕部和手部通称手腕。

机器人的末端执行器是安装在机器人手腕上的作业机构，例如用于装配、搬运、包装的机器人需要配置吸盘、手爪等，而加工类机器人需要配置焊枪、割枪、铣头、磨头等各种工具或刀具。

3. 变位器

变位器（图 1-2-3）是用于机器人或工件整体移动，进行协同作业的附加装置，它既可

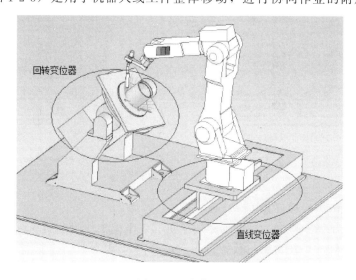

图 1-2-3 变位器

选配机器人生产厂家的标准部件，也可由用户根据需要设计、制作。通过选配变位器，可增加机器人的自由度和作业空间，此外还可实现作业对象或其他机器人的协同运动，增强机器人的功能和作业能力。简单机器人系统的变位器一般由机器人控制器直接控制，多机器人复杂系统的变位器需要由上级控制器进行集中控制。

机器人变位器多为 1～3 轴，按运动形式分为图 1-2-4 所示的回转和直线两类，回转变位器可用于机器人或作业对象的大范围回转，直线变位器多用于机器人大范围直线运动。

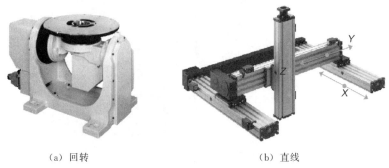

（a）回转 　　　　　　　　　　　　　（b）直线

图 1-2-4　变位器的运动形式

4. 电气控制系统

在机器人电气控制系统中，上级控制器仅用于复杂系统中各种机电一体化设备的协同控制、运行管理和调试编程，它通常以网络通信的形式与机器人控制器进行信息交换，因此它实际上属于机器人电气控制系统的外部设备；而机器人控制器、操作单元、伺服驱动器及辅助控制电路则是机器人控制必不可少的系统部件。由于不同机器人的电气控制系统组成部件和功能类似，因此，机器人生产厂家一般将电气控制系统统一安装在图 1-2-5 所示的电气控制柜中。

（a）箱式 　　　　　　　　　　　　　（b）柜式

图 1-2-5　电气控制柜

电气控制系统的组成部件如下。

（1）机器人控制器。机器人控制器是用于机器人坐标轴位置和运动轨迹控制的装置，它输出运动轴的插补脉冲，其功能与数控装置（CNC）非常类似，控制器的常用结构有工业PC 机型和 PLC 型 2 种。

工业 PC 机型机器人控制器的主机和通用计算机并无本质的区别，但机器人控制器需要增加传感器、驱动器接口等硬件，这种控制器的兼容性好，软件安装方便，网络通信容易。PLC 型控制器以 CPU 模块作为中央处理器，然后通过选配各种 PLC 功能模块，如测量模块、轴控制模块等来实现对机器人的控制，这种控制器的配置灵活，模块通用性好、可靠性高。

（2）操作单元。工业机器人的现场编程一般通过示教操作实现，它对操作单元的移动性能和手动性能的要求较高，但其显示功能一般不及数控系统，因此，机器人的操作单元以手持式为主，习惯上称之为示教器。

传统的示教器由显示器和按键组成，操作者可通过按键直接输入命令和进行所需的操作。目前常用的示教器为菜单式，它由显示器和操作菜单键组成，操作者可通过操作菜单选择需要的操作。先进的示教器使用了与目前智能手机同样的触摸屏和图标界面，这种示教器的最大优点是可直接通过 WiFi 连接控制器和网络，从而省略了示教器和控制器间的连接电缆。智能手机型操作单元的使用灵活方便，是适合网络环境下使用的新型操作单元。

（3）驱动器。驱动器实际上是用于控制器的插补脉冲功率放大的装置，用于实现驱动电机位置、速度、转矩控制。驱动器通常安装在控制柜内。驱动器的形式决定于驱动电机的类型，伺服电机需要配套伺服驱动器，步进电机则需要使用步进驱动器。机器人目前常用的驱动器以交流伺服驱动器为主，它有集成式、模块式和独立型 3 种基本结构形式。

集成式驱动器的全部驱动模块集成一体，电源模块可以独立或集成，这种驱动器的结构紧凑，生产成本低，是目前使用较为广泛的结构形式。模块式驱动器的电源模块为公用，驱动模块独立，驱动器需要统一安装。集成式、模块式驱动器不同控制轴间的关联性强，调试、维修和更换相对比较麻烦。独立型驱动器的电源和驱动电路集成一体，每一轴的驱动器可独立安装和使用，因此，其安装使用灵活，通用性好，其调试、维修和更换也较方便。

（4）辅助控制电路。辅助电路主要用于控制器、驱动器电源的通断控制和接口信号的转换。由于工业机器人的控制要求类似，接口信号的类型基本统一，为了缩小体积、降低成本、方便安装，辅助控制电路常被制成标准的控制模块。

5. 工业机器人特点

工业机器人是集机械、电子、控制、检测、计算机、人工智能等多学科先进技术于一体的典型机电一体化设备，其主要技术特点如下。

（1）拟人。在结构形态上，大多数工业机器人的本体有类似人类腰部、大臂、小臂、手腕、手爪等的部件，并接受控制器的控制。在智能工业机器人上，还安装有仿生传感器，如接触传感器、力传感器、负载传感器、光传感器、图像识别传感器、声传感器、语音传感器等。

（2）柔性。工业机器人有完整、独立的控制系统，可通过编程来改变其动作和行为。还可通过安装不同的末端执行器来满足不同的应用要求。因此，它具有适应对象变化的柔性。

（3）通用。除了部分专用工业机器人外，大多数工业机器人都可通过更换工业机器人手部的末端操作器（如更换手爪、夹具等）来完成不同的作业。因此它具有一定的执行不同作业任务的通用性。

二、工业机器人的结构形态

从运动学原理上说，绝大多数（工业）机器人都是由若干关节（Joint）和连杆（Link）组成的多关节工业机器人。多关节工业机器人的结构主要有垂直串联、水平串联（或

SCARA）和并联 3 大类。

1. 垂直串联机器人

垂直串联（Vertical Articulated）工业机器人的本体部分一般由 5～7 个关节在垂直方向依次串联而成，它可以模拟人类从腰部到手腕的运动，用于加工、搬运、装配、包装等各种场合。

（1）6 轴垂直串联结构。图 1-2-6 所示的 6 轴垂直串联结构是垂直串联机器人的典型结构。机器人的 6 个运动轴分别为腰部回转轴 S（Swing）、下臂摆动轴 L（Lower Arm Wiggle）、上臂摆动轴 U（Upper Arm Wiggle）、腕回转轴 R（Wrist Rotation）、腕弯曲轴 B（Wrist Bending）、手回转轴 T（Turning）；其中，图中用实线表示的腰部回转轴 S、腕回转轴 R、手回转轴 T 为可在 4 象限进行 360°或接近 360°的回转，称为回转轴（Roll）；用虚线表示的下臂摆动轴 L、上臂摆动轴 U、腕弯曲轴 B 一般只能在 3 象限内进行小于 270°的回转，称摆动轴（Bend）。

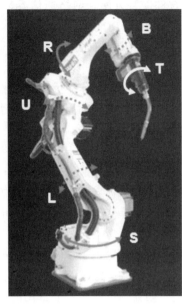

图 1-2-6　6 轴垂直串联结构

机器人关节轴代号在不同产品上有所不同，S/L/U/R/B/T 轴也常用 J1/J2/J3/J4/J5/J6 轴或 j1/j2/j3/j4/j5/j6 轴表示，本书后述内容中，将针对不同的产品，在不同场合使用不同的代号。

6 轴垂直串联结构机器人的末端执行器作业点的运动由手臂和手腕、手的运动合成；其中，腰、下臂、上臂 3 个关节可用来改变手腕基准点的位置，称为定位机构。手腕部分的腕回转、弯曲和手回转 3 个关节可用来改变末端执行器的姿态，称为定向机构。

（2）7 轴垂直串联结构。6 轴垂直串联结构机器人较好地实现了三维空间内的任意位置和姿态控制，它对于各种作业都有良好的适应性，但是由于结构所限，6 轴垂直串联结构机器人存在运动干涉区域，在上部或正面运动受限时，进行下部、反向作业会非常困难，为此，工业机器人有时也采用图 1-2-7 所示的 7 轴垂直串联结构。

7 轴机器人在 6 轴机器人的基础上增加了下臂回转轴 LR（Lower Arm Rotation），使定位机构扩大到腰回转、下臂摆动、下臂回转、上臂摆动 4 个关节，手腕基准点（参考点）的定位更加灵活。当机器人运动受到限制时，它仍能通过下臂的回转避让干涉区，完成图 1-2-8 中所示的上部避让与反向作业。

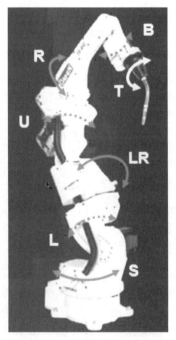

图 1-2-7　7 轴垂直串联结构

（3）其他。机器人末端执行器的姿态与作业要求有关，在部分作业场合，有时可省略 1～2 个运动轴，简化为 4～5 轴垂直串联结构的机器人。例如，对于以水平面作业为主的搬运、包装机器人，可省略腕回转轴 R，以简化结构、增加刚性等。

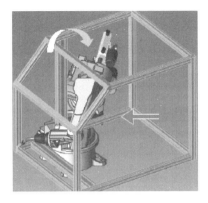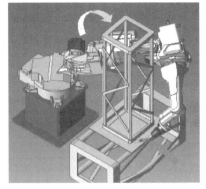

（a）上部避让　　　　　　　　　　　（b）反向作业

图 1-2-8　7 轴机器人的运动

为了减轻 6 轴垂直串联结构机器人的上部质量，降低机器人重心，提高运动稳定性和承载能力，大型、重载的搬运、码垛机器人也经常采用平行四边形连杆驱动机构来实现上臂和腕弯曲的摆动运动。采用平行四边形连杆驱动机构不仅可加长力臂，放大电机驱动力矩，提高负载能力，而且可将驱动机构的安装位置移至腰部，以降低机器人的重心，增加运动稳定性。采用平行四边形连杆驱动机构的机器人结构刚性高、负载能力强，是大型、重载搬运机器人的常用结构形式。

2. 水平串联机器人

水平串联机器人采用了水平串联结构，又称 SCARA 结构机器人。水平串联（Horizontal Articulated）结构是日本山梨大学在 1978 年发明的一种建立在圆柱坐标上的特殊机器人结构形式，又称 SCARA（Selective Compliance Assembly Robot Arm）结构。

（1）基本结构。水平串联机器人的基本结构如图 1-2-9 所示。这种机器人的手臂由 2～3 个轴线相互平行的水平旋转关节

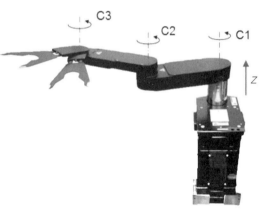

图 1-2-9　水平串联机器人基本结构

C1、C2、C3 串联而成，以实现平面定位；整个手臂可通过垂直方向的直线移动轴 Z 进行升降运动。

水平串联机器人的结构简单，外形轻巧，定位精度高，运动速度快，特别适合于平面定位、垂直方向装卸的搬运和装配作业，故首先被用于 3C 行业印刷电路板的器件装配和搬运作业，随后在光伏行业的 LED、太阳能电池安装以及塑料、汽车、药品、食品等行业的平面装配和搬运领域得到了较为广泛的应用。水平串联结构机器人的工作半径通常为 100～1000mm，承载能力一般在 1～200kg。

（2）执行器升降结构。采用 SCARA 基本结构的机器人结构紧凑、动作灵巧，但水平旋转关节 C1、C2、C3 的驱动电机均需要安装在基座侧，其传动链长，传动系统结构较为复杂；此外，垂直轴 Z 需要控制 3 个手臂的整体升降，其运动部件质量较大，升降行程通常

较小，因此，实际使用时经常采用图 1-2-10 所示的执行器升降结构。

采用执行器升降结构的水平串联机器人不但可扩大 Z 轴升降行程，减轻升降部件的重量，提高手臂刚性和负载能力，还可将 C2、C3 轴的驱动电机安装位置前移，以缩短传动链，简化传动系统结构。但是，这种结构的机器人回转臂的体积大，结构不及基本型紧凑，因此多用于垂直方向运动不受限制的平面搬运和部件装配作业。

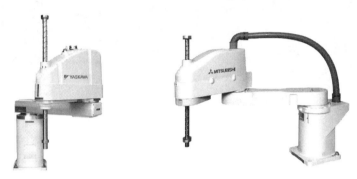

图 1-2-10   执行器升降结构水平串联机器人

3. 并联机器人

并联机器人（Parallel Robot）的结构设计源自 1965 年英国科学家 Stewart 在《A Platform with Six Degrees of Freedom》论文中提出的 6 自由度飞行模拟器，这种模拟器采用了 Stewart 平台机构，如图 1-2-11 所示。

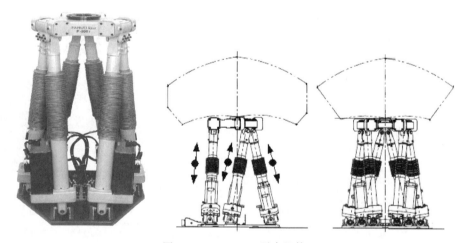

图 1-2-11   Stewart 平台机构

Stewart 运动平台通过空间均布的 6 根并联连杆支撑，控制 6 根连杆伸缩运动，便可实现平台在三维空间的前后、左右、上下及倾斜、回转、偏摆等运动。Stewart 平台具有 6 个自由度，可满足机器人的控制要求，在 1978 年，它被澳大利亚学者 Hunt 首次引入到机器人的运动控制。

Stewart 平台的运动需要通过 6 根连杆轴的同步控制实现，其结构较为复杂，控制难度很大。1985 年，瑞士洛桑联邦理工学院的 Clavel 博士发明了一种图 1-2-12 所示的简化结构，它采用悬挂式布置，可通过 3 根并联连杆轴的摆动实现三维空间的平移运动，这一结构称为 Delta 结构。

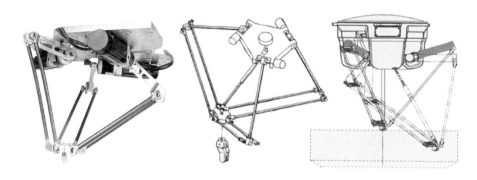

图 1-2-12 Delta 结构

Delta 结构可通过在运动平台上安装回转轴增加回转自由度，方便地实现 4、5、6 自由度的控制，以满足不同机器人的控制要求，采用了 Delta 结构的机器人称为 Delta 机器人或 Delta 机械手。

Delta 结构具有结构简单、控制容易、运动快捷、安装方便等优点，因而成为目前并联机器人的基本结构，被广泛用于食品、药品、电子、电工等行业的物品分拣、装配、搬运，它是高速、轻载并联机器人最为常用的结构形式。

Delta 结构机器人具有结构紧凑、安装简单、运动速度快等优点，但其承载能力通常较小（通常在 10kg 以内），故多用于电子、食品、药品等行业的轻量物品的分拣、搬运等。

为了增强结构刚性，能够适应大型物品的搬运、分拣等要求，大型并联机器人经常采用图 1-2-13 所示的直线驱动结构，这种结构以伺服电机和滚珠丝杠驱动的连杆拉伸

图 1-2-13 直线驱动结构

直线运动代替了摆动，不但提高了机器人的结构刚性和承载能力，而且可以提高定位精度、简化结构设计，其最大承载能力可达 1000kg 以上。

直线驱动的并联机器人如果安装了高速主轴，便可成为一台可进行切削加工的类似于数控机床的加工机器人。

实践指导

一、工业机器人的技术性能

1. 主要技术参数

由于机器人的结构、用途和要求不同，机器人的性能也有所不同。一般而言，机器人样本和说明书中所给的主要技术参数有控制轴数（自由度）、承载能力、工作范围（作业空间）、运动速度、位置精度等，此外还有安装方式、防护等级、环境要求、供电电源要求、机器人外形尺寸与重量等与使用、安装、运输相关的其他参数。

以 ABB 公司 IRB 140T 和安川公司 MH6 两种 6 轴通用型机器人为例，产品样本和说明书所提供的主要技术参数如表 1-2-1 所示。

表 1-2-1　两种 6 轴通用型机器人主要技术参数

机器人型号		IRB 140T	MH6
规　格 （Specification）	承载能力（Payload）	6kg	6kg
	控制轴数（Number of axes）	6	
	安装方式（Mounting）	地面/壁挂/框架/倾斜/倒置	
工作范围 （Working range）	第 1 轴（Axis 1）	360°	−170°～+170°
	第 2 轴（Axis 2）	200°	−90°～+155°
	第 3 轴（Axis 3）	−280°	−175°～+250°
	第 4 轴（Axis 4）	不限	−180°～+180°
	第 5 轴（Axis 5）	230°	−45°～+225°
	第 6 轴（Axis 6）	不限	−360°～+360°
最大速度 （Maximum speed）	第 1 轴（Axis 1）	250°/s	220°/s
	第 2 轴（Axis 2）	250°/s	200°/s
	第 3 轴（Axis 3）	260°/s	220°/s
	第 4 轴（Axis 4）	360°/s	410°/s
	第 5 轴（Axis 5）	360°/s	410°/s
	第 6 轴（Axis 6）	450°/s	610°/s
重复精度定位 RP（Position repeatability）		0.03mm/ISO 9238	±0.08mm/JISB8432
工作环境（Ambient）	工作温度（Operation temperature）	+5～+45℃	0～+45℃
	储运温度（Transportation temperature）	−25～+55℃	−25～+55℃
	相对湿度（Relative humidity）	≤95%RH	20%～80%RH
电源（Power supply）	电压（Supply voltage）	200～600V/50～60Hz	200～400V/50～60Hz
	容量（Power consumption）	4.5kV·A	1.5kV·A
外形尺寸（Dimensions）	长/宽/高（Width/Depth/Height）	800mm×620mm×950mm	640mm×387mm×1219mm
	重量（Weight）	98kg	130kg

由于垂直串联等结构的机器人工作范围是三维空间的不规则球体，为了便于说明，产品样本中一般需要提供图 1-2-14 所示的作业空间图。

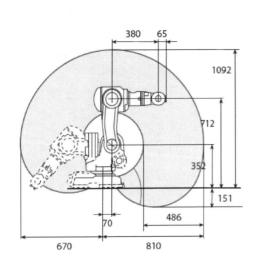

(a) IBR 140T

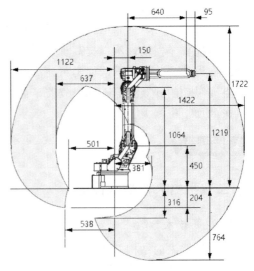

(b) MH6

图 1-2-14　作业空间图

机器人的安装方式与规格、结构形态等有关。一般而言，大中型机器人通常需要采用底面（Floor）安装；并联机器人则多数为倒置安装；水平串联和小型垂直串联机器人则可采用底面（Floor）、壁挂（Wall）、倒置（Inverted）、框架（Shelf）、倾斜（Tilted）等多种方式安装。

2. 性能

工业机器人的性能与机器人的用途、作业要求、结构形态等有关。大致而言，对于不同用途的机器人，其常见的结构形态以及对控制轴数（自由度）、承载能力、重复定位精度等主要技术指标的要求如表1-2-2所示。

表1-2-2 不同用途机器人的主要技术指标

类　别		常见结构形态	控制轴数	承载能力/kg	重复定位精度/mm
加工类	弧焊、切割	垂直串联	6～7	3～20	0.05～0.1
	点焊	垂直串联	6～7	50～350	0.2～0.3
装配类	通用装配	垂直串联	4～6	2～20	0.05～0.1
	电子装配	SCARA	4～5	1～5	0.05～0.1
	涂装	垂直串联	6～7	5～30	0.2～0.5
搬运类	装卸	垂直串联	4～6	5～200	0.1～0.3
	输送	AGV	—	5～6500	0.2～0.5
包装类	分拣、包装	垂直串联、并联	4～6	2～20	0.05～0.1
	码垛	垂直串联	4～6	50～1500	0.5～1

二、主要技术参数及说明

1. 工作范围

工作范围（Working Range）又称作业空间，是指机器人在未安装末端执行器时，其手腕参考点所能到达的空间。工作范围是衡量机器人作业能力的重要指标，工作范围越大，机器人的作业区域也就越大。

机器人的工作范围决定于各关节运动的极限范围，它与机器人结构有关。工作范围应剔除机器人在运动过程中可能产生自身碰撞的干涉区；在实际使用时，还需要考虑安装末端执行器后可能产生的碰撞，因此，实际工作范围还应剔除执行器碰撞的干涉区。

机器人的工作范围内还可能存在奇异点（Singular Point）。所谓奇异点，是指由于结构的约束而导致关节失去某些特定方向自由度的点，奇异点通常存在于作业空间的边缘；如奇异点连成一片，则称为"空穴"。机器人运动到奇异点附近时，由于自由度逐步丧失，关节的姿态会急剧变化，这将导致驱动系统承受很大的负荷而产生过载；因此，对于存在奇异点的机器人来说，其工作范围还需要剔除奇异点和空穴。

机器人的工作范围与机器人的结构形态有关，对于常见的典型结构机器人，其作业空间如图1-2-15所示。

在并联机器人、SCARA机器人的作业区间内机器人基本无运动干涉区，能几乎全范围作业。垂直串联机器人的运动需要通过腰、下臂、上臂3个关节的回转和摆动实现，摆动轴存在较大的运动死区，其作业范围为三维空间的不规则球体，属于部分范围作业机器人。

2. 承载能力

承载能力（Payload）是指机器人在作业空间内所能承受的最大负载，它一般用质量、

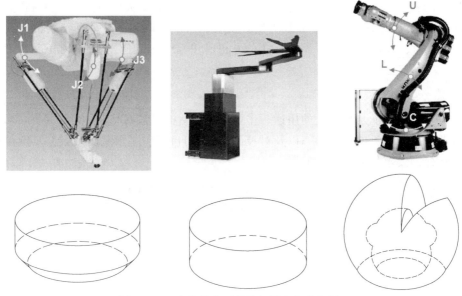

图 1-2-15　常见的典型结构机器人作业空间

力、转矩等技术参数表示。

　　搬运、装配、包装类机器人的承载能力是指机器人能抓取的物品质量，产品样本所提供的承载能力是指不考虑末端执行器、假设负载重心位于手腕参考点时，机器人高速运动可抓取的物品重量。

　　焊接、切割等加工机器人无需抓取物品，因此，其承载能力是指机器人所能安装的末端执行器质量。切削加工类机器人需要承担切削力，其承载能力通常是指切削加工时所能够承受的最大切削进给力。

　　为了能够准确反映负载重心的变化情况，机器人承载能力有时也可用允许转矩（Allowable moment）表示，或者通过机器人承载能力随负载重心位置变化图来详细表示承载能力参数。

　　图 1-2-16 是承载能力为 6kg 的 ABB 公司 IBR 140 和安川公司 MH6 垂直串联结构工业机器人的承载能力图，其他同类结构机器人的情况与此类似。

3. 自由度

　　自由度（Degree of Freedom）是衡量机器人动作灵活性的重要指标。机器人的自由度是指整个机器人运动链所能够产生的独立运动数，包括直线、回转、摆动运动，但不包括执行器本身的运动（如刀具旋转等）。机器人的每一个自由度原则上都需要有一个伺服轴进行驱动，因此，在机器人产品样本和说明书中，自由度通常以控制轴数（Number of axes）表示。

　　一般而言，机器人进行直线运动或回转运动所需要的自由度为 1，进行平面运动（水平面或垂直面）所需要的自由度为 2，进行空间运动所需要的自由度为 3。如果机器人能进行 X、Y、Z 方向直线运动和绕 X、Y、Z 轴的回转运动，具有 6 个自由度，执行器就可在三维空间上任意改变姿态，实现完全控制。如果机器人的自由度超过 6 个，多余的自由度称为冗余自由度（Redundant Degree of Freedom），冗余自由度一般用来回避障碍物。

　　在三维空间作业的多自由度机器人上，由第 1～3 轴驱动的 3 个自由度通常用于手腕基准点的空间定位；第 4～6 轴则用来改变末端执行器姿态。当机器人实际工作时，定位和定

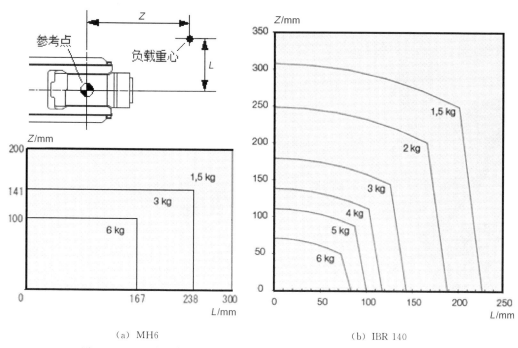

（a）MH6　　　　　　　　　　　　（b）IBR 140

图 1-2-16　两种垂直串联结构工业机器人重心位置变化时的承载能力图

向动作往往是同时进行的，因此，需要多轴同时运动。

机器人的自由度与作业要求有关。自由度越多，执行器的动作就越灵活，适应性也就越强，但其结构和控制也就越复杂。因此，对于作业要求不变的批量作业机器人来说，运行速度、可靠性是其最重要的技术指标，自由度则可在满足作业要求的前提下适当减少；而对于多品种、小批量作业的机器人来说，通用性、灵活性指标显得更加重要，这样的机器人就需要有较多的自由度。

通常而言，机器人的每一个关节都可驱动执行器产生 1 个主动运动，这一自由度称为主动自由度。主动自由度一般有平移、回转、绕水平轴线的垂直摆动、绕垂直轴线的水平摆动 4 种，在结构示意图中，它们分别用图 1-2-17 所示的符号表示。

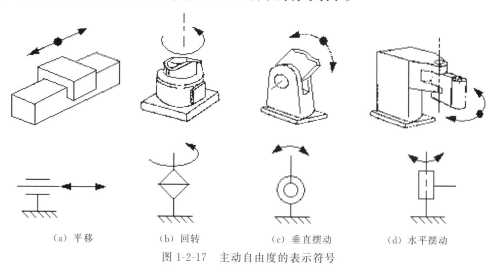

（a）平移　　　　（b）回转　　　　（c）垂直摆动　　　　（d）水平摆动

图 1-2-17　主动自由度的表示符号

当机器人有多个串联关节时，只需要根据其机械结构依次连接各关节来表示机器人的自由度。例如，图 1-2-18 为常见的 6 轴垂直串联和 3 轴水平串联机器人的自由度表示方法，其他结构形态机器人的自由度表示方法类似。

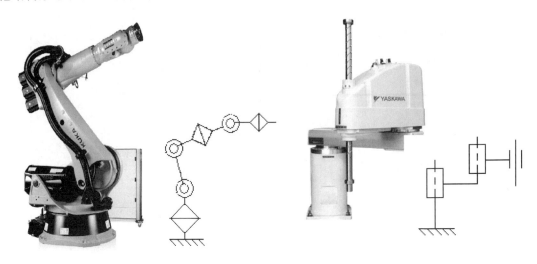

（a）垂直串联   （b）水平串联

图 1-2-18　6 轴垂直串联和 3 轴水平串联机器人的自由度表示方法

4. 运动速度

运动速度决定了机器人工作效率，它是反映机器人性能水平的重要参数。样本和说明书中所提供的运动速度一般是指机器人在空载、稳态运动时所能够达到的最大运动速度（Maximum Speed）。

机器人运动速度用参考点在单位时间内能够移动的距离（mm/s）或转过的角度、弧度 [（°）/s、rad/s] 表示，它按运动轴分别进行标注。当机器人进行多轴同时运动时，其空间运动速度应是所有参与运动的轴的速度合成。

机器人的实际运动速度与机器人的结构刚性、运动部件的质量和惯量、驱动电机的功率、实际负载的大小等因素有关。对于多关节串联结构的机器人，越靠近末端执行器的运动轴，运动部件的质量、惯量就越小，因此能够达到的运动速度和加速度也越大；而越靠近安装基座的运动轴，对结构部件的刚性要求就越高，运动部件的质量、惯量就越大，能够达到的运动速度和加速度也越小。

5. 定位精度

机器人的定位精度是指机器人定位时，执行器实际到达的位置和目标位置间的误差值，它是衡量机器人作业性能的重要技术指标。机器人样本和说明书中所提供的定位精度一般是各坐标轴的重复定位精度 RP（Position Repeatability），在部分产品上，有时还提供了轨迹重复精度 RT（Path repeatability）。

由于绝大多数机器人的定位需要通过关节的旋转和摆动实现，其空间位置的控制和检测远比以直线运动为主的数控机床困难得多，因此，机器人的位置测量方法和精度计算标准都与数控机床不同。目前，工业机器人的位置精度检测和计算标准一般采用 ISO 9283：1998 或 JIS B8432（日本）等；而数控机床则普遍使用 ISO 230-2、VDI/DGQ 3441（德国）、JIS B6336（日本）、NMTBA（美国）或 GB10931（中国）等，两者的测量要求和精度计算方法都不相同，数控机床的标准要求高于机器人。

机器人的定位需要通过运动学模型来确定末端执行器的位置，其理论位置和实际位置之间本身就存在误差，加上结构刚性、传动部件间隙、位置控制和检测等多方面的原因，其定位精度与数控机床、三坐标测量机等精密加工、检测设备相比，还存在较大的差距，因此，它一般只能用作零件搬运、装卸、码垛、装配的生产辅助设备，或是用于位置精度要求不高的焊接、切割、打磨、抛光等粗加工。

拓展提高

一、工业机器人与数控机床

世界上首台数控机床出现于1952年，它由美国麻省理工学院研发，其诞生比工业机器人早7年，因此工业机器人的很多技术都来自数控机床。

George Devol（乔治·德沃尔）最初设想的机器人实际就是工业机器人，他所申请的专利就是利用数控机床的伺服轴驱动连杆机构，然后通过控制器对伺服轴的控制来实现机器人的功能。

工业机器人的控制系统和数控机床的控制系统类似，都有控制面板、控制器、伺服驱动器等基本部件，操作者可利用控制面板进行手动控制或程序输入与编辑等操作。但是，由于工业机器人和数控机床的研发目的有着本质的区别，因此，它们在地位、用途、结构、性能等各方面均存在较大的差异。图1-2-19所示是数控机床和工业机器人的外观比较。总体而言，两者的区别主要有以下几点。

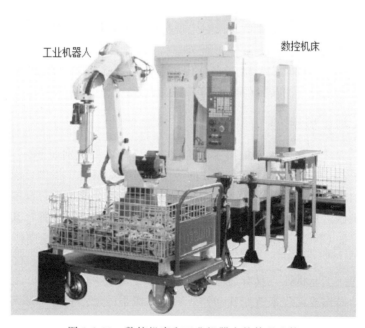

图1-2-19 数控机床和工业机器人的外观比较

（1）作用和地位。机床是用来加工机器零件的设备，是制造机器的机器，故称为工作母机；没有机床就几乎不能制造机器，没有机器就不能生产工业产品。因此，机床被称为国民经济基础的基础，在现有的制造模式中，它仍处于制造业的核心地位。工业机器人尽管发展速度很快，但目前绝大多数还只是用于零件搬运、装卸、包装、装配的生产辅助设备，或是进行焊接、切割、打磨、抛光等简单粗加工的生产设备，它在机械加工自动生产线上（焊接、涂装生产线除外）所占的比例一般还只有 15% 左右。因此，除非现有的制造模式发生颠覆性变革，否则，工业机器人的体量很难超越机床；那些认为"随着自动化大趋势的发展，机器人将取代机床成为新一代工业生产的基础"的观点，至少在目前看来是不正确的。

（2）目的和用途。研发数控机床的根本目的是解决轮廓加工的刀具运动轨迹控制问题；而研发工业机器人的根本目的是用来协助或代替人类完成那些单调、重复的工作，或进行高温、粉尘、有毒、易燃、易爆等危险环境下的作业。由于两者研发目的不同，因此其用途也有根本的区别。

（3）结构形态。工业机器人需要模拟人的动作和行为，在结构上以回转摆动轴为主，直线轴为辅（可能无直线轴），多关节串联轴、并联轴是其常见的形态；部分机器人（如无人搬运车等）的作业空间也是开放的。数控机床的结构以直线轴为主，回转摆动轴为辅（可能无回转摆动轴），绝大多数都采用直角坐标结构，其作业空间（加工范围）局限于设备本身。但是，随着技术的发展，两者的结构形态也在逐步融合，如机器人有时也采用直角坐标结构，采用并联虚拟轴结构的数控机床也已有实用化的产品等。

（4）技术性能。数控机床是用来加工零件的精密加工设备，其轮廓加工能力、定位精度和加工精度等是衡量数控机床性能最重要的技术指标。高精度数控机床的定位精度和加工精度通常需要达到 0.01mm 或 0.001mm 的数量级，甚至更高，且其精度检测和计算标准的要求高于机器人。数控机床的轮廓加工能力决定于工件要求和机床结构，通常而言，能同时控制 5 轴（5 轴联动）的机床，可满足几乎所有零件的轮廓加工要求。

工业机器人强调的是动作灵活性、作业空间、承载能力和感知能力。除少数用于精密加工或装配的机器人外，大多数工业机器人对定位精度和轨迹精度的要求并不高，通常只需要达到 0.1~1mm 的数量级便可满足要求。此外，智能工业机器人还需要有一定的感知能力，故需要配备位置、触觉、视觉、听觉等多种传感器；而数控机床一般只需要检测速度与位置，因此，工业机器人对检测技术的要求高于数控机床。

二、工业机器人与机械手

图 1-2-20 所示是工业机器人和机械手的比较，两者的主要区别如下。

（1）控制系统。工业机器人需要有独立的控制器、驱动系统、操作界面等，用来进行手动、自动操作和编程，因此它是一种可独立运行的完整设备，能依靠自身的控制能力来实现所需要的功能。机械手只是用来实现换刀或工件装卸等操作的辅助装置，其控制一般需要通过设备的控制器（如 CNC，PLC 等）实现，它没有自身的控制系统和操作界面，不能独立运行。

（2）操作编程。工业机器人具有适应动作和对象变化的柔性，其动作是随时可变的，用户可随时通过手动操作或编程来改变其动作。辅助机械手的动作和对象是固定，其控制程序通常由设备生产厂家编制，即使在调整和维修时，用户通常也只能按照设备生产厂的规定进行操作，而不能改变其动作的位置与次序。

（3）驱动系统。工业机器人需要灵活改变位姿，绝大多数运动轴都需要有任意位置定位功能，需要使用伺服驱动系统，例如在无人搬运车等输送机器人上，还需要配备相应的行走机构及相应的驱动系统。而辅助机械手的安装位置、定位点和动作次序都是固定不变的，大多数运动部件只需要控制起点和终点，故较多地采用气动、液压驱动系统。

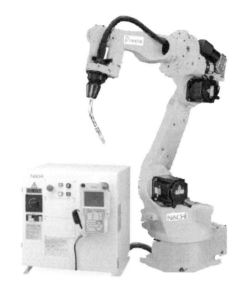

（a）工业机器人　　　　　　　　　　　　（b）机械手

图 1-2-20　工业机器人和机械手的比较

技能训练

一、结合本任务的学习，完成以下多项选择题。

1. 以下属于机器人本体的是（　　　）。
A. 变位器　　　　　　　B. 作业工具　　　　　　C. 机身　　　　　　D. 手臂

2. 以下属于机器人电气控制系统的是（　　　）。
A. 示教器　　　　　　　B. 驱动器　　　　　　　C. 机器人控制器　　D. 辅助电路

3. 工业机器人的主要技术特点是（　　　）。
A. 拟人　　　　　　　　B. 柔性　　　　　　　　C. 通用　　　　　　D. 高精度

4. 多关节工业机器人的主要结构有（　　　）。
A. 直角坐标　　　　　　B. 垂直串联　　　　　　C. 水平串联　　　　D. 并联

5. 文献中经常提到的 SCARA 机器人属于（　　　）结构。
A. 直角坐标　　　　　　B. 垂直串联　　　　　　C. 水平串联　　　　D. 并联

6. 文献中经常提到的 Delta 机器人属于（　　　）结构。
A. 直角坐标　　　　　　B. 垂直串联　　　　　　C. 水平串联　　　　D. 并联

7. 以下属于全范围作业工业机器人的是（　　　）。
A. 直角坐标　　　　　　B. 垂直串联　　　　　　C. 水平串联　　　　D. 并联

8. 以下属于部分范围作业工业机器人的是（　　　）。
A. SCARA　　　　　　　B. 垂直串联　　　　　　C. Delta　　　　　　D. 球坐标

9. 可表示工业机器人承载能力的参数是（　　　）。
A. 物品质量　　　　　　B. 工具质量　　　　　　C. 切削力　　　　　D. 转矩

10. 工业机器人与伺服驱动系统有关的技术参数是（　　　）。

A. 承载能力　　　　B. 运动速度　　　　C. 作业范围　　　　D. 定位精度

二、结合本任务的学习，简要回答以下问题。

1. 简述工业机器人的主要技术特点。

2. 简述 6 轴垂直串联机器人的结构与组成。

3. 简述工业机器人和数控机床、机械手的区别。

三、根据常用工业机器人的用途、作业要求和结构形态，完成表 1-2-3 的填写。

表 1-2-3　常用工业机器人的主要技术性能表

类　　别		常见形态	控制轴数	承载能力	重复定位精度
加工类	弧焊、切割				
	点焊				
装配类	通用装配				
	电子装配				
	涂装				
搬运类	装卸				
	输送				
包装类	分拣、包装				
	码垛				

工业机器人结构分析

虽然工业机器人的结构形式有垂直串联、水平串联、并联等，但是总体而言，它们都是由关节和连杆按一定规律连接而成，每一关节都由一台伺服电机通过减速器进行驱动。不同结构形态的机器人，实质只是机械运动机构的叠加和组合形式上的区别。

垂直串联结构是工业机器人最常见的结构形态，它被广泛用于加工、搬运、装配、包装等场合；谐波减速器、RV 减速器是工业机器人的机械核心部件，工业机器人的几乎所有关节都需要使用谐波减速器或 RV 减速器进行减速。本项目将对垂直串联机器人的机械结构以及谐波减速器、RV 减速器的结构原理进行讲解。

任务 1　熟悉本体结构

知识目标

① 熟悉垂直串联机器人机身、手腕机械结构。
② 掌握典型工业机器人的机械传动系统结构。
③ 了解 SCARA、Delta 机器人的一般结构。

能力目标

① 能正确区分不同结构形式的工业机器人本体。
② 能正确区分不同结构形式的工业机器人手腕。
③ 能分析典型工业机器人的机械传动系统。

基础学习

一、垂直串联机器人结构

工业机器人的机械结构形式决定了产品成本与结构刚度，它直接影响产品价格及承载能力、运动稳定性、运动速度、定位精度等技术指标。

1. 小规格、轻量机器人

小规格、轻量机器人通常采用图 2-1-1 所示的垂直串联基本结构。这种结构中，所有伺服驱动电机、减速器及相关传动部件均安装于机器人内部，机器人外形简洁，防护性能好，传动系统结构简单，传动链短，传动精度高，刚性好。

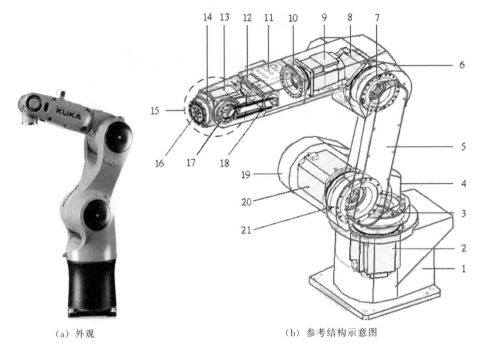

（a）外观　　　　　　　　　　（b）参考结构示意图

图 2-1-1　垂直串联基本结构

1—基座；4—腰关节；5—下臂；6—肘关节；11—上臂；15—腕关节；

16—连接法兰；18—同步带；19—肩关节；2，8，9，12，13，20—伺服电机；3，7，10，14，17，21—减速器

6轴垂直串联机器人的运动主要包括腰回转（S轴）、下臂摆动（L轴）、上臂摆动（U轴）、手腕回转（R轴）、腕摆动（B轴）及手回转（T轴）。腕摆动（B轴）及手回转（T轴）的驱动电机均位于手臂前端，故称为前驱结构。

图 2-1-1 中，手回转轴 T 的驱动电机 13 直接安装在腕摆动体上，其传动直接，结构简单，但它会增加手部的体积和质量，影响手运动的灵活性，在实际产品中，通常将其安装在上臂内腔，然后通过同步带、伞齿轮等传动部件传送至手部的减速器输入轴上，以减小手部的体积和质量。

机器人的每一运动都需要相应的电机驱动，交流伺服电机是目前最常用的驱动电机，它具有恒转矩输出特性，其最高转速一般为 3000～6000r/min，额定输出转矩通常在 30N·m以下。由于机器人的关节回转和摆动的负载惯量大，回转速度低（通常为 25～100r/min），加减速时的最大驱动转矩（动载荷）需要达到数百甚至数万牛·米。因此机器人的所有运动轴原则上都必须配套结构紧凑、传动效率高、减速比大、承载能力强、传动精度高的减速器，以降低转速、提高输出转矩。RV减速器、谐波减速器是机器人最常用的两种减速器，也是工业机器人最为关键的机械核心部件，有关内容将在任务 2、任务 3 中详细阐述。

2. 大中型工业机器人

大中型工业机器人的承载能力强，结构刚度高，构件体积和质量均较大，为了减轻机器人的上部质量，降低机器人重心，提高运动稳定性，大中型垂直串联工业机器人经常采用图2-1-2所示的驱动电机后置（后驱）结构和平行四边形连杆驱动结构。

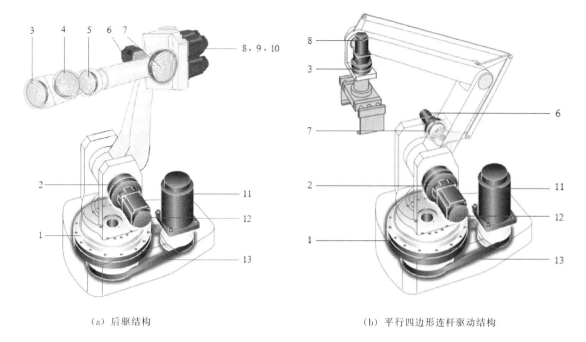

（a）后驱结构　　　　　　　　　　　　　　（b）平行四边形连杆驱动结构

图 2-1-2　大中型垂直串联工业机器人结构
1，2，3，4，5，7—减速器；6，8，9，10，11，12—电机；13—同步皮带

（1）后驱结构。图 2-1-2(a) 所示的后驱结构，其手腕回转轴 R、弯曲轴 B、手回转轴 T 的驱动电机 8、9、10 均布置在上臂后端，以增加电机安装和散热空间，减小上臂前端的体积和重量，并平衡重力、降低重心、提高运动稳定性。

在多数情况下，后驱垂直串联结构机器人机身的腰回转轴 S、下臂摆动轴 L、上臂摆动轴 U，仍采用与前驱垂直串联机器人相同的结构。但是，出于增加驱动转矩、方便内部管线布置等需要，部分机器人的腰回转轴 S 的驱动电机 11 有时也采用侧置结构，驱动电机和减速器间采用同步皮带连接。后驱机器人手腕的 B 轴、T 轴结构与前驱结构有所不同，它通过上臂内部的传动轴将驱动力传递到前端手腕上，取消了连接 B、T 轴驱动电机和减速器的同步皮带。但是，手腕弯曲轴 B、手回转轴 T 的减速器仍布置在手腕上。

后驱垂直串联工业机器人的基座、手臂均为普通结构件；减速器、同步皮带等是此类工业机器人的机械核心部件。

（2）平行四边形连杆驱动结构。图 2-1-2(b) 为平行四边形连杆驱动机构，这种结构可加长上臂摆动轴 U 的驱动力臂，放大驱动电机转矩，提高负载能力，还可将 U 轴的驱动部件安装位置下移至腰部，从而降低机器人的重心，增加运动稳定性。

平行四边形连杆驱动结构的机器人，其腰回转轴 S 的驱动电机以侧置的居多，驱动电机和减速器间采用同步皮带连接，下臂摆动轴 L 的驱动形式通常与中小型垂直串联工业机器人相同，但其上臂摆动轴 U 的驱动电机、减速器均安装在腰上。

大型连杆驱动垂直串联工业机器人多用于大宗物品的搬运、码垛等平面作业，其手腕的结构通常比较简单，它一般只有手回转运动轴 T，其驱动电机和减速器直接连接；手腕的摆动可利用上臂摆动轴 U 的驱动电机进行同步驱动。

二、机器人手腕结构

1. 手腕基本形式

机器人的手腕主要用来改变末端执行器的姿态（Working Pose），进行工具作业点的定位，它是决定机器人作业灵活性的关键部件。

垂直串联机器人的手腕一般由腕部和手部组成。腕部用来连接上臂和手部；手部用来安装执行器（作业工具）。手腕回转部件通常如图 2-1-3 所示，与上臂同轴安装，因此也可视为上臂的延伸部件。

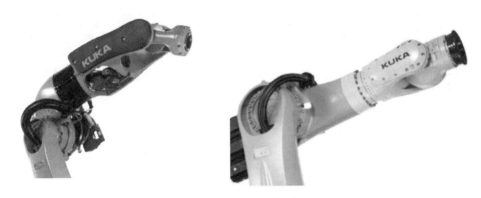

图 2-1-3 手腕回转部件

为了能对末端执行器的姿态进行 6 自由度的完全控制，机器人的手腕通常需要有 3 个回转（Roll）或摆动（Bend）自由度。具有回转（Roll）自由度的关节，能在 4 象限进行约 360°回转，称 R 型轴；具有摆动（Bend）自由度的关节，一般只能在 3 象限以下进行小于 270°的回转，称 B 型轴。这 3 个自由度可根据机器人不同的作业要求，进行图 2-1-4 所示的组合。

图 2-1-4（a）是由 3 个回转关节组成的手腕结构，称为 3R（RRR）结构。3R 结构的手腕一般采用伞齿轮传动，3 个回转轴的回转范围通常不受限制，这种手腕结构紧凑、动作灵活、密封性好，但由于手腕上 3 个回转轴的中心线相互不垂直，其控制难度较大，因此，在通用型工业机器人上较少使用。

图 2-1-4（b）为"摆动＋回转＋回转"关节或"摆动＋摆动＋回转"关节组成的手腕结构，称为 BRR 或 BBR 结构。BRR 和 BBR 结构的手腕回转中心线相互垂直，并和三维空间的坐标轴一一对应，其操作简单、控制容易。但是，这种手腕的外形通常较大、结构相对松散，因此，多用于大型、重载的工业机器人。在机器人作业要求固定时，这种手腕也经常被简化为 BR 结构的 2 自由度手腕。

图 2-1-4（c）为"回转＋摆动＋回转"关节组成的手腕结构，称为 RBR 结构。RBR 结构的手腕回转中心线同样相互垂直，并和三维空间的坐标轴一一对应，其操作简单、控制容易；且结构紧凑、动作灵活，是目前工业机器人最为常用的手腕结构。

RBR 结构的手腕回转驱动电机均可安装在上臂后侧，而腕弯曲和手回转的电机一般前置于上臂内腔（前驱）或后置于上臂摆动关节部位（后驱），前者多用于中小规格机器人，后者多用于大中规格机器人。

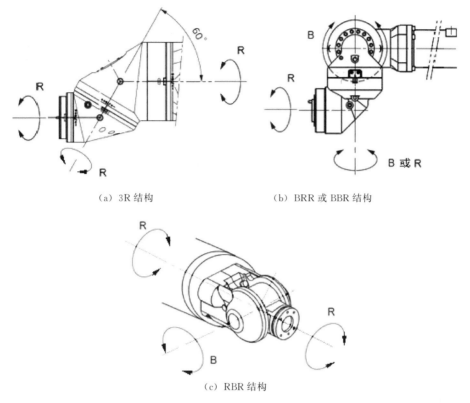

（a）3R 结构   （b）BRR 或 BBR 结构

（c）RBR 结构

图 2-1-4　手腕的结构形式

2. 前驱 RBR 手腕

小型垂直串联机器人的手腕承载要求低，驱动电机的体积小、重量轻，为了缩短传动链、简化结构、便于控制，它通常采用图 2-1-5 所示的前驱 RBR 结构。

前驱 RBR 手腕结构有手腕回转轴 R、腕摆动轴 B 和手回转轴 T 三个运动轴。其中，R 轴通常利用上臂延伸段的回转实现，其驱动电机和主要传动部件均安装在上臂后端摆动关节处；B 轴、T 轴驱动电机直接布置于上臂前端内腔，驱动电机和手腕间通过同步皮带连接，3 轴传动系统都由大比例的减速器进行减速。

3. 后驱 RBR 手腕

大中型工业机器人需要有较大的输出转矩和承载能力，B 轴、T 轴驱动电机的体积大、重量重，为保证电机有足够的安装空间和良好的散热，同时能减小上臂的体积和重量，平衡重力，提高运动稳定性，机器人通常采用图 2-1-6 所示的后驱 RBR 结构，将手腕 R、B 轴、T 轴的驱动电机均布置在上臂后端，然后通过上臂内腔的传动轴将动力传递到前端的手腕单元上，通过手腕单元实现 R、B、T 轴回转与摆动。

后驱结构不仅可解决前驱结构存在的 B、T 轴驱动电机安装空间小、散热差、检测维修困难等问题，而且还可使上臂结构紧凑、重心后移，提高机器人的作业灵活性和重力平衡性。由于后驱结构 R 轴的回转关节后已无其他电气线缆，理论上 R 轴可无限回转。

后驱机器人的手腕驱动轴 R/B/T 电机均安装在上臂后部，因此需要通过上臂内腔的传动轴将动力传递至手腕单元；手腕单元则需要将传动轴的输出转为 B、T 轴回转驱动力，其机械传动系统结构较复杂，传动链较长，B、T 轴传动精度不及前驱手腕。

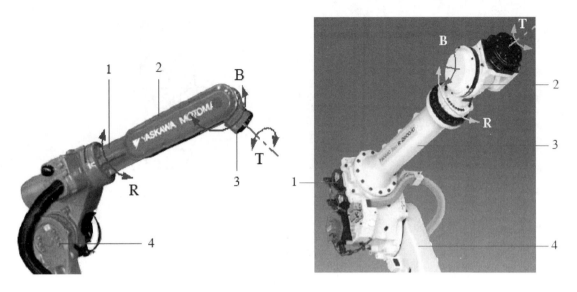

图 2-1-5　前驱 RBR 结构

1—上臂；2—B/T 轴电机安装位置；3—摆动体；4—下臂

图 2-1-6　后驱 RBR 结构

1—R/B/T 电机；2—手腕单元；3—上臂；4—下臂

后驱结构机器人的上臂结构通常如图 2-1-7 所示，臂内腔需要安装 R、B、T 传动轴，故需要采用中空结构。

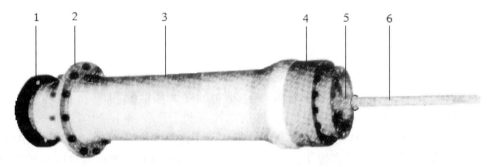

图 2-1-7　后驱结构机器人的上臂结构

1—同步带轮输入组件；2—安装法兰；3—上臂体；4—R 轴减速器；5—B 轴；6—T 轴

上臂的后端为 R、B、T 轴同步带轮输入组件 1，前端安装手腕回转的 R 轴减速器 4，上臂体 3 可通过安装法兰 2 与上臂摆动体连接。R 轴减速器应为中空结构，减速器壳体固定在上臂体 3 上，输出轴用来连接手腕单元，B 轴 5 和 T 轴 6 布置在减速器的中空孔内。

后驱机器人的手腕单元结构一般如图 2-1-8 所示，其内部传动系统结构较复杂。

连接体 1 是手腕单元的安装部件，它与上臂前端的 R 轴减速器输出轴连接后，可带动整个手腕单元实现 R 轴回转运动。连接体 1 为中空结构，B/T 传动轴组件安装在连接体内部；B/T 传动轴组件的后端可用来连接上臂的 B/T 轴输入，前端安装有驱动 B、T 轴运动和进行转向变换的伞齿轮。

摆动体 4 是一个 U 形箱体，它可在 B 轴减速器的驱动下，在连接体 1 上摆动。

B 轴减速摆动组件 5 是实现手腕摆动的部件，其内部安装有 B 轴减速器及伞齿轮等传动件。手腕摆动时，B 轴减速器的输出轴可带动摆动体 4 及安装在摆动体上的 T 轴中间传动组件 2、T 轴减速输出组件 3 进行摆动。

　　T 轴中间传动组件 2 是将 T 轴驱动力传递到 T 轴减速输出部件的中间传动装置，它可绕 B 轴摆动。T 轴中间传动组件由两组采用同步皮带连接、结构相同的过渡轴部件组成；过渡轴部件分别安装在连接体 1 和摆动体 4 上，并通过两对伞齿轮完成转向变换。

　　T 轴减速输出组件直接安装在摆动体上，组件的内部结构和前驱手腕类似，传动系统主要包括 T 轴谐波减速器、工具安装法兰等部件。工具安装法兰上设计有标准中心孔、定位法兰和定位孔、固定螺孔，可直接安装机器人的作业工具。

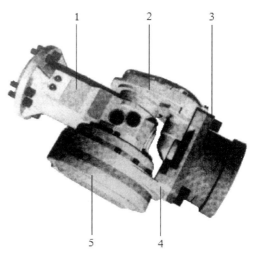

图 2-1-8　后驱机器人的手腕单元结构
1—连接体；2—T 轴中间传动组件；
3—T 轴减速输出组件；4—摆动体；
5—B 轴减速摆动组件

实践指导

一、机身结构实例

　　6 轴垂直串联结构是工业机器人使用最广、最典型的结构形式，结构剖析如下。

1. 基座及腰

　　基座用于机器人的安装、固定，也是机器人的线缆、管路的输入部位，如图 2-1-9 所示。

　　基座的底部为机器人安装固定板；内侧上方的凸台用来固定腰回转轴 S 的 RV 减速器壳体（针轮），减速器输出轴连接腰体。基座后侧为机器人线缆、管路连接用的管线盒，管线盒正面布置有电线电缆插座、气管油管接头。

　　腰回转轴 S 的 RV 减速器采用的是针轮（壳体）固定、输出轴回转的安装方式，由于驱动电机安装在输出轴上，电机将随同腰体回转。

　　腰是机器人的关键部件，其结构刚性、回转范围、定位精度等都直接决定了机器人的技术性能。

　　典型的腰部结构如图 2-1-10 所示。腰回转驱动电机 1 的输出轴与 RV 减速器的芯轴 2（输入）连接。电机座 4 和腰体 6 安装在 RV 减速器的输出轴上，当电机旋转时，减速器输出轴带动腰体、电机在基座上回转。腰体 6 的上部有一个突耳 5，其左右两侧用来安装下臂及其驱动电机。

2. 上/下臂

　　垂直串联机器人的下臂是连接腰部和上臂的中间体，它可连同上臂及手腕在腰上摆动。典型机器人下臂结构如图 2-1-11 所示。下臂体 5 和驱动电机 1 分别安装在腰体上部突耳的两侧；RV 减速器安装在腰体上，驱动电机 1 可通过 RV 减速器驱动下臂摆动。

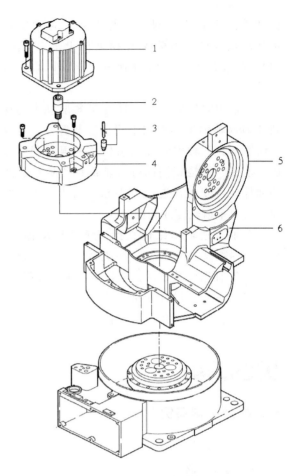

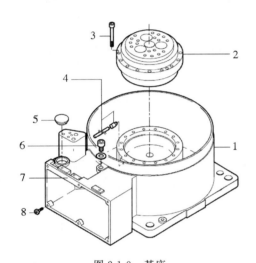

图 2-1-9　基座

1—基座体；2—RV 减速器；3，6，8—螺钉；
4—润滑管；5—盖；7—管线盒

图 2-1-10　腰部结构

1—腰回转驱动电机；2—减速器芯轴；3—润滑管；
4—电机座；5—突耳；6—腰体

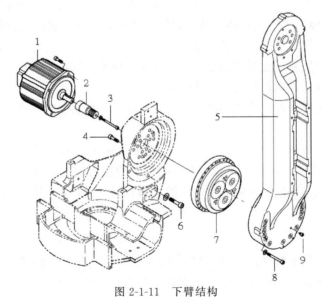

图 2-1-11　下臂结构

1—驱动电机；2—减速器芯轴；3，4，6，8，9—螺钉；5—下臂体；7—RV 减速器下臂摆动的 RV 减速器采用的是输出轴固定、针轮（壳体）回转的安装方式。驱动电机 1 安装在腰体突耳的左侧，电机轴与 RV 减速器 7 的芯轴 2 连接；RV 减速器输出通过螺钉 4 固定在腰体上，针轮（壳体）通过螺钉 8 连接下臂体 5；电机旋转时，针轮将带动下臂在腰体上摆动。

上臂连接下臂和手腕的中间体，它可连同手腕摆动。典型机器人的上臂结构如图 2-1-12 所示。上臂 6 的后上方设计成箱体，内腔用来安装手腕回转轴 R 的驱动电机及减速器。上臂回转轴 U 的驱动电机 1 安装在上臂左下方，电机轴与 RV 减速器 7 的芯轴 3 连接。RV 减速器 7 安装在上臂右下侧，减速器针轮（壳体）利用连接螺钉 5（或 8）连接上臂；输出轴通过螺钉

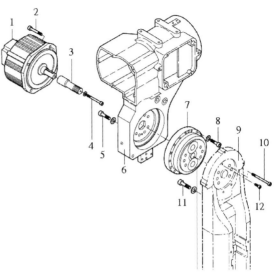

图 2-1-12　上臂结构

1—驱动电机；3—RV 减速器芯轴；
2，4，5，8，10，11，12—螺钉；
6—上臂；7—RV 减速器；9—下臂

10 连接下臂 9；电机旋转时，上臂将连同驱动电机绕下臂摆动。

二、手腕结构实例

1. R 轴

垂直串联机器人的手腕回转轴 R 一般配套结构紧凑的部件型谐波减速器。R 轴驱动电机、减速器、过渡轴等传动部件均安装在上臂的内腔；手腕回转体安装在上臂的前端；减速器和手腕回转体通过过渡轴连接。手腕回转体可起到延长上臂的作用，故 R 轴有时称上臂回转轴。

采用前驱结构的机器人 R 轴典型传动系统结构如图 2-1-13 所示。谐波减速器 3 的刚轮和电机座 2 固定在上臂内壁；R 轴驱动电机 1 的输出轴和减速器的谐波发生器连接；谐波减速器的柔轮输出和过渡轴 5 连接。过渡轴 5 是连接谐波减速器和手腕回转体 8 的中间轴，它安装在上臂内部，可在上臂内回转。过渡轴的前端面安装有可同时承受径向和轴向载荷的交叉滚子轴承（CRB）7；后端面与谐波减速器柔轮连接。过渡轴的后支承为径向轴承 4，轴承外圈安装于上臂内侧，内圈与过渡轴 5、手腕回转体 8 连接，它们可在减速器的驱动下回转。

2. B 轴

采用前驱结构的机器人 B 轴典型传动系统结构如图 2-1-14 所示。它同样采用部件型谐波减速器，以减小体积。驱动电机 2 安装在手腕体 17 的后部，电机通过同步带 5 与手腕前端的谐波减速器 8 输入轴连接，减速器柔轮连接摆动体 12；减速器刚轮和安装在手腕体 17 左前侧的支承座 14 是摆动体 12 摆动回转的支承。摆动体的回转驱动力来自谐波减速器的柔轮输出，当驱动电机 2 旋转时，可通过同步带 5 带动减速器谐波发生器旋转，柔轮输出将带动摆动体 12 摆动。

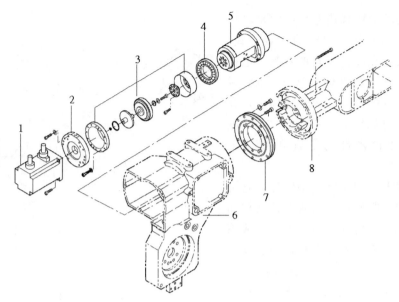

图 2-1-13　采用前驱结构的机器人 R 轴典型传动系统结构

1—R 轴驱动电机；2—电机座；3—谐波减速器；4—径向轴承；

5—过渡轴；6—上臂；7—交叉滚子轴承；8—手腕回转体

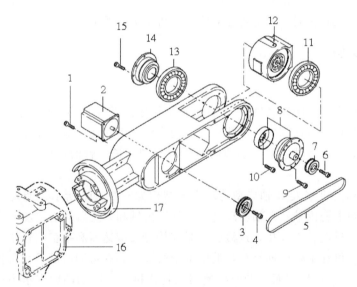

图 2-1-14　采用前驱结构的机器人 B 轴典型传动系统结构

1，4，6，9，10，15—螺钉；2—驱动电机；3，7—同步带轮；5—同步带；8—谐波减速器；

11，13—轴承；12—摆动体；14—支承座；16—上臂；17—手腕体

3. T 轴

采用前驱结构的机器人 T 轴机械传动系统由中间传动部件和回转减速部件组成，其传统系统典型结构分别如下。

（1）T 轴中间传动部件。T 轴中间传动部件典型结构如图 2-1-15 所示。驱动电机 1 安装在手腕体 3 的中部，电机通过同步带将动力传递至手腕回转体左前侧。安装在手腕体左前侧的支承座 13 为中空结构，其外圈作为腕弯曲摆动轴 B 的辅助支承；内部安装有手回转轴 T

的中间传动轴。中间传动轴外侧安装有与电机连接的同步带轮8，内侧安装有45°伞齿轮14。伞齿轮14和摆动体上的45°伞齿轮啮合，实现传动方向变换，将动力传递到手腕摆动体。

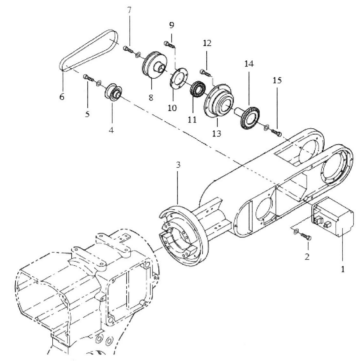

图 2-1-15　T 轴中间传动部件典型结构

1—驱动电机；2，5，7，9，12，15—螺钉；3—手腕体；4，8—同步带轮；6—同步带；
10—端盖；11—轴承；13—支承座；14—伞齿轮

（2）T 轴回转减速部件。机器人手回转轴 T 的传动系统典型结构如图 2-1-16 所示，T

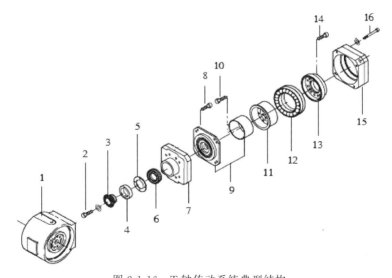

图 2-1-16　T 轴传动系统典型结构

1—摆动体；2，8，10，14，16—螺钉；3—伞齿轮；4—锁紧螺母；5—垫；6，12—CRB轴承；
7—壳体；9—谐波减速器；11—轴套；13—工具安装法兰；15—密封端盖

轴同样采用部件型谐波减速器，主要传动部件安装在壳体 7、密封端盖 15 组成的封闭空间内；壳体 7 安装在摆动体 1 上。T 轴谐波减速器 9 的谐波发生器通过伞齿轮 3 与中间传动轴上的伞齿轮啮合；柔轮通过轴套 11 连接 CRB 轴承 12 内圈及工具安装法兰 13；刚轮、CRB 轴承外圈固定在壳体 7 上。谐波减速器、轴套、CRB 轴承、工具安装法兰的外部通过密封端盖 15 封闭，并和摆动体 1 连为一体。

拓展提高

一、SCARA 机器人

采用水平串联结构的 SCARA 工业机器人，其手臂平面回转的驱动电机有前置于回转关节（前驱）部位和统一后置于支承座上（后驱）两种基本结构，前驱 SCARA 机器人的典型结构如图 2-1-17 所示。

前驱 SCARA 机器人手臂平面回转轴 C1、C2 的驱动电机 8、7 及减速器 1、2 均安装在对应的关节回转部位；执行器升降通过减速器 3 和滚珠丝杠 4 实现，升降轴 C3 驱动电机 6 安装在 C2 轴手臂上，电机与减速器间利用同步带 5 连接。

后驱 SCARA 机器人的全部驱动电机均安装在基座内腔，其摆臂结构非常紧凑，为了缩小摆臂体积，传动系统一般采用同步带，并使用超薄型谐波减速器减速。

二、Delta 机器人

Delta 机器人的典型结构如图 2-1-18 所示，3 个摆动臂结构完全相同，摆动臂由驱动电机 1、3、5 经减速器 2、4、6 减速后驱动，电机和减速器安装在摆动关节部位。

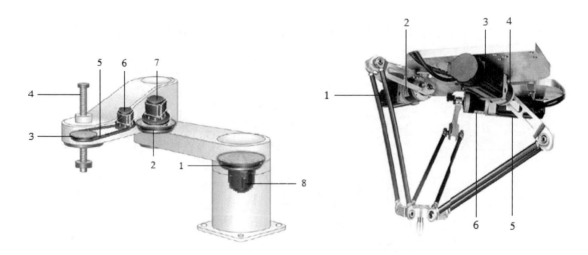

图 2-1-17　前驱 SCARA 机器人典型结构
1，2，3—C1、C2、C3 轴减速器；4—滚珠丝杠；
5—同步带；6，7，8—C3、C2、C1 轴驱动电机

图 2-1-18　Delta 机器人的典型结构
1，3，5—J1、J2、J3 轴驱动电机；
2，4，6—J1、J2、J3 轴减速器

Delta 机器人的传动系统结构简单，驱动电机和减速器一般为直接连接，但小规格机器人由于安装空间限制，有时也采用同步皮带连接的形式。

技能训练

一、结合本任务的学习，完成以下多项选择题。

1. 小型垂直串联机器人手腕驱动常用的结构形式是（　　）。

A. 前驱

B. 后驱

C. 平行四边形连杆驱动

D. 直线驱动

2. 垂直串联机器人采用手腕驱动电机后置结构的优点是（　　）。

A. 上臂轻　　　　　B. 重心低　　　　　C. 结构简单　　　　　D. 运动稳定

3. 垂直串联机器人采用平行四边形连杆驱动的优点是（　　）。

A. 结构简单　　　　B. 运动稳定　　　　C. 传动精度高　　　　D. 承载能力强

4. 以下属于垂直串联机器人手腕基本结构的是（　　）。

A. 3R　　　　　　　B. BRR（或 BBR）　C. RBR　　　　　　　D. 3B

5. 以下机器人结构中，可用于并联数控机床的结构是（　　）。

A. 前驱 SCARA　　　B. 后驱 SCARA　　C. 回转驱动 Delta　D. 直线驱动 Delta

二、通过本任务的学习，简要回答以下问题。

1. 简述垂直串联工业机器人机身的结构特点。

2. 简述垂直串联工业机器人手腕的结构形式及 RBR 手腕的结构特点。

任务 2　熟悉谐波减速器

知识目标

① 掌握谐波齿轮变速原理与特点。

② 熟悉谐波减速器结构。

③ 掌握谐波减速器安装、维护的基本方法。

能力目标

① 能说出谐波齿轮变速原理及特点。

② 能区分不同结构形式的谐波减速器。

③ 能进行谐波减速器的安装、维护。

基础学习

一、谐波减速器结构与原理

1. 基本结构

谐波减速器是谐波齿轮传动装置的俗称。谐波齿轮传动装置实际上既可用于减速，也可用于升速，但由于其传动比很大（通常为 30～320），因此在工业机器人、数控机床等机电产品上应用时多用于减速，故习惯上称谐波减速器。

谐波齿轮传动装置是美国发明家 C. W. Musser（马瑟，1909—1998）在 1955 年发明的一种特殊齿轮传动装置，最初称变形波发生器；1960 年，美国 United Shoe Machinery 公司（USM）率先研制出样机；1964 年，日本的株式会社长谷川齿车（Hasegawa Gear Works, Ltd.）和 USM 合作成立了 Harmonic Drive 公司（哈默纳科），开始对其进行产业化研究和生产，并将产品定名为谐波齿轮传动装置（Harmonic gear drive）。哈默纳科既是全球最早研发生产谐波减速器的企业，也是目前全球最大的谐波减速器生产企业。

谐波减速器的基本结构如图 2-2-1 所示，它主要由刚轮（Circular Spline）、柔轮（Flex Spline）、谐波发生器（Wave Generator）3 个基本部件构成。刚轮、柔轮、谐波发生器可任意固定其中 1 个，其余 2 个部件一个连接输入（主动），另一个即可作为输出（从动），以实现减速或增速。

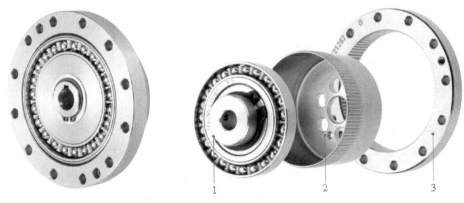

图 2-2-1　谐波减速器的基本结构
1—谐波发生器；2—柔轮；3—刚轮

① 刚轮。刚轮是一个加工有连接孔的刚性内齿圈，其齿数比柔轮略多（一般多 2 或 4 齿）。刚轮通常用于减速器安装和固定，在超薄形或微型减速器上，刚轮一般与交叉滚子轴承设计成一体，构成减速器单元。

② 柔轮。柔轮是一个可产生较大变形的薄壁金属弹性体，弹性体与刚轮啮合的部位为薄壁外齿圈，它通常用来连接输出轴。柔轮有水杯、礼帽、薄饼等形状。

③ 谐波发生器。谐波发生器又称波发生器，其内侧是一个椭圆形的凸轮，凸轮外圆套有一个能弹性变形的柔性滚动轴承（Flexible rolling bearing），轴承外圈与柔轮内侧接触。凸轮装入轴承内圈后，轴承、柔轮均变成椭圆形，椭圆长轴附近的柔轮齿与刚轮齿完全啮合，短轴附近的柔轮齿与刚轮齿完全脱开。凸轮通常与输入轴连接，旋转时柔轮齿与刚轮齿的啮合位置不断改变。

2. 变速原理

谐波减速器的变速原理如图 2-2-2 所示。

如减速器刚轮固定，由于柔轮的齿形和刚轮相同，但齿数少于刚轮，因此，当椭圆长轴到达刚轮−90°位置时，柔轮所转过的角度将大于 90°；如齿差为 2，柔轮的基准齿将逆时针偏离刚轮 0°位置 0.5 个齿。当椭圆长轴到达刚轮−180°位置时，柔轮基准齿将逆时针偏离刚轮 0°位置 1 个齿；如椭圆长轴绕柔轮回转一周，柔轮的基准齿将逆时针偏离刚轮 0°位置一个齿差（2 个齿）。

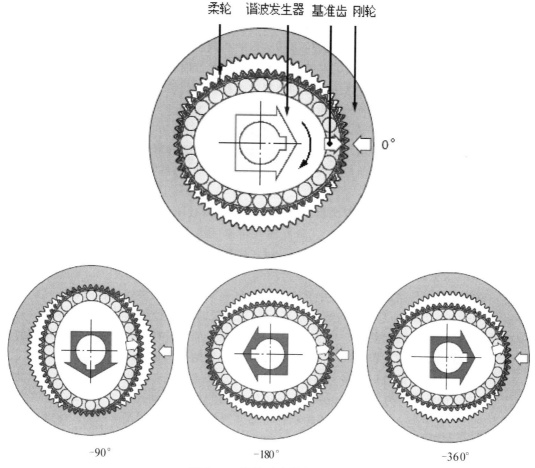

柔轮　谐波发生器　基准齿　刚轮

$0°$

$-90°$　　　　　　$-180°$　　　　　　$-360°$

图 2-2-2　谐波减速器变速原理

　　当刚轮固定，谐波发生器凸轮连接输入轴，柔轮连接输出轴时，输入轴顺时针旋转 1 转（$-360°$），输出轴将相对于固定的刚轮逆时针转过一个齿差（2 个齿）。假设柔轮齿数为 Z_f，刚轮齿数为 Z_c，输出/输入的转速比为：

$$i_1 = \frac{Z_c - Z_f}{Z_f}$$

　　同样，如谐波减速器柔轮固定、刚轮旋转，当输入轴顺时针旋转 1 转（$-360°$）时，刚轮的基准齿将顺时针偏离柔轮一个齿差，其偏移的角度为：

$$\theta = \frac{Z_c - Z_f}{Z_c} \times 360°$$

　　其输出/输入的转速比为：

$$i_2 = \frac{Z_c - Z_f}{Z_c}$$

　　这就是谐波齿轮传动装置的减速原理。

　　反之，如谐波减速器的刚轮固定，柔轮连接输入轴，谐波发生器凸轮连接输出轴，则柔轮旋转时将迫使谐波发生器快速回转，起到增速的作用；减速器柔轮固定、刚轮连接输入轴、谐波发生器凸轮连接输出轴的情况类似。这就是谐波齿轮传动装置的增速原理。

3. 技术特点

由谐波齿轮传动装置的结构和原理可见，与其他传动装置相比，它主要有以下特点。

（1）承载能力强、传动精度高。齿轮传动装置的承载能力、传动精度与其同时啮合的齿数（称重叠系数）密切相关，多齿同时啮合可起到减小单位面积载荷、均化误差的作用，故在同等条件下，同时啮合的齿数越多，传动装置的承载能力就越强，传动精度就越高。

一般而言，普通直齿圆柱渐开线齿轮的同时啮合齿数只有 1～2 对，同时啮合的齿数通常只占总齿数的 2％～7％。谐波齿轮传动装置有两个 180°对称方向的部位同时啮合，其同时啮合齿数远多于普通齿轮传动，故其承载能力强，齿距误差和累积齿距误差可得到较好的均化。谐波齿轮传动装置的传动误差大致只有普通齿轮传动装置的 1/4 左右，即传动精度可提高 4 倍。

以哈默纳科谐波齿轮传动装置为例，其同时啮合的齿数比例最大可达 30％以上，最大转矩（Peak Torque）可达 4470N·m，最高输入转速可达 14000r/min，角传动精度（Angle transmission accuracy）可达 $1.5×10^{-4}$ rad，滞后误差（Hysteresis loss）可达 $2.9×10^{-4}$ rad。这些指标基本上代表了当今世界谐波减速器的最高水准。

需要说明的是：虽然谐波减速器的传动精度比其他减速器高很多，但目前它还只能达到角分级（$1' ≈ 2.9×10^{-4}$ rad），它与数控机床回转轴所要求的角秒级（$1'' ≈ 4.85×10^{-6}$ rad）定位精度比较，仍存在很大差距，这也是目前工业机器人的定位精度普遍低于数控机床的主要原因之一。因此谐波减速器一般不能直接用于数控机床的回转轴驱动和定位。

（2）传动比大、传动效率较高。在传统的单级传动装置上，普通齿轮传动的推荐传动比一般为 8～10，传动效率为 0.9～0.98；行星齿轮传动的推荐传动比 2.8～12.5，齿差为 1 的行星齿轮传动效率为 0.85～0.9；蜗轮蜗杆传动装置的推荐传动比为 8～80，传动效率为 0.4～0.95；摆线针轮传动的推荐传动比 11～87，传动效率为 0.9～0.95。而谐波齿轮传动的推荐传动比为 50～160，可选择 30～320，正常传动效率为 0.65～0.96（与减速比、负载、温度等有关）。

（3）结构简单，体积小，重量轻，使用寿命长。谐波齿轮传动装置只有 3 个基本部件，传动比相同的普通齿轮传动比较，其零件数可减少 50％左右，体积、重量大约只有普通齿轮传动的 1/3 左右。此外，在传动过程中，由于谐波齿轮传动装置的柔轮齿进行的是均匀径向移动，齿间的相对滑移速度一般只有普通渐开线齿轮传动的百分之一，加上同时啮合的齿数多，轮齿单位面积的载荷小，运动无冲击，因此齿的磨损较小，传动装置使用寿命可长达 7000～10000h。

（4）传动平稳，无冲击、噪声小。谐波齿轮传动装置可通过特殊的齿形设计，使得柔轮和刚轮的啮合、退出过程实现连续渐进、渐出，啮合时的齿面滑移速度小，且无突变，因此，其传动平稳，啮合无冲击，运行噪声小。

（5）安装调整方便。谐波齿轮传动装置只有刚轮、柔轮、谐波发生器三个基本构件，三者为同轴安装；刚轮、柔轮、谐波发生器可按部件提供（称部件型谐波减速器），由用户根据自己的需要自由选择变速方式和安装方式，并直接在整机装配现场组装，其安装十分灵活、方便。此外，谐波齿轮传动装置的柔轮和刚轮啮合间隙可通过微量改变谐波发生器的外径调整，甚至可做到无侧隙啮合，因此其传动间隙通常非常小。

谐波齿轮传动装置需要使用高强度、高弹性的特种材料制作，特别是柔轮、谐波发生器的轴承，它们不但需要在承受较大交变载荷的情况下不断变形，而且，为了减小磨损，材料还必须要有很高的硬度，因而，它对材料的材质、抗疲劳强度及加工精度、热处理的要求均很高，制造工艺较复杂。目前全球能够真正产业化生产谐波减速器的厂家还不多。

4. 转速比

谐波减速器的输出/输入转速比与减速器的安装方式有关。用正、负号代表转向，谐波传动装置的基本减速比 R 为：

$$R=\frac{Z_f}{Z_c-Z_f}$$

谐波减速器可通过图 2-2-3 所示的不同安装形式，用图 2-2-3(a)、图 2-2-3(b) 所示的安装实现减速；用图 2-2-3(c)～图 2-2-3(e) 所示的安装实现增速。如需要，也可采用谐波发生器固定、柔轮输入、刚轮输出的减速方式，其输出/输入转速比为 $R/(R+1)$，即减速比（或传动比）为 $(R+1)/R$。

对于图 2-2-3(a) 所示的刚轮固定、柔轮输出安装方式，其输出/输入转速比为：

$$i_a=\frac{-(Z_c-Z_f)}{Z_f}=\frac{-1}{R}$$

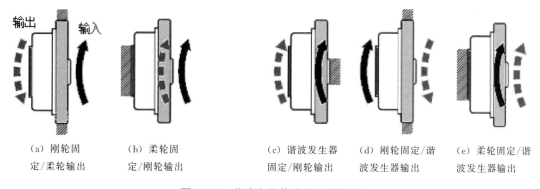

（a）刚轮固 　　（b）柔轮固 　　　（c）谐波发生器 　　（d）刚轮固定/谐 　　（e）柔轮固定/谐
　定/柔轮输出 　　定/刚轮输出 　　　固定/刚轮输出 　　波发生器输出 　　波发生器输出

图 2-2-3　谐波齿轮传动装置的使用

对于图 2-2-3(b) 所示的柔轮固定、刚轮输出安装方式，其输出/输入转速比为：

$$i_b=\frac{Z_c-Z_f}{Z_c}=\frac{1}{R+1}$$

对于图 2-2-3(c) 所示的谐波发生器固定、刚轮输出安装方式，其输出/输入转速比为：

$$i_c=\frac{Z_c}{Z_f}=\frac{R+1}{R}$$

对于图 2-2-3(d) 所示的刚轮固定、谐波发生器输出安装方式，其输出/输入转速比为：

$$i_d=\frac{-Z_f}{Z_c-Z_f}=-R$$

对于图 2-2-3(e) 所示的柔轮固定、谐波发生器输出安装方式，其输出/输入转速比为：

$$i_e=\frac{Z_c}{Z_c-Z_f}=R+1$$

在谐波齿轮传动装置生产厂家的样本上，一般只给出基本减速比 R，用户使用时，可根据实际安装情况，按照上面的方法计算对应的传动比。

二、谐波减速器产品

工业机器人常用的哈默纳科谐波减速器总体可分为部件型、单元型、简易单元型、齿轮箱型、微型 5 大类,用户可以根据自己的需要选用。

我国现行的 GB/T 30819—2014 标准目前只规定了部件、整机 2 种结构,"整机"结构就是单元型减速器;柔轮形状上也只规定了杯形和中空礼帽形 2 种,轴向长度分为标准型和短筒型 2 类,短筒型就是哈默纳科的超薄型。

1. 部件型

部件型谐波减速器只提供刚轮、柔轮、谐波发生器 3 个基本部件;用户可根据自己的要求自由选择变速方式和安装方式。根据柔轮形状,部件型谐波减速器又分为图 2-2-4 所示的水杯形、礼帽形、薄饼形 3 大类,并有通用、高转矩、超薄等不同系列。

(a) 水杯形　　　　　　　(b) 礼帽形　　　　　　　(c) 薄饼形

图 2-2-4　部件型谐波减速器

部件型减速器的规格齐全,产品的使用灵活,安装方便,价格低,是目前工业机器人广泛使用的产品。部件型谐波减速器采用的是刚轮、柔轮、谐波发生器分离型结构,无论是工业机器人生产厂家制造,还是机器人使用厂家维修,都需要进行谐波减速器和传动零件的分离和安装,其装配调试的要求较高。

2. 单元型

单元型谐波减速器又称谐波减速单元,它带有外壳和 CRB 输出轴承,减速器的刚轮、柔轮、谐波发生器、壳体、CRB 轴承被整体设计成统一的单元;减速器带有输入/输出连接法兰或连接轴,输出采用高刚性精密 CRB 轴承支承,可直接驱动负载。单元型谐波减速器有图 2-2-5 所示的标准型、中空轴、轴输入三种基本结构形式,其柔轮形状有水杯形和礼帽形 2 类,并有轻量、密封等系列。

(a) 标准型　　　　　　　(b) 中空轴　　　　　　　(c) 轴输入

图 2-2-5　单元型谐波减速器

谐波减速单元虽然价格高于部件型，但是由于减速器的安装在生产厂家已完成，产品的使用简单，安装方便，传动精度高，使用寿命长，无论工业机器人生产厂家制造或机器人使用厂家维修更换，都无需分离谐波减速器和传动部件。

3. 简易单元型

简易单元型谐波减速器是单元型谐波减速器的简化结构，它将谐波减速器的刚轮、柔轮、谐波发生器 3 个基本部件和 CRB 轴承整体设计成统一的单元，但无壳体和输入/输出连接法兰或轴。简易谐波减速单元的基本结构有图 2-2-6 所示的标准型、中空轴（包括超薄中空轴）两类，柔轮形状均为礼帽形。简易单元型减速器的结构紧凑，使用方便，性能和价格介于部件型和单元型之间，常用于机器人手腕、SCARA 结构机器人。

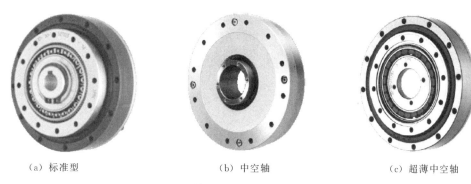

（a）标准型   （b）中空轴   （c）超薄中空轴

图 2-2-6 简易谐波减速单元的基本结构

4. 齿轮箱型

齿轮箱型谐波减速器又称谐波减速箱，它可像齿轮减速箱一样，直接安装驱动电机，以实现减速器和驱动电机的结构整体化。谐波减速箱的基本结构有图 2-2-7 所示的法兰输出和轴输出两类；其谐波减速器的柔轮形状均为水杯形，并有通用系列、高转矩系列产品。齿轮箱型谐波减速器特别适合于电机的轴向安装尺寸不受限制的后驱手腕、SCARA 结构机器人。

（a）法兰输出   （b）轴输出

图 2-2-7 谐波减速箱的基本结构

5. 微型和超微型

微型和超微型谐波减速器是专门用于小型、轻量工业机器人的特殊产品，它常用于电子产品、食品、药品等小规格搬运、装配、包装工业机器人。

微型谐波减速器有图 2-2-8 所示的单元型（微型谐波减速单元）、齿轮箱型（微型谐波减速箱）两种基本结构，微型谐波减速箱有法兰输出和轴输出两类。超微型减速器实际上只是对微型系列产品的补充，其结构、安装使用要求均和微型系列相同。

（a）单元型　　　　　　　（b）齿轮箱型（法兰输出）　　　　（c）齿轮箱型（轴输出）

图 2-2-8　微型谐波减速器

实践指导

一、谐波减速器结构实例

部件型、单元型、简易单元型谐波减速器是机器人常用的谐波减速器产品，典型产品的内部结构实例如下。

1. 部件型谐波减速器

（1）水杯形。标准水杯形谐波减速器的结构如图 2-2-9 所示，减速器由输入连接件、谐波发生器、柔轮、刚轮 4 部分组成，其柔轮呈水杯状。

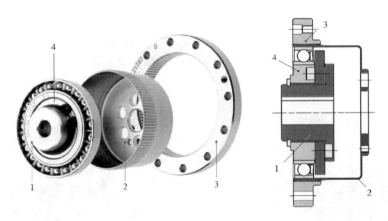

图 2-2-9　标准水杯形谐波减速器结构

1—输入连接件；2—柔轮；3—刚轮；4—谐波发生器

输入连接件 1 包括轴套、连接板等件，轴套可连接输入轴，带动谐波发生器 4 旋转。为了缩短轴向尺寸，谐波发生器凸轮和输入部件也可采用端面法兰、螺钉刚性连接，这样的减速器称为超薄型谐波减速器，其整体厚度只有标准水杯形减速器的 2/3 左右。

（2）礼帽形。礼帽形谐波减速器的结构如图 2-2-10 所示，它由谐波发生器及输入组件、柔轮、刚轮等部分组成，但其柔轮为大直径、中空开口的结构，其内部可以安装其他传动部件。

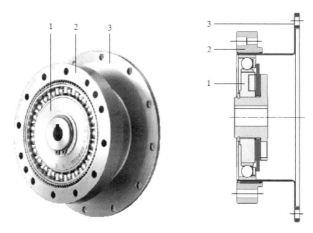

图 2-2-10　礼帽形谐波减速器结构

1— 谐波发生器及输入组件；2—柔轮；3—刚轮

（3）薄饼形。薄饼形谐波减速器的结构如图 2-2-11 所示，由谐波发生器组件、柔轮、刚轮 S、刚轮 D 共 4 个部件组成。柔轮是一个薄壁外齿圈，它不能连接输入/输出部件；刚轮 D 是减速器的基本刚轮，它和柔轮存在齿差，用来实现减速；刚轮 S 的齿数和柔轮相同，它可随柔轮同步运动，故可替代柔轮，连接输入/输出部件。减速器的谐波发生器、刚轮 S、刚轮 D 这 3 个部件中可任意固定一个，而将另外两个作为输入、输出部件。薄饼形谐波减速器的结构紧凑，刚性高，承载能力强，是谐波减速器中输出转矩最大、刚性最高的产品，但原则上需要采用润滑油润滑，多用于大型搬运装卸机器人。

图 2-2-11　薄饼形谐波减速器的结构

1—谐波发生器组件；2—柔轮；3—刚轮 S；4—刚轮 D

2. 单元型谐波减速器

（1）标准型。标准单元型谐波减速器采用标准轴孔输入，其结构如图 2-2-12 所示。其谐波发生器、柔轮的结构与部件型相同，但它增加了壳体、连接刚轮与柔轮的 CRB 轴承等部件，成为一个可直接安装和连接输出负载的完整单元。

标准单元型谐波减速器的刚轮齿直接加工在壳体上，并与 CRB 轴承的外圈连为一体；

柔轮通过连接板和CRB轴承内圈连接，使刚轮和柔轮间能够承受径向、轴向载荷和直接连接负载，而无需考虑刚轮、柔轮本身的安装连接问题。

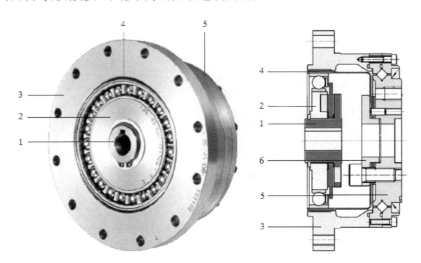

图 2-2-12　标准单元型谐波减速器结构

1—输入连接件；2—谐波发生器；3—刚轮与壳体；4—柔轮；5—CRB轴承；6—连接板

为了缩短轴向尺寸，谐波发生器凸轮和输入部件也可采用端面法兰、螺钉刚性连接，这样的减速器称为超薄单元型谐波减速器，并可设计成中空轴结构。

（2）中空轴型。中空轴型谐波减速器的结构如图 2-2-13 所示。减速器的刚轮、柔轮结构与部件型相同，但它两者间设计有 CRB 轴承，轴承内圈与刚轮连接，外圈与柔轮连接，刚轮和柔轮间能够承受径向、轴向载荷和直接连接负载。

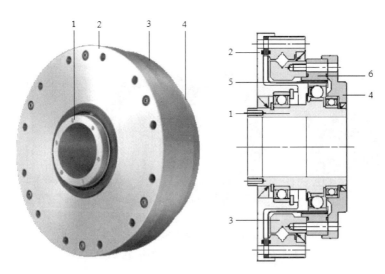

图 2-2-13　中空轴型谐波减速器结构

1—中空轴；2—前端盖；3—CRB轴承；4—后端盖；5—柔轮；6—刚轮

中空轴型谐波减速器的输入轴是一个贯通减速器的中空轴；输入轴的前端面加工有连接法兰和螺孔，中间部分直接加工成谐波发生器的凸轮；输入轴前后端均安装有带支承轴承的端盖，前端盖与柔轮、CRB轴承外圈连成一体，用来连接输出部件（或固定）；后端盖和刚轮、CRB轴承内圈连成一体，用来固定（或连接输出部件）。中空轴型谐波减速器的内部可布置其他传动部件或线缆、管路。

（3）轴输入型。轴输入型谐波减速器的结构如图2-2-14所示，它是一个带有输入轴、输出连接法兰、可整体安装与直接连接负载的完整单元。

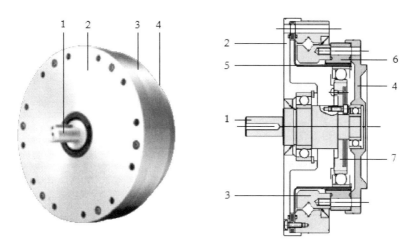

图 2-2-14　轴输入型谐波减速器结构

1—输入轴；2—前端盖；3—CRB轴承；4—后端盖；5—柔轮；6—刚轮；7—谐波发生器

轴输入型谐波减速器的刚轮、柔轮和CRB轴承的结构与中空轴型谐波减速器相同，但其谐波发生器的输入轴为带键槽的标准轴，可直接安装同步带轮或齿轮，其使用简单、安装方便。

3. 简易单元型谐波减速器

（1）标准型。标准简易单元型谐波减速器的结构如图2-2-15所示，减速器基本部件与采用礼帽形柔轮的部件型减速器相同，但其柔轮和刚轮间安装有CRB轴承，轴承内圈与刚轮连接，外圈与柔轮连接，成为一个可直接安装或连接负载的整体；其输入部件需要由用户进行连接。

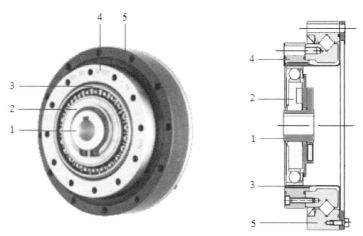

图 2-2-15　标准简易单元型谐波减速器结构

1—输入连接件；2—谐波发生器；3—柔轮；4—刚轮；5—CRB轴承

标准简易单元型谐波减速器同样可采用刚性法兰连接的超薄型结构。

（2）中空轴型。中空轴简易单元型谐波减速器的结构如图 2-2-16 所示，它保留了单元型谐波减速器的柔轮、刚轮、CRB 轴承和中空输入轴，但无前后端盖及支承轴承等连接件，用户使用时，需要配置中空轴的前后支承轴承及固定件。

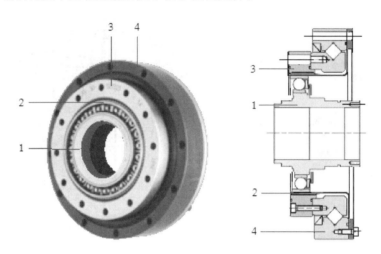

图 2-2-16　中空轴简易单元型谐波减速器结构
1—谐波发生器输入组件；2—柔轮；3—刚轮；4—CRB 轴承

二、谐波减速器安装与维护

1. 输入轴连接

谐波减速器用于大比例减速时，谐波发生器凸轮需要连接输入轴，两者的连接形式有刚性连接和柔性连接两类。

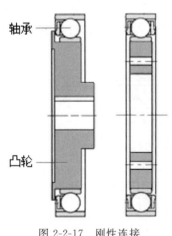

图 2-2-17　刚性连接

（1）刚性连接。刚性连接一般用于需要缩短轴向长度的薄饼形、超薄型减速器或中空轴减速器。刚性连接的谐波发生器凸轮和输入轴间直接采用图 2-2-17 中的标准轴孔与平键连接，或采用端面法兰与螺钉的方式连接。

采用刚性连接的减速器输入部件结构简单，外形紧凑，轴向尺寸可缩短，且没有传动间隙；但是它对输入轴和减速器的同轴度要求较高。

（2）柔性连接。柔性连接是谐波减速器的标准连接方式。采用柔性连接的谐波减速器，其谐波发生器凸轮和输入轴间通过图 2-2-18 所示奥尔德姆联轴器（Oldman′s Coupling，俗称十字滑块联轴节）连接。谐波发生器凸轮内孔与轴套外圆配合，联轴器用来连接轴套和谐波发生器凸轮，传递转矩。

奥尔德姆联轴器通过两侧的滑块连接输入轴和输出轴，通过两侧滑块的十字滑动可以自动调整输入轴与输出轴的偏心，降低输入轴和输出轴的同轴度要求，但它也会带来传动系统的间隙。

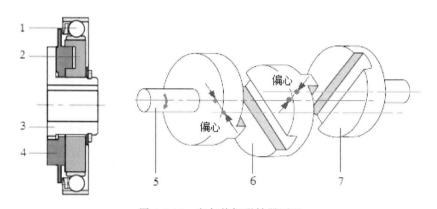

图 2-2-18　奥尔德姆联轴器原理

1—轴承；2，6—输出轴（凸轮）；3，5—输入轴（轴套）；4，6—滑块

2. 基本安装要点

（1）水杯形。水杯形减速器安装时必须注意图 2-2-19 所示的要求，即为了防止柔轮变形引起连接孔损坏，柔轮和输出轴连接时必须使用专门的固定圈夹紧输出轴和柔轮的结合面，然后再用连接螺钉紧固，而不能通过普通垫圈固定柔轮。

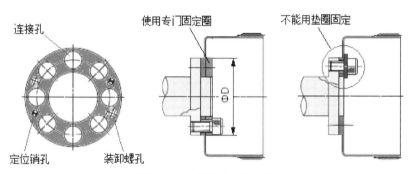

图 2-2-19　柔轮的连接要求

（2）礼帽形。礼帽形减速器安装时需要注意图 2-2-20 所示的问题：第一，柔轮固定螺钉不得使用普通垫圈，也不能反向安装、固定柔轮；第二，由于柔轮的根部变形十分困难，在装配谐波发生器时，必须注意安装方向，不能将谐波发生器反向装入柔轮。

3. 使用与维护

良好的润滑是保证减速器正常工作的重要条件。工业机器人一般采用润滑脂润滑，用户必须按机器人使用手册的要求，及时补充、更换润滑脂。减速器润滑脂的补充和更换时间与减速器的实际工作转速、环境温度有关，转速和温度越高，补充和更换润滑脂的周期就越短。

单元型、齿轮箱型谐波减速器采用的是整体密封结构，产品出厂时已填充润滑脂，用户只需要根据生产厂家的要求，定期补充润滑脂。部件型、简易单元型谐波减速器使用时，需要用户自行填充润滑脂，其要求如下。

（1）水杯形。水杯形谐波减速器的润滑要求如图 2-2-21 所示。

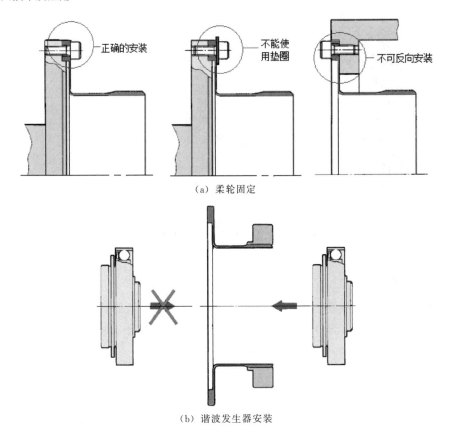

（a）柔轮固定

（b）谐波发生器安装

图 2-2-20　礼帽形减速器安装注意问题

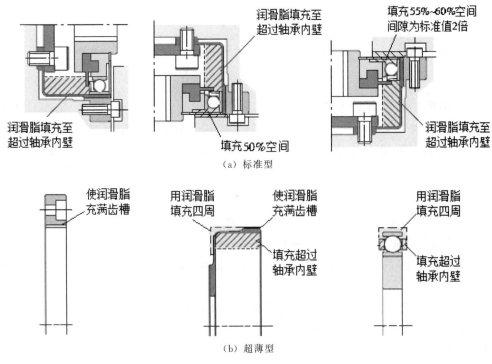

（a）标准型

（b）超薄型

图 2-2-21　水杯形谐波减速器的润滑要求

（2）礼帽形。礼帽形减速器的润滑要求如图 2-2-22 所示。

（3）薄饼形。薄饼形减速器的润滑要求高于其他谐波减速器，它只有在低于产品样本规定的平均输入转速、负载率≤10％的断续或连续运行时间≤10min 的工作场合才可使用脂润滑，其他情况需要使用油润滑，并按图 2-2-23 所示的要求，保证润滑油的液面在浸没轴承内圈的同时，还能与轴孔保持一定的距离，以防止油液的渗漏和溢出。

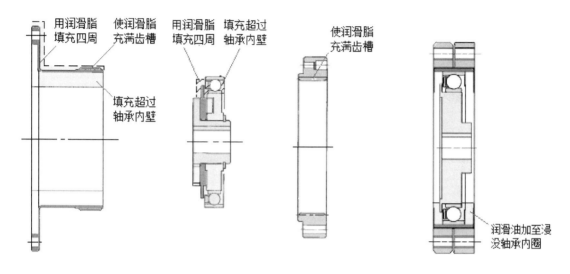

图 2-2-22　礼帽形减速器润滑要求　　　　图 2-2-23　薄饼形减速器润滑要求

拓展提高

一、谐波减速器主要技术参数

1. 规格代号

谐波减速器规格代号（单位：0.1in）以柔轮节圆直径表示，常用规格代号与柔轮节圆直径的对照如表 2-2-1 所示。

表 2-2-1　谐波减速器常用规格代号与柔轮节圆直径对照表

规格代号	8	11	14	17	20	25	32	40	45	50	58	65
节圆直径/mm	20.32	27.94	35.56	43.18	50.80	63.5	81.28	101.6	114.3	127	147.32	165.1

2. 输出转矩

额定转矩：谐波减速器在输入转速为 2000r/min 情况下连续工作时，减速器输出侧允许的最大负载转矩。

启制动峰值转矩：谐波减速器在正常启制动时，短时间允许的最大负载转矩。

瞬间最大转矩：谐波减速器工作出现异常时（如机器人冲击、碰撞），为保证减速器不损坏，瞬间允许的负载转矩极限值。

额定转矩、启制动峰值转矩、瞬间最大转矩的含义如图 2-2-24 所示。

最大平均转矩和最高平均转速：最大平均转矩和最高平均转速是谐波减速器连续工作时

所允许的最大等效负载转矩和最高等效输入转速值。

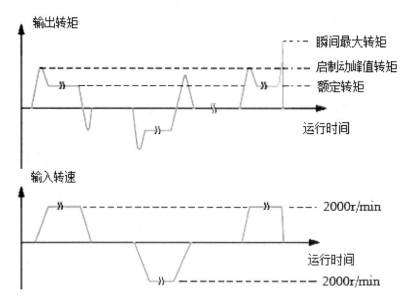

图 2-2-24　额定转矩、启制动峰值转矩、瞬间最大转矩

谐波减速器实际工作时的等效负载转矩、等效输入转速可根据减速器的实际运行状态计算得到。对于图 2-2-25 所示的谐波减速器实际运行图，其计算式如下。

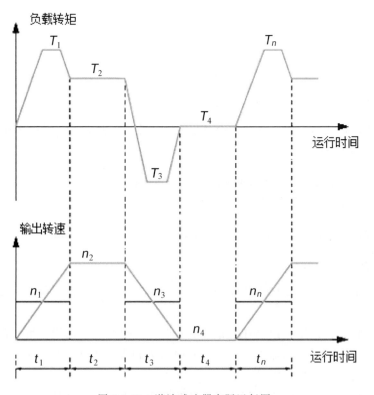

图 2-2-25　谐波减速器实际运行图

$$T_{av} = \sqrt[3]{\frac{n_1 t_1 |T_1|^3 + n_2 t_2 |T_2|^3 + \cdots + n_n t_n |T_n|^3}{n_1 t_1 + n_2 t_2 + \cdots + n_n t_n}}$$

$$N_{av} = N_{oav} R = \frac{n_1 t_1 + n_2 t_2 + \cdots + n_n t_n}{t_1 + t_2 + \cdots + t_n} R \qquad (2\text{-}1)$$

式中　T_{av}——等效负载转矩，N·m；

$\qquad N_{av}$——等效输入转速，r/min；

$\qquad N_{oav}$——等效负载（输出）转速，r/min；

$\qquad n_n$——各段工作转速，r/min；

$\qquad t_n$——各段工作时间，h、s 或 min；

$\qquad T_n$——各段负载转矩，N·m；

$\qquad R$——基本减速比。

启动转矩：又称启动开始转矩（On starting torque），它是在空载、环境温度为 20℃ 的条件下，谐波减速器用于减速时，输出侧开始运动的瞬间，所测得的输入侧需要施加的最大转矩值。

增速启动转矩：在空载、环境温度为 20℃ 的条件下，谐波减速器用于增速时，在输出侧（谐波发生器输入轴）开始运动的瞬间，所测得的输入侧（柔轮）需要施加的最大转矩值。

空载运行转矩：谐波减速器用于减速时，在规定的润滑条件下，以 2000r/min 的输入转速空载运行 2h 后，所测得的输入转矩值。空载运行转矩与输入转速、减速比、环境温度等有关，它需要根据输入转速、减速比、温度进行修整。

3. 使用寿命

额定寿命：谐波减速器在正常使用时，出现 10% 产品损坏的理论使用时间（h）。

平均寿命：谐波减速器在正常使用时，出现 50% 产品损坏的理论使用时间（h）。谐波减速器的使用寿命与工作时的负载转矩、输入转速有关，其计算式如下。

$$L_h = L_n \left(\frac{T_r}{T_{av}}\right)^3 \times \frac{N_r}{N_{av}} \qquad (2\text{-}2)$$

式中　L_h——实际使用寿命，h；

$\qquad L_n$——理论寿命，h；

$\qquad T_r$——额定转矩，N·m；

$\qquad T_{av}$——等效负载转矩，N·m；

$\qquad N_r$——额定转速，r/min；

$\qquad N_{av}$——等效输入转速，r/min。

4. 强度

强度以负载冲击次数衡量，减速器的等效负载冲击次数可按式(2-3)计算，此值不能超过减速器允许的最大冲击次数（一般为 10000 次）。

$$N = \frac{3 \times 10^5}{nt} \qquad (2\text{-}3)$$

式中　N——等效负载冲击次数；

$\qquad n$——冲击时的实际输入转速，r/min；

t——冲击负载持续时间，s。

5. 刚度

谐波减速器刚度是指减速器的扭转刚度，常用滞后量、弹性系数衡量。

滞后量：减速器本身摩擦转矩产生的弹性变形误差 θ，与减速器规格和减速比有关，结构型式相同的谐波减速器，规格和减速比越大，滞后量就减小。

弹性系数：以负载转矩 T 与弹性变形误差 θ 的比值衡量。弹性系数越大，同样负载转矩下谐波减速器所产生的弹性变形误差 θ 就越小，刚度就越高。

弹性变形误差 θ 与负载转矩的关系如图 2-2-26 所示。在工程设计时，常用图 2-2-26(b) 所示的 3 段直线等效代替，图中 T_r 为减速器额定输出转矩。

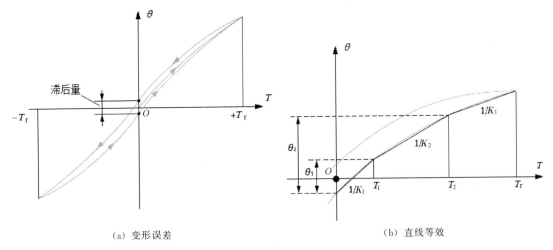

（a）变形误差　　　　　　　　　　　（b）直线等效

图 2-2-26　谐波减速器的弹性变形误差与负载转矩的关系

等效直线段的 $\Delta T/\Delta\theta$ 值 K_1、K_2、K_3 就是谐波减速器的弹性系数，它通常由减速器生产厂家提供。弹性系数确定时，便可通过式(2-4)计算出谐波减速器在对应负载段的弹性变形误差 $\Delta\theta$。

$$\Delta\theta=\frac{\Delta T}{K_i} \tag{2-4}$$

式中　$\Delta\theta$——弹性变形误差，rad；

　　　ΔT——等效直线段的转矩增量，N·m；

　　　K_i——等效直线段的弹性系数，N·m/rad。

谐波减速器弹性系数与减速器结构、规格、基本减速比有关；结构相同时，减速器规格和基本减速比越大，弹性系数也越大。但是薄饼形柔轮的谐波减速器以及我国 GB/T 30819—2014 标准定义的减速器，其刚度参数有所不同。

6. 最大背隙

最大背隙是减速器在空载、环境温度为 20℃ 的条件下，输出侧开始运动瞬间，所测得的输入侧最大角位移。我国 GB/T 30819—2014 标准定义的减速器背隙有所不同，详见国产谐波减速器产品说明。

进口谐波减速器（如哈默纳科）刚轮与柔轮的齿间啮合间隙几乎为 0，背隙主要由谐波发生器输入组件上的奥尔德姆联轴器产生，因此，输入为刚性连接的减速器，可以认为无背隙。

7. 传动精度

谐波减速器传动精度又称角传动精度，它是谐波减速器用于减速时，在图 2-2-27 的任意 360°输出范围上，其实际输出转角 θ_2 和理论输出转角 θ_1/R 间的最大差值 θ_{er} 衡量，θ_{er} 值越小，传动精度就越高。传动精度的计算式见式(2-5)。

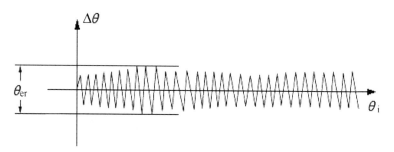

图 2-2-27　谐波减速器的传动精度

$$\theta_{er} = \theta_2 - \frac{\theta_1}{R} \tag{2-5}$$

式中　θ_{er}——传动精度，rad；

θ_1——1∶1 传动时的理论输出转角，rad；

θ_2——实际输出转角，rad；

R——谐波减速器基本减速比。

谐波减速器的传动精度与减速器结构、规格、减速比等有关；结构相同时，减速器规格和减速比越大，传动精度越高。

8. 传动效率

谐波减速器的传动效率与减速比、输入转速、负载转矩、工作温度、润滑条件等诸多因素有关。减速器生产厂家产品样本中所提供的传动效率 η_r 一般是指在输入转速 2000r/min、输出转矩为额定值、工作温度为 20℃、使用规定润滑方式下所测得的效率值；部分减速器可提供典型输入转速（如 500、1000、2000、3500r/min）下的基本传动效率/温度变化曲线。

谐波减速器传动效率受输出转矩的影响很大，当输出转矩低于额定值时，需要根据负载转矩比 $\alpha(\alpha = T_{av}/T_r)$，按生产厂家提供的修整系数 K_e 曲线，利用式(2-6)修整传动效率。

$$\eta_{av} = K_e \eta_r \tag{2-6}$$

式中　η_{av}——实际传动效率；

K_e——修整系数；

η_r——传动效率或基本传动效率。

二、谐波减速器选择

1. 基本参数计算与校验

谐波减速器的结构形式、传动精度、背隙等基本参数可根据传动系统要求确定，在此基础上，可通过如下方法确定其他技术参数、初选产品，并进行技术性能校验。

① 计算要求减速比。传动系统要求的谐波减速器减速比，可根据传动系统最高输入转速、最高输出转速按下式计算：

$$r = \frac{n_{imax}}{n_{omax}} \tag{2-7}$$

式中　r——要求减速比；

　　　n_{imax}——传动系统最高输入转速，r/min；

　　　n_{omax}——传动系统（负载）最高输出转速，r/min。

② 计算等效负载转矩和等效转速。根据式(2-1)计算减速器实际工作时的等效负载转矩 T_{av} 和等效输出转速 N_{oav}（r/min）。

③ 初选减速器。按照以下要求确定减速器的基本减速比、最大平均转矩，初步确定减速器型号：

$$R \leqslant r(柔轮输出)或 R+1 \leqslant r(刚轮输出)$$
$$T_{avmax} \geqslant T_{av} \tag{2-8}$$

式中　R——减速器基本减速比；

　　　T_{avmax}——减速器最大平均转矩，N·m；

　　　T_{av}——等效负载转矩，N·m。

④ 转速校验。根据以下要求，校验减速器最高平均转速和最高输入转速：

$$N_{avmax} \geqslant N_{av} = RN_{oav}$$
$$N_{max} \geqslant Rn_{omax} \tag{2-9}$$

式中　N_{avmax}——减速器最高平均转速，r/min；

　　　N_{av}——等效输入转速，r/min；

　　　N_{oav}——等效输出转速，r/min；

　　　N_{max}——减速器最高输入转速，r/min；

　　　n_{omax}——传动系统最高输出转速，r/min。

⑤ 转矩校验。根据以下要求，校验减速器启制动峰值转矩和瞬间最大转矩：

$$T_{amax} \geqslant T_a$$
$$T_{mmax} \geqslant T_{max} \tag{2-10}$$

式中　T_{amax}——减速器启制动峰值转矩，N·m；

　　　T_a——系统最大启制动转矩，N·m；

　　　T_{mmax}——减速器瞬间最大转矩，N·m；

　　　T_{max}——传动系统最大冲击转矩，N·m。

⑥ 强度校验。根据以下要求，校验减速器的负载冲击次数：

$$N = \frac{3 \times 10^5}{nt} \leqslant 1 \times 10^4 \tag{2-11}$$

式中　N——等效负载冲击次数；

　　　n——冲击时的输入转速，r/min；

　　　t——冲击负载持续时间，s。

⑦ 使用寿命校验。根据以下要求，计算减速器使用寿命，确认满足传动系统设计要求：

$$L_h = 7000 \times \left(\frac{T_r}{T_{av}}\right)^3 \times \frac{N_r}{N_{av}} \geqslant L_{10} \tag{2-12}$$

式中　L_h——实际使用寿命，h；

　　　T_r——减速器额定输出转矩，N·m；

　　　T_{av}——等效负载转矩，N·m；

　　　N_r——减速器额定转速，r/min；

　　　N_{av}——等效输入转速，r/min；

　　　L_{10}——设计要求使用寿命，h。

2. 减速器选择实例

假设传动系统的设计要求如下。

① 减速器正常运行过程如图 2-2-28 所示。

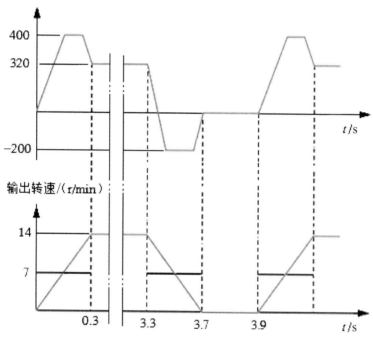

图 2-2-28　谐波减速器正常运行过程图

② 传动系统最高输入转速 n_{imax}：1800r/min；

③ 负载最高输出转速 n_{omax}：14r/min；

④ 负载冲击：最大冲击转矩 500N·m；冲击负载持续时间 0.15s；冲击时的输入转速 14r/min。

⑤ 设计要求的使用寿命：7000h。

谐波减速器的选择方法如下。

① 要求减速比：$r = \dfrac{1800}{24} = 128.6$

② 等效负载转矩和等效输出转速：

$$T_{av} = \sqrt[3]{\frac{7 \times 0.3 \times |400|^3 + 14 \times 3 \times |320|^3 + 7 \times 0.4 \times |-200|^3}{7 \times 0.3 + 14 \times 3 + 7 \times 0.4}} = 319(\text{N·m})$$

$$N_{oav} = \frac{7 \times 0.3 + 14 \times 3 + 7 \times 0.4}{0.3 + 3 + 0.4 + 0.2} = 12(r/min)$$

③ 初选减速器：选择日本 Harmonic Drive System（哈默纳科）CSF-40-120-2A-GR（见哈默纳科产品样本）部件型谐波减速器，基本参数如下。

$$R = 120 \leqslant 128.6$$

$$T_{avmax} = 451N \cdot m \geqslant 319N \cdot m$$

④ 转速校验：CSF-40-120-2A-GR 减速器的最高平均转速和最高输入转速校验如下：

$$N_{avmax} = 3600r/min \geqslant N_{av} = 12 \times 120 = 1440(r/min)$$

$$N_{max} = 5600r/min \geqslant Rn_{omax} = 14 \times 120 = 1680(r/min)$$

⑤ 转矩校验：CSF-40-120-2A-GR 启制动峰值转矩和瞬间最大转矩校验如下。

$$T_{amax} = 617N \cdot m \geqslant 400N \cdot m$$

$$T_{mmax} = 1180N \cdot m \geqslant 500N \cdot m$$

⑥ 强度校验：等效负载冲击次数的计算与校验如下。

$$N = \frac{3 \times 10^5}{14 \times 120 \times 0.15} = 1190 \leqslant 1 \times 10^4$$

⑦ 使用寿命计算与校验：

$$L_h = 7000 \times \left(\frac{T_r}{T_{av}}\right)^3 \times \frac{N_r}{N_{av}} = 7000 \times \left(\frac{294}{319}\right)^3 \times \frac{2000}{1440} = 7610 \geqslant 7000$$

结论：该传动系统可选择日本 Harmonic Drive System（哈默纳科）CSF-40-120-2A-GR 部件型谐波减速器。

技能训练

一、结合本任务的学习，完成以下多项选择题。

1. 目前全球最大、最著名的谐波减速器生产企业是（　　）。

A. 发那科　　　　　B. 安川　　　　　C. 纳博特斯克　　　　D. 哈默纳科

2. 以下对谐波减速器理解正确的是（　　）。

A. 由美国发明　　　B. 由日本发明　　　C. 可用于减速　　　　D. 可用于升速

3. 以下属于谐波减速器基本部件的是（　　）。

A. 刚轮　　　　　　B. 柔轮　　　　　　C. 谐波发生器　　　　D. CRB 轴承

4. 谐波减速器的传动比范围是（　　）。

A. 8～10　　　　　B. 2.8～12.5　　　C. 8～80　　　　　　D. 30～320

5. 水杯形、礼帽形、薄饼形谐波减速器指的是（　　）形状。

A. 刚轮　　　　　　B. 柔轮　　　　　　C. 谐波发生器　　　　D. 外壳

6. 以下可直接连接输入/输出，并驱动负载的谐波减速器是（　　）。

A. 部件型　　　　　B. 单元型　　　　　C. 简易单元型　　　　D. 齿轮箱型

7. 以下对谐波减速器安装要求理解正确的是（　　）。

A. 连接螺钉一定要用垫圈

B. 柔轮允许反向固定安装

C. 柔轮应从礼帽大口装入

D. 柔轮应从礼帽小口装入

8. 薄饼形谐波减速器允许使用脂润滑的情况是（　　）。

A. 转速低于样本平均输入转速

B. 负载率（$ED\%$）≤10%

C. 连续运行时间≤10min

D. 同时满足 A、B、C 三条

二、结合本任务的学习，简要说明图 **2-2-29** 所示的谐波减速器安装方式；如减速器的基本减速比 $R=100$，试计算其实际减速比。

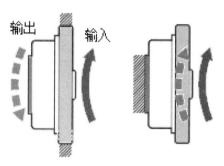

图 2-2-29　谐波减速器安装示意图

任务 3　熟悉 RV 减速器

知识目标

① 掌握 RV 减速器原理与特点。

② 熟悉 RV 减速器结构。

③ 掌握 RV 减速器安装、维护的基本方法。

能力目标

① 能说出 RV 减速器的变速原理及特点。

② 能区分不同结构形式的 RV 减速器。

③ 能进行 RV 减速器的安装、维护。

基础学习

一、RV 减速器结构与原理

1. 基本结构

RV 减速器是旋转矢量减速器的简称，它是在传统摆线针轮、行星齿轮传动装置的基础上发展起来的一种新型传动装置。与谐波减速器一样，RV 减速器实际上既可用于减速，也可用于升速，但由于传动比很大（通常为 30～260），因此，在工业机器人、数控机床等产品上应用时，一般较少用于升速，故习惯上称 RV 减速器。

RV 减速器由日本 Nabtesco Corporation（纳博特斯克公司）的前身帝人制机（Teijin

Seiki）于 1985 年率先研发；2003 年帝人制机和 NABCO 合并，成立了 Nabtesco Corporation，继续进行精密 RV 减速器的研发生产。Nabtesco Corporation 是全球最大、技术最领先的 RV 减速器生产企业，其产品占据了全球 60％以上的工业机器人 RV 减速器市场。

RV 减速器的基本结构如图 2-3-1 所示。减速器由芯轴、端盖、针轮、输出法兰、行星齿轮、曲轴组件、RV 齿轮等部件构成。

RV 减速器的径向结构可分为 3 层，由外向内依次为针轮层、RV 齿轮层（包括端盖 2、输出法兰 5 和曲轴组件 7）、芯轴层，每一层均可独立旋转。

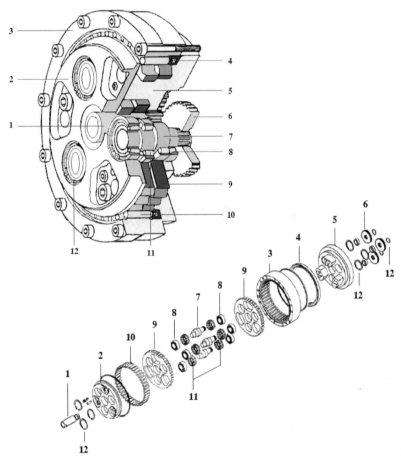

图 2-3-1　RV 减速器基本结构

1—芯轴；2—端盖；3—针轮；4—密封圈；5—输出法兰；6—行星齿轮；7—曲轴组件；
8—圆锥滚柱轴承；9—RV 齿轮；10—针齿销；11—滚针；12—卡簧

① 针轮层。减速器外层的针轮 3 是一个内侧加工有针齿的内齿圈，外侧加工有法兰和安装孔，可用于减速器固定或输出连接。针轮 3 和 RV 齿轮 9 间安装有针齿销 10，当 RV 齿轮 9 摆动时，针齿销可迫使针轮与输出法兰 5 产生相对回转。

② RV 齿轮层。RV 齿轮层由 RV 齿轮 9、端盖 2、输出法兰 5 和曲轴组件 7 等组成，RV 齿轮、端盖、输出法兰为中空结构，内孔用来安装芯轴。曲轴组件 7 数量与减速器规格有关，小规格减速器一般布置 2 组，中大规格减速器布置 3 组。

输出法兰 5 内侧有 2～3 个连接脚，用来固定端盖 2；端盖 2 和法兰的中间位置安装有 2

片可摆动的 RV 齿轮 9，它们可在曲轴的驱动下作对称摆动，故又称摆线轮。

曲轴组件由曲轴组件 7、前后支承轴承 8、滚针 11 等部件组成，通常有 2～3 组，它们对称分布在圆周上，用来驱动 RV 齿轮摆动。

曲轴组件 7 安装在输出法兰 5 连接脚的缺口位置，前后端分别通过端盖 2、输出法兰 5 上的圆锥滚柱轴承支承；曲轴的后端是一段用来套接行星齿轮 6 的花键轴，曲轴可在行星齿轮 6 的驱动下旋转。曲轴的中间部位为 2 段偏心轴，偏心轴外圆上安装有多个驱动 RV 齿轮 9 摆动的滚针 11；当曲轴旋转时，2 段偏心轴上的滚针可分别驱动 2 片 RV 齿轮 9 进行 180° 对称摆动。

③ 芯轴层。芯轴 1 安装在 RV 齿轮、端盖、输出法兰的中空内腔，芯轴可为齿轮轴或用来安装齿轮的花键轴。芯轴上的齿轮称太阳轮，它和套在曲轴上的行星齿轮 6 啮合，当芯轴旋转时，可驱动 2～3 组曲轴同步旋转，带动 RV 齿轮摆动。用于减速的 RV 减速器，其芯轴通常用来连接输入，故又称输入轴。

因此，RV 减速器具有 2 级变速：芯轴上的太阳轮和套在曲轴上的行星齿轮间的变速是 RV 减速器的第 1 级变速，称正齿轮变速；通过 RV 齿轮 9 的摆动，利用针齿销 10 推动针轮 3 的旋转是 RV 减速器的第 2 级变速，称差动齿轮变速。

2. 变速原理

RV 减速器的变速原理如图 2-3-2 所示。

① 正齿轮变速。正齿轮变速原理如图 2-3-2(a) 所示，它是由行星齿轮和太阳轮实现的齿轮变速。如太阳轮的齿数为 Z_1，行星齿轮的齿数为 Z_2，则行星齿轮输出和芯轴输入间的速比为 Z_1/Z_2，且转向相反。

② 差动齿轮变速。当曲轴在行星齿轮驱动下回转时，其偏心段将驱动 RV 齿轮摆动，见图 2-3-2(b)，由于曲轴上的 2 段偏心轴为对称布置，故 2 片 RV 齿轮可在对称方向同步摆动。

图 2-3-2(c) 为其中的 1 片 RV 齿轮的摆动情况。另一片 RV 齿轮的摆动过程相同，但相位相差 180°。由于 RV 齿轮和针轮间安装有针齿销，当 RV 齿轮摆动时，针齿销将迫使针轮与输出法兰产生相对回转。

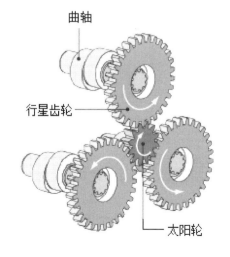

（a）正齿轮变速原理

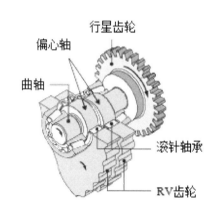

（b）差动齿轮变速

图 2-3-2

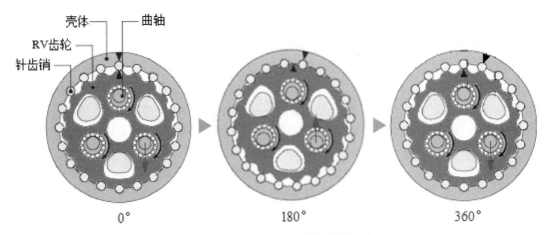

（c）其中 1 片 RV 齿轮的摆动情况

图 2-3-2　RV 减速器变速原理

如 RV 减速器的 RV 齿轮齿数为 Z_3，针轮齿数为 Z_4（齿差为 1 时，$Z_4 - Z_3 = 1$），减速器以输出法兰固定、芯轴连接输入、针轮连接负载输出轴的形式安装，并假设在图 2-3-2（c）中的曲轴 0°起始点上，RV 齿轮的最高点位于输出法兰 $-90°$ 位置，其针齿完全啮合，而 90° 位置的基准齿则完全脱开。

当曲轴顺时针旋动 180°时，RV 齿轮最高点也将顺时针转过 180°；由于 RV 齿轮的齿数少于针轮 1 个齿，且输出法兰（曲轴）被固定，因此，针轮将相对于安装曲轴的输出法兰产生图 2-3-2（c）所示的半个齿顺时针偏转。进而，当曲轴顺时针旋动 360°时，RV 齿轮最高点也将顺时针转过 360°，针轮将相对于安装曲轴的输出法兰产生 1 个齿顺时针偏转。因此，针轮相对于曲轴的偏转角度为：

$$\theta = \frac{1}{Z_4} \times 360°$$

即针轮输出/曲轴输入的转速比为 $i = 1/Z_4$，考虑到曲轴行星齿轮输出/芯轴输入的转速比为 Z_1/Z_2，故可得到减速器的针轮输出和芯轴输入间的总转速比为：

$$i = \frac{Z_1}{Z_2} \times \frac{1}{Z_4}$$

式中　i——针轮输出/芯轴输入转速比；

　　　Z_1——太阳轮齿数；

　　　Z_2——行星齿轮齿数；

　　　Z_4——针轮齿数。

由于驱动曲轴旋转的行星齿轮和芯轴上的太阳轮转向相反，因此，针轮输出和芯轴输入的转向相反。

当减速器的针轮固定、芯轴连接输入轴、法兰连接输出轴时，情况有所不同。一方面，通过芯轴的 $(Z_2/Z_1) \times 360°$ 逆时针回转，可驱动曲轴产生 360°的顺时针回转，使得 RV 齿轮（输出法兰）相对于固定针轮产生 1 个齿的逆时针偏移，RV 齿轮（输出法兰）相对于固定针轮的回转角度为：

$$\theta_{\text{o}} = \frac{1}{Z_4} \times 360°$$

同时，由于 RV 齿轮套装在曲轴上，因此，它的偏转也将使曲轴逆时针偏转 θ_{o}；因此，相对于固定的针轮，芯轴实际需要回转的角度为：

$$\theta_{\text{i}} = \left(\frac{Z_2}{Z_1} + \frac{1}{Z_4} \right) \times 360°$$

所以，输出法兰与芯轴输入的的转向相同，输出/输入转速比为：

$$i = \frac{\theta_{\text{o}}}{\theta_{\text{i}}} = \frac{1}{1 + \frac{Z_2}{Z_1} Z_4}$$

以上就是 RV 减速器的差动齿轮减速原理。

若减速器的针轮被固定，RV 齿轮（输出法兰）连接输入轴，芯轴连接输出轴，则 RV 齿轮旋转时，将通过曲轴迫使芯轴快速回转，起到增速的作用。同样，当减速器的 RV 齿轮（输出法兰）被固定，针轮连接输入轴、芯轴连接输出轴时，针轮的回转也可迫使芯轴快速回转，起到增速的作用。这就是 RV 减速器的增速原理。

3. 转速比

RV 减速器采用针轮固定、芯轴输入、法兰输出安装时的传动比（输入转速与输出转速之比），称为基本减速比 R，其值为：

$$R = 1 + \frac{Z_2}{Z_1} Z_4$$

式中 R——RV 减速器基本减速比；

Z_1——太阳轮齿数；

Z_2——行星齿轮齿数；

Z_4——针轮齿数。

RV 减速器有图 2-2-3 所示的 6 种不同安装方式，图 2-3-3（a）～（c）用于减速；图 2-3-3（d）～（f）用于增速。

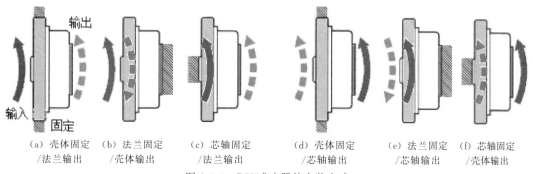

| （a）壳体固定
/法兰输出 | （b）法兰固定
/壳体输出 | （c）芯轴固定
/法兰输出 | （d）壳体固定
/芯轴输出 | （e）法兰固定
/芯轴输出 | （f）芯轴固定
/壳体输出 |

图 2-3-3 RV 减速器的安装方式

对于图 2-3-3（a）所示的安装方式，其输出/输入转速比为：

$$i_{\text{a}} = \frac{1}{R}$$

对于图 2-3-3（b）所示的安装方式，其输出/输入转速比为：

$$i_b = -\frac{Z_1}{Z_2} \times \frac{1}{Z_4} = -\frac{1}{R-1}$$

对于图 2-3-3（c）所示的安装方式，其输出/输入转速比为：

$$i_c = \frac{R-1}{R}$$

对于图 2-3-3（d）所示的安装方式，其输出/输入转速比为：

$$i_d = R$$

对于图 2-3-3（e）所示的安装方式，其输出/输入转速比为：

$$i_e = -(R-1)$$

转速比 i 为负值时，代表输入轴和输出轴的转向相反。

对于图 2-3-3（f）所示的安装方式，其输出/输入转速比为：

$$i_f = \frac{R}{R-1}$$

在 RV 减速器生产厂家的样本上，一般只给出基本减速比 R，用户使用时，可根据实际安装情况，按照上面的方法计算对应的转速比。

4. 主要特点

由 RV 减速器的结构和原理可见，与其他传动装置相比，它主要有以下特点。

（1）减速比大。RV 减速器设计有正齿轮、差动齿轮 2 级变速，其减速比与谐波减速器接近，比传统的普通齿轮、行星齿轮传动、蜗轮蜗杆、摆线针轮传动大。

（2）结构刚性好。减速器的针轮和 RV 齿轮间通过直径较大的针齿销传动，曲轴采用的是圆锥滚子轴承支承，减速器的结构刚性好、使用寿命长。

（3）输出转矩高。RV 减速器的正齿轮变速一般采用 2～3 对行星齿轮，差动变速采用的是硬齿面多齿销同时啮合，且其齿差固定为 1 齿，因此，在体积相同时，其齿形可比谐波减速器做得更大、输出转矩更高。

但是，RV 减速器的结构远比谐波减速器复杂，且有正齿轮、差动齿轮 2 级变速齿轮，其传动间隙较大，定位精度一般不及谐波减速器。此外，由于 RV 减速器的结构复杂、生产制造成本较高、维护修理较困难，因此它多用于机器人的腰、上臂、下臂等大惯量、高转矩输出关节的减速，或用于大型搬运和装配工业机器人的手腕减速。

二、RV 减速器产品

根据 RV 减速器的结构形式，纳博特斯克常用的产品有基本型、单元型、齿轮箱型 3 大类。

（1）基本型。基本型 RV 减速器如图 2-3-4 所示，它采用的是 RV 减速器基本结构，无外壳和输出轴承，减速器的针轮、输入轴、输出法兰的安装固定和连接需要机器人生产厂家实现，针轮和输出法兰间的支承需要用户自行设计。

（2）单元型。单元型减速器的输出法兰和壳体间安装有 1 对可同时承受径向及双向轴向载荷的高刚性、角接触球轴承，故可直接连接与驱动负载。目前，纳博特斯克单元型 RV 减速器常用的型号主要有如图 2-3-5 所示的 RV E 标准型、RV N 紧凑型、RV C 中空型 3 大类。

图 2-3-4　基本型 RV 减速器

RV E 标准单元型减速器采用的是 RV 减速器标准结构，减速器带有外壳、输出轴承和安装固定法兰、输入轴、输出法兰，输出法兰可直接连接和驱动负载。

(a) RV E　　　　　　　　(b) RV N　　　　　　　　(c) RV C

图 2-3-5　纳博特斯克单元型 RV 减速器常用的型号

RV N 紧凑单元型减速器是在 RV E 标准单元型减速器的基础上派生的轻量级、紧凑型产品，同规格的 RV N 减速单元的体积和重量分别比 RV E 标准单元型减速器减少了 8％～20％和 16％～36％。

RV C 中空单元型减速器采用了大直径中空结构，减速器的输入轴和太阳轮需要选配或由用户自行设计、制造和安装。中空单元型减速器的中空部分可用来布置管线，故多用于工业机器人手腕、SCARA 机器人中间关节的驱动等。

（3）齿轮箱型。齿轮箱型 RV 减速器又称 RV 减速箱，它设计有驱动电机的安装法兰和电机轴连接部件，可像齿轮减速箱一样，直接安装和连接驱动电机，实现减速器和驱动电机的结构整体化。纳博特斯克 RV 减速箱目前有 RD2 标准型、GH 高速型、RS 基座型 3 类常用产品。

RD2 标准型 RV 减速箱是早期 RD 系列减速箱的改进型产品，它将减速器壳体、电机安装法兰、输入轴连接部件整体设计成一个可直接安装驱动电机的完整单元。根据驱动电机的安装形式，RD2 系列减速箱有图 2-3-6 所示的 RDS、RDR 和 RDP 共 3 类产品，每类产品又有实心芯轴和中空芯轴 2 种结构。

GH 高速型 RV 减速箱（简称高速减速箱）如图 2-3-7 所示。这种减速箱的减速比较小（10～30），输出转速较高（额定输出转速为标准型的 3.3 倍），过载能力较强（标准型的1.4 倍），减速箱输入和芯轴为标准轴孔连接，RV 齿轮输出有法兰连接和输出轴连接 2 类。

RS 基座型减速箱（又称扁平减速箱）如图 2-3-8 所示，驱动电机统一采用径向安装，减速器（芯轴）均为中空结构。RS 基座型减速箱的额定输出转矩高（可达 8820N·m），额定转速低（一般为 10r/min），承载能力强（载重可达 9000kg），故可用于大规格搬运、装

(a) RDS　　　　　　　　(b) RDR　　　　　　　　(c) RDP

图 2-3-6　RD2 系列减速箱类型

卸、码垛工业机器人的机身以及中型机器人腰关节等的重载驱动。

图 2-3-7　GH 高速型 RV 减速箱　　　　　　图 2-3-8　RS 基座型减速箱

实践指导

一、RV 减速器结构实例

基本型、单元型 RV 减速器是机器人常用的产品，典型产品的内部结构如下。

1. 基本型

基本型 RV 减速器的结构如图 2-3-9 所示，减速器的行星齿轮可以为 2 对或 3 对。大传动比减速器的太阳轮一般直接加工在输入轴上，小传动比减速器的输入轴和太阳轮分离，两者通过花键连接，此时，太阳轮需要有相应的支承轴承。

2. 单元型

（1）标准单元型。标准单元型 RV 减速器的结构如图 2-3-10 所示，它通过对壳体、针轮、输出法兰及输出轴承的整体设计，使减速器成为一个可直接连接和驱动

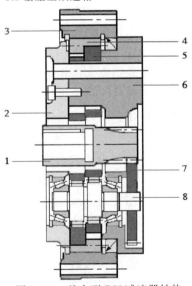

图 2-3-9　基本型 RV 减速器结构

1—芯轴；2—端盖；3—针轮；4—针齿销；
5—RV 齿轮；6—输出法兰；
7—行星齿轮；8—曲轴

负载的完整单元。标准型 RV 减速器的行星齿轮同样可以为 2 对或 3 对；大传动比减速器的太阳轮一般直接加工在输入轴上；小传动比减速器的输入轴和太阳轮分离，两者通过花键连接。

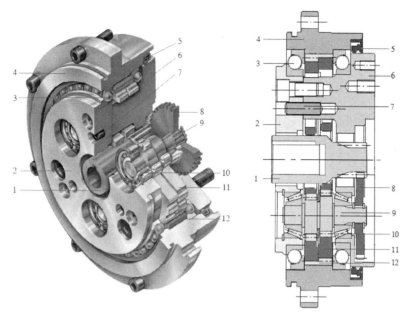

图 2-3-10　标准单元型 RV 减速器结构

1—芯轴；2—端盖；3—输出轴承；4—壳体（针轮）；5—密封圈；6—输出法兰（输出轴）；
7—定位销；8—行星齿轮 ；9—曲轴组件；10—滚针轴承；11—RV 齿轮；12—针齿销

标准单元型减速器的输出法兰 6 和壳体（针轮）4 间安装有一对可同时承受径向和双向轴向载荷的高精度、高刚性输出轴承 3，减速器的输出法兰（或壳体）可直接连接和驱动负载。减速器的其他部件结构和基本型减速器相同。

（2）紧凑单元型。紧凑单元型 RV 减速器的结构如图 2-3-11 所示。为了减小体积、缩小直径，这种减速器的输入轴不穿越减速器，其行星齿轮 1 直接安装在输入侧，外部为敞开；同时，减速器的输出连接法兰也被缩短。为保证减速器的结构刚性，紧凑型减速器的行星齿轮数量均为 3 对，输入轴原则上需要用户自行加工制造。

（3）中空单元型。中空单元型 RV 减速器的结构如图 2-3-12 所示，行星齿轮安装在输入侧，减速器无芯轴，RV 齿轮、端盖、输出轴为中空；输入轴 1、双联太阳轮 3 及支承部件需要用户设计制造。

二、RV 减速器安装与维护

RV 减速器的结构形式虽有所不同，但安装连接要求基本一致，其一般要求如下。

1. 芯轴连接

在绝大多数情况下，RV 减速器的输入轴都需要和电机轴连接，两者的连接形式与驱动电机的输出轴结构有关。常用的连接形式如图 2-3-13 所示。

（1）平轴连接。大中规格伺服电机输出轴为平轴，并有带键或不带键、带中心孔或无中心孔等形式；由于工业机器人的负载惯量和输出转矩很大，因此，电机轴一般应

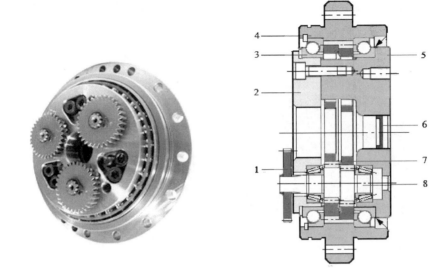

图 2-3-11   紧凑单元型 RV 减速器结构

1—行星齿轮；2—端盖；3—输出轴承；4—壳体（针轮）；5—输出法兰（输出轴）；

6—密封盖；7—RV 齿轮；8—曲轴

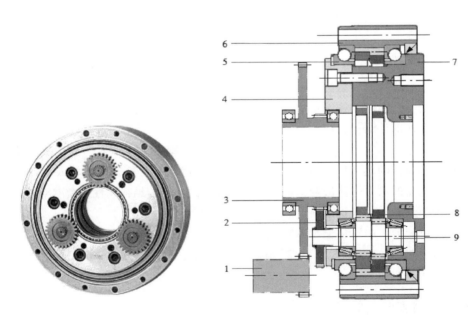

图 2-3-12   中空单元型 RV 减速器结构

1—输入轴；2—行星齿轮；3—双联太阳轮；4—端盖；5—输出轴承；6—壳体（针轮）；

7—输出法兰（输出轴）；8—RV 齿轮；9—曲轴

选用带键的结构。为了避免芯轴窜动和脱落，安装时应通过图 2-3-13（a）中所示的键固定螺钉，或利用图 2-3-13（b）中所示的中心螺钉轴向固定芯轴，中心螺钉应使用蝶形弹簧垫圈。

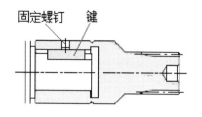

（a）平轴连接（带键）

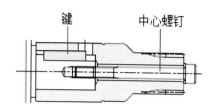

（b）平轴连接（带键、中心孔）

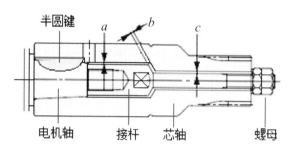

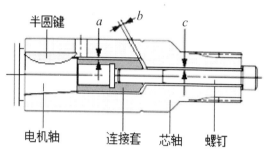

（c）锥轴连接

图 2-3-13　输入轴（芯轴）的连接形式

（2）锥轴连接。小规格伺服电机输出轴可能为带键锥轴。由于 RV 减速器的芯轴通常较长，使用时应通过图 2-3-13(c) 中所示的接杆或连接套固定芯轴。为了保证芯轴的锥孔能可靠定位，接杆、连接套外圆和芯轴内孔的间隙 a、c 应大于等于 0.25mm，轴向间隙 b 应大于等于 1mm，连接螺钉、螺母应使用蝶形弹簧垫圈。

2. 减速器安装步骤

部件型、单元型 RV 减速器的安装方法和要求类似，减速器安装、维修、更换时，应参考表 2-3-1 所示的步骤进行。

表 2-3-1　RV 减速器安装的基本步骤

序号	安装示意图	安装说明
1	密封圈 定位面	1. 清洁零部件,去除减速器、负载轴、驱动电机、输入轴等部件所有安装、定位面上的杂物、灰尘、油污和毛刺 2. 安装负载轴和输出法兰间的密封圈 3. 用输出法兰的内孔(或外圆)定位,将减速器安装到负载轴上 4. 利用带蝶形弹簧垫圈的安装螺钉初步固定减速器输出法兰

序号	安装示意图	安装说明
2		5. 安装用于检测输出法兰基准孔跳动的千分表 6. 手动旋转输出轴360°以上,检查并确认基准孔跳动不大于0.02mm,如跳动大于0.02mm,需要重新检查、安装减速器 7. 利用扭力扳手按规定的扭矩完全紧固减速器固定螺钉 8. 再次检查并确认输出轴旋转时的减速器基准孔跳动不大于0.02mm 9. 安装定位销,对减速器输出法兰和负载轴进行定位
3		10. 旋转减速器或负载轴,对准针轮(或壳体)和安装座的安装孔 11. 用带蝶形弹簧垫圈的安装螺钉初步固定减速器针轮(或壳体) 12. 通过芯轴或其他方法转动减速器行星齿轮;检查并确认减速器转动平稳,负载正常并均匀 13. 利用扭力扳手,按规定的扭矩,完全紧固减速器固定螺钉 14. 安装定位销,对减速器针轮(或壳体)和安装座进行定位
4		15. 安装电机安装板和减速器安装座间的密封圈 16. 根据减速器安装公差要求,安装、固定电机安装板 17. 按减速器生产厂家所规定的要求充填润滑脂
5		18. 根据电机轴形状,按前述的要求,将芯轴安装到电机轴
6		19. 安装电机安装板端面密封圈 20. 将电机连同芯轴小心插入减速器,并保证太阳轮和行星轮之间的啮合正确,电机安装面无倾斜 21. 紧固安装螺钉,固定电机,完成减速器安装

3. 安装要点

RV 减速器安装时，需要注意以下几点。

（1）芯轴安装。RV 减速器的芯轴安装时必须保证太阳轮和行星轮的啮合准确，特别是只有 2 对行星齿轮的小规格减速器，芯轴装入时不能有图 2-3-14 中所示的偏移。

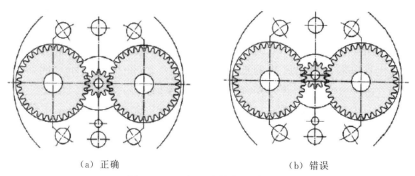

（a）正确　　　　　　　　　　　　（b）错误

图 2-3-14　行星齿轮的啮合要求

（2）螺钉固定。RV 减速器连接螺钉应用扭力扳手固定，不同规格螺钉的拧紧扭矩如表 2-3-2 所示，减速器固定螺钉一般都应使用蝶形弹簧垫圈。

表 2-3-2　RV 减速器安装螺钉的拧紧扭矩

螺钉规格	M5×0.8	M6×1	M8×1.25	M10×1.5	M12×1.75	M14×2	M16×2	M18×2.5	M20×2.5
扭矩/N·m	9	15.6	37.2	73.5	128	205	319	441	493
锁紧力/N	9310	13180	23960	38080	55100	75860	103410	126720	132155

4. 润滑要求

为了方便使用，减少污染，工业机器人用的 RV 减速器一般采用润滑脂润滑。为了保证润滑性能，减速器原则上应使用生产厂家指定的专用润滑脂。

RV 减速器的润滑脂填充与安装方式有关。输出法兰垂直向上安装的减速器，润滑脂的填充高度应淹没行星齿轮上端面；输出法兰垂直向下安装的减速器，润滑脂的填充高度应淹没端盖；水平安装的减速器，润滑脂的填充高度应达到 3/4 输出法兰直径的位置。

润滑脂的补充和更换时间与减速器的实际工作转速、环境温度有关，实际工作转速、环境温度越高，补充和更换润滑脂的周期就越短。在正常情况下，减速器的润滑脂更换周期为 20000h，如果减速器的工作环境温度高于 40℃，工作转速较高，或者在污染严重的环境下工作时，需要缩短更换周期。

润滑脂的型号、注入量和补充时间通常在机器人生产厂家的说明书上已经有明确的规定，用户应按照生产厂的要求进行。

> 拓展提高

一、RV 减速器主要技术参数

1. 额定值

额定转速：用来计算 RV 减速器额定转矩、使用寿命等参数的理论输出转速，大多数

RV 减速器选取 15r/min；个别小规格、高速 RV 减速器选取 30r/min 或 50r/min。

需要注意的是：RV 减速器的额定转速并不是减速器连续运行允许输出的最高转速。中小规格产品的额定转速一般低于连续运行最大输出转速；大规格减速器可能高于连续运行最大输出转速，但必须低于断续工作（40％工作制）的最大输出转速。如纳博特斯克的 RV-100N 减速器的额定转速为 15r/min，低于减速器连续运行最大输出转速（35r/min）；而大规格 RV-500 减速器的额定转速同样为 15r/min，其连续运行最大输出转速为 11r/min，40％工作制断续工作时的最大输出转速为 25r/min。

额定转矩：额定转矩是假设 RV 减速器按额定输出转速连续工作时的最大输出转矩值。RV 减速器规格代号以额定输出转矩的近似值（单位：10N·m）表示，例如纳博特斯克的规格代号为 100 的 RV-100 减速器，其额定输出转矩约为 1000N·m。

额定输入功率：RV 减速器的额定输入功率又称额定输入容量（Rated Input Capacity），它是根据额定输出转矩、额定输出转速、理论传动效率计算得到的减速器输入功率值，其计算式如下：

$$P_i = \frac{NT}{9550\eta} \tag{2-13}$$

式中　　P_i——输入功率，kW；

　　　　N——输出转速，r/min；

　　　　T——输出转矩，N·m；

　　　　η——减速器理论传动效率，通常取 $\eta = 0.7$。

最大输出转速：最大输出转速又称允许（或容许）输出转速，它是减速器在空载状态下长时间连续运行所允许的最高输出转速值。

RV 减速器的最大输出转速主要受温升限制，如减速器断续运行，实际输出转速值可大于最大输出转速，为此，某些产品提供了连续（100％工作制）、断续（40％工作制）两种典型工作状态的最大输出转速值。

2. 输出转矩

启制动峰值转矩：RV 减速器加减速时，短时间允许的最大负载转矩。RV 减速器的启制动峰值转矩一般按额定转矩的 2.5 倍设计（个别小规格减速器为 2 倍），故也可直接由额定转矩计算得到。

瞬间最大转矩：RV 减速器工作出现异常（如负载出现碰撞、冲击）时，保证减速器不损坏的瞬间极限转矩。RV 减速器的瞬间最大转矩通常按启制动峰值转矩的 2 倍设计，故也可直接由启制动峰值转矩计算得到，或按额定输出转矩的 5 倍（个别小规格减速器为 4 倍）计算得到。

RV 减速器额定输出转矩、启制动峰值转矩、瞬间最大转矩的含义如图 2-3-15 所示。

负载平均转矩和平均转速：负载平均转矩和平均转速是根据减速器的实际运行状态计算得到的减速器输出侧的等效负载转矩和等效负载转速。对于图 2-3-16 所示的减速器运行，其计算式如下。

$$T_{av} = \sqrt[\frac{10}{3}]{\frac{n_1 t_1 |T_1|^{\frac{10}{3}} + n_2 t_2 |T_2|^{\frac{10}{3}} + \cdots + n_n t_n |T_n|^{\frac{10}{3}}}{n_1 t_1 + n_2 t_2 + \cdots + n_n t_n}}$$

$$N_{av} = \frac{n_1 t_1 + n_2 t_2 + \cdots + n_n t_n}{t_1 + t_2 + \cdots + t_n} \tag{2-14}$$

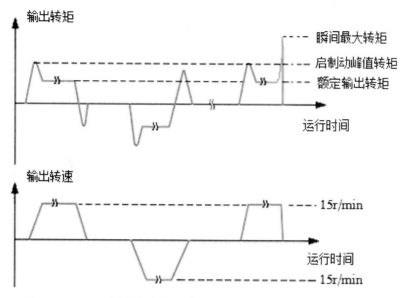

图 2-3-15　RV 减速器额定输出转矩、启制动峰值转矩、瞬间最大转矩

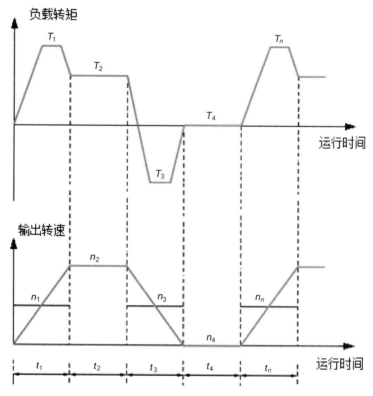

图 2-3-16　RV 减速器运行图

式中　T_{av}——负载平均转矩，N·m；

N_{av}——负载平均转速，r/min；

n_n——各段工作转速，r/min；

t_n——各段工作时间，h、s 或 min；

T_n——各段负载转矩，N·m。

增速启动转矩：在环境温度为 30℃，采用规定润滑方式的条件下，RV 减速器用于空载、增速运行时，在输出侧（如芯轴）开始运动的瞬间所测得的输入侧（如输出法兰）施加的最大转矩值。

空载运行转矩：RV 减速器的空载运行转矩与输出转速、环境温度、基本减速比有关，输出转速越高、环境温度越低、基本减速比越小，空载运行转矩就越大。RV 减速器通常提供图 2-3-17 所示的基本空载运行转矩曲线以及-10 ～+20℃ 低温修整曲线。

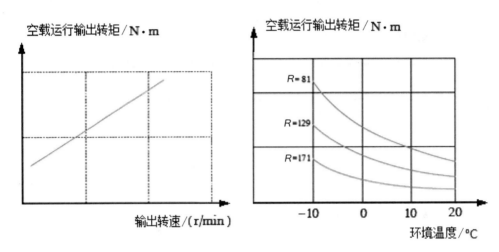

（a）基本空载运行转矩　　　　（b）低温修整曲线

图 2-3-17　RV 减速器基本空载运行转矩曲线及低温修整曲线

基本空载运行转矩是 RV 减速器在环境温度为 30℃、采用规定润滑方式的条件下，减速器采用标准安装、减速运行时，所测得的输入转矩折算到输出侧的输出转矩值。由于折算时已考虑了减速比，因此，基本空载运行转矩曲线通常只反映输出转矩与转速的关系。

低温修整曲线一般是 RV 减速器在-10 ～+20℃ 环境温度下，以 2000r/min 输入转速空载运行时，典型减速比的减速器输入转矩随温度变化的曲线。低温修整曲线中的空载运行转矩有时折算到减速器输出侧，有时未折算到减速器输出侧。

3. 使用寿命

RV 减速器的使用寿命通常以额定寿命参数表示，它是指 RV 减速器在正常使用时，出现 10% 产品损坏的理论使用时间，其值一般为 6000h。

RV 减速器实际使用寿命与实际工作时的负载转矩、输出转速有关，其计算式及参数含义如下：

$$L_h = L_n \left(\frac{T_0}{T_{av}} \right)^{\frac{10}{3}} \frac{N_0}{N_{av}} \tag{2-15}$$

式中　L_h——减速器实际使用寿命，h；

L_n——减速器额定寿命，h，通常取 $L_n = 6000h$；

T_0——减速器额定输出转矩，N·m；

T_{av}——负载平均转矩，N·m；

N_0——减速器额定输出转速，r/min；

N_{av}——负载平均转速，r/min。

式中的负载平均转矩 T_{av}、平均转速 N_{av}，应根据图 2-3-16、式(2-14) 计算得到。

4. 强度

强度是指 RV 减速器柔轮的耐冲击能力。RV 减速器运行时如果受到超过启制动峰值转矩的负载冲击（如急停等），将使部件的疲劳破坏加剧，使用寿命缩短。冲击负载不能超过减速器的瞬间最大转矩，否则将直接导致减速器损坏。

RV 减速器保证额定寿命的最大允许冲击次数可通过下式计算：

$$C_{em} = \frac{46500}{Z_4 N_{em} t_{em}} \left(\frac{T_{s2}}{T_{em}}\right)^{\frac{10}{3}} \qquad (2\text{-}16)$$

式中　C_{em}——最大允许冲击次数；

$\quad\quad T_{s2}$——减速器瞬间最大转矩，N・m；

$\quad\quad T_{em}$——冲击转矩，N・m；

$\quad\quad Z_4$——减速器针轮齿数；

$\quad\quad N_{em}$——冲击时的输出转速，r/min；

$\quad\quad t_{em}$——冲击时间，s。

5. 扭转刚度、间隙与空程

RV 减速器的扭转刚度通常以间隙、空程、弹性系数表示。

RV 减速器在摩擦转矩和负载转矩的作用下，针轮、针齿销、齿轮等都将产生弹性变形，导致实际输出转角与理论转角间存在误差 θ。弹性变形误差 θ 将随着负载转矩的增加而增大，它与负载转矩的关系为图 2-3-18(a) 中的非线性曲线；为了便于工程计算，实际使用时，通常以图 2-3-18(b) 中的直线段等效代替。

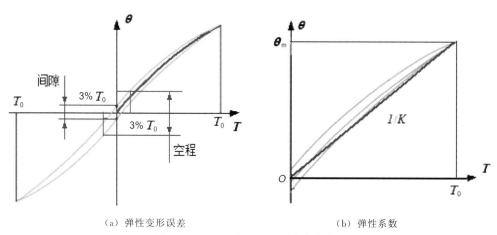

(a) 弹性变形误差　　　　　　　　　(b) 弹性系数

图 2-3-18　RV 减速器的刚度参数表示

间隙：RV 减速器间隙是传动齿轮间隙及减速器空载时（负载转矩 $T=0$）由本身摩擦转矩所产生的弹性变形误差之和。

空程：RV 减速器空程是在负载转矩为 3% 额定输出转矩 T_0 时，减速器所产生的弹性变形误差。

弹性系数：RV 减速器的弹性变形误差与输出转矩的关系通常直接用图 2-3-18(b) 所示的直线等效。弹性系数（扭转刚度）值为：

$$K = T_0 / \theta_m \qquad (2-17)$$

式中 θ_m——额定转矩的扭转变形误差，rad；

      K——减速器弹性系数，N·m/rad。

RV减速器的弹性系数受减速比的影响较小，它原则上只和减速器规格有关，规格越大，弹性系数越高，刚性越好。

6. 传动精度

传动精度是指RV减速器采用针轮固定、芯轴输入、输出法兰连接负载的标准减速安装方式时，在图2-3-19所示的任意360°输出范围上的实际输出转角θ_2和理论输出转角θ_1间的最大误差值θ_{er}，计算式如下：

$$\theta_{er} = \theta_2 - \frac{\theta_1}{R} \qquad (2-18)$$

式中 θ_{er}——传动精度，rad；

      θ_1——理论输出转角，rad；

      θ_2——实际输出转角，rad；

      R——基本减速比。

传动精度与传动系统设计、负载条件、环境温度、润滑等诸多因素有关，说明书、手册提供的传动精度通常只是RV减速器在特定条件下运行的参考值。

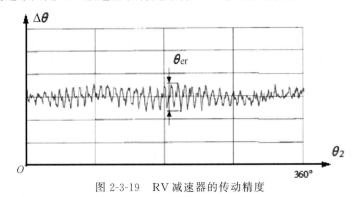

图2-3-19 RV减速器的传动精度

7. 传动效率

RV减速器的传动效率与输出转速、负载转矩、工作温度、润滑条件等诸多因素有关；通常而言，在同样的工作温度和润滑条件下，输出转速越低、输出转矩越大，减速器的传动效率就越高。RV减速器生产厂家通常需要提供图2-3-20所示的基本传动效率曲线。基本传动效率曲线是在环境温度30℃、采用规定润滑方式时，减速器在特定输出转速（如10r/min、30r/min、60r/min）下的传动效率/输出转矩曲线。

8. 力矩刚度

单元型、齿轮箱型RV减速器的输出法兰和针轮间安装有输出轴承，减速器生产厂家需要提供允许最大轴向载荷、负载力矩等刚度参数。基本型减速器无输出轴承，减速器允许的最大轴向载荷、负载力矩等刚度参数决定于用户传动系统设计及输出轴承选择。

负载力矩：当单元型、齿轮箱型RV减速器输出法兰承受图2-3-21中所示的径向载荷F_1、轴向载荷F_2，且力臂$l_3 > b$，$l_2 > c/2$时，输出法兰中心线将产生弯曲变形误差θ_c。由F_1、F_2产生的弯曲转矩称为RV减速器的负载力矩，表示为：

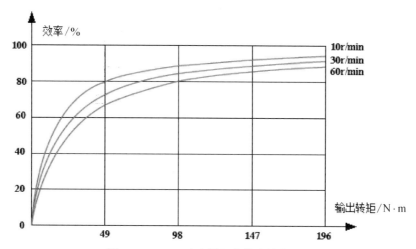

图 2-3-20　RV 减速器基本传动效率曲线

$$M_c = (F_1 l_1 + F_2 l_2) \times 10^{-3} \qquad (2\text{-}19)$$

式中　M_c——负载力矩，N·m；

　　　F_1——径向载荷，N；

　　　F_2——轴向载荷，N；

　　　l_1——径向载荷力臂，mm，$l_1 = l + b/2 - a$；

　　　l_2——轴向载荷力臂，mm。

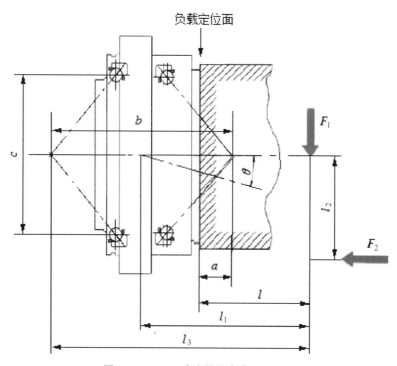

图 2-3-21　RV 减速器的弯曲变形误差

单元型、齿轮箱型 RV 减速器的径向载荷、轴向载荷受减速器部件结构的限制，生产厂家通常需要提供图 2-3-22 中所示的轴向载荷/负载力矩曲线，减速器正常使用时的轴向载荷、负载力矩均不得超出曲线范围。RV 减速器允许的瞬间最大负载力矩通常为正常使用时最大负载力矩 M_c 的 2 倍，例如，图 2-3-22 中减速器瞬间最大负载力矩为 $2150\times2=4300(\mathrm{N\cdot m})$。

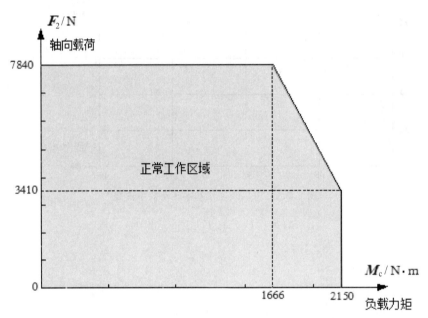

图 2-3-22　RV 减速器允许的轴向载荷/负载力矩曲线

力矩刚度：力矩刚度是衡量 RV 减速器抗弯曲变形能力的参数，计算式如下：

$$K_c = \frac{M_c}{\theta_c} \tag{2-20}$$

式中　K_c——减速器力矩刚度，$\mathrm{N\cdot m/rad}$；

M_c——负载力矩，$\mathrm{N\cdot m}$；

θ_c——弯曲变形误差，rad。

二、RV 减速器选择

1. 基本参数计算与校验

RV 减速器的结构形式、传动精度、间隙、空程、等基本技术参数，可根据产品的机械传动系统要求确定，在此基础上，可通过如下步骤确定其他主要技术参数、初选产品，并进行主要技术性能的校验。

①　计算要求减速比。传动系统要求的 RV 减速器减速比，可根据传动系统最高输入转速、最高输出转速，按下式计算：

$$r = \frac{n_{\mathrm{imax}}}{n_{\mathrm{omax}}} \tag{2-21}$$

式中　r——要求减速比；

n_{imax}——传动系统最高输入转速，$\mathrm{r/min}$；

n_{omax}——传动系统最高输出转速，$\mathrm{r/min}$。

②　计算负载平均转矩和负载平均转速。根据计算式(2-14)计算减速器实际工作时的负

载平均转矩 T_{av} 和负载平均转速 N_{av}。

③ 初选减速器。按照以下要求,确定减速器的基本减速比、额定转矩,初步确定减速器型号:

$$R \leqslant r(法兰输出)或R \leqslant r+1(针轮输出)$$
$$T_0 \geqslant T_{av} \tag{2-22}$$

式中　R——减速器基本减速比;

　　T_0——减速器额定转矩,N·m;

　　T_{av}——负载平均转矩,N·m。

④ 转速校验。根据以下要求,校验减速器最高输出转速:

$$N_{s0} \geqslant n_{omax} \tag{2-23}$$

式中　N_{s0}——减速器连续工作最高输出转速,r/min;

　　n_{omax}——负载最高转速,r/min。

⑤ 转矩校验。根据以下要求,校验减速器启制动峰值转矩和瞬间最大转矩:

$$T_{s1} \geqslant T_a, \ T_{s2} \geqslant T_{em} \tag{2-24}$$

式中　T_{s1}——减速器启制动峰值转矩,N·m;

　　T_a——负载最大启制动转矩,N·m;

　　T_{s2}——减速器瞬间最大转矩,N·m;

　　T_{em}——负载最大冲击转矩,N·m。

⑥ 使用寿命校验。根据计算式(2-25),计算减速器实际使用寿命 L_h,校验减速器的使用寿命:

$$L_h \geqslant L_{10} \tag{2-25}$$

式中　L_h——实际使用寿命,h;

　　L_{10}——额定使用寿命,通常取 6000h。

⑦ 强度校验。根据计算式(2-26)计算减速器最大允许冲击次数 C_{em},校验减速器的负载冲击次数:

$$C_{em} \geqslant C \tag{2-26}$$

式中　C_{em}——最大允许冲击次数;

　　C——预期的负载冲击次数。

⑧ 力矩刚度校验。安装有输出轴承的单元型、齿轮箱型 RV 减速器可直接根据生产厂家提供的最大轴向载荷、负载力矩等参数,校验减速器力矩刚度。基本型减速器的最大轴向载荷、负载力矩决定于用户传动系统设计和输出轴承选择,减速器力矩刚度校验在传动系统设计完成后才能进行。

单元型、齿轮箱型 RV 减速器可根据计算式(2-27),计算减速器负载力矩 M_c,并根据减速器的允许力矩曲线,校验减速器的力矩刚度:

$$M_{o1} \geqslant M_c, \ F_2 \geqslant F_c \tag{2-27}$$

式中　M_{o1}——减速器允许力矩,N·m;

　　M_c——负载力矩,N·m。

　　F_2——减速器允许的轴向载荷,N;

　　F_c——负载最大轴向力,N。

2. RV 减速器选择实例

假设减速传动系统的设计要求如下：

① RV 减速器正常运行状态如图 2-3-23 所示；

② 传动系统最高输入转速 n_{imax}：2700r/min；

③ 负载最高输出转速 n_{omax}：20r/min；

④ 设计要求的额定使用寿命：6000h；

⑤ 负载冲击：最大冲击转矩 7000N·m；冲击负载持续时间 0.05s；冲击时的输入转速 20r/min；预期冲击次数 1500 次；

⑥ 载荷：轴向 3000N，力臂 $l = 500$mm；径向 1500N，力臂 $l_2 = 200$mm。

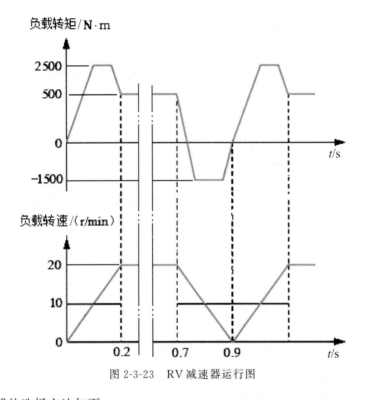

图 2-3-23　RV 减速器运行图

谐波减速器的选择方法如下。

① 要求减速比：$r = \dfrac{2700}{20} = 135$

② 等效负载转矩和等效输出转速：

$$T_{av} = \sqrt[\frac{10}{3}]{\frac{10 \times 0.2 \times |2500|^{\frac{10}{3}} + 20 \times 0.5 \times |500|^{\frac{10}{3}} + 10 \times 0.2 \times |-1500|^{\frac{10}{3}}}{10 \times 0.2 + 20 \times 0.5 + 10 \times 0.2}} = 1475(\text{N} \cdot \text{m})$$

$$N_{av} = \frac{10 \times 0.2 + 20 \times 0.5 + 10 \times 0.2}{0.2 + 0.5 + 0.2} = 15.6(\text{r/min})$$

③ 初选减速器：选择日本 Nabtesco Corporation（纳博特斯克公司）RV-160E-129 单元型减速器，基本参数如下。

$$R = 129 \leqslant 135$$

$$T_0 = 1568\text{N} \cdot \text{m} \geqslant 1475\text{N} \cdot \text{m}$$

减速器结构参数：针轮齿数 $Z_4 = 40$，$a = 47.8\text{mm}$，$b = 210.9\text{mm}$。

④ 转速校验：RV-160E-129 减速器的最高输出转速校验如下。

$$N_{s0} = 45\text{r/min} \geqslant 20\text{r/min}$$

⑤ 转矩校验：RV-160E-129 启制动峰值转矩和瞬间最大转矩校验如下。

$$T_{s1} = 3920\text{N} \cdot \text{m} \geqslant 2500\text{N} \cdot \text{m}$$

$$T_{s2} = 7840\text{N} \cdot \text{m} \geqslant 7000\text{N} \cdot \text{m}$$

⑥ 使用寿命计算与校验：

$$L_h = 6000 \times \left(\frac{1658}{1457}\right)^{\frac{10}{3}} \times \frac{15}{15.6} = 7073 \geqslant 6000(\text{h})$$

⑦ 强度校验：等效负载冲击次数的计算与校验如下。

$$C_{em} = \frac{46500}{40 \times 20 \times 0.05} \times \left(\frac{7840}{7000}\right)^{\frac{10}{3}} = 1696 \geqslant 1500$$

⑧ 力矩刚度校验：负载力矩的计算与校验如下。

$$M_c = \left[3000 \times \left(500 + \frac{210.9}{2} - 47.8\right) + 1500 \times 200\right] \times 10^{-3} = 2260(\text{N} \cdot \text{m}) \leqslant 3920(\text{N} \cdot \text{m})$$

$$F_c = 3000\text{N} \leqslant 4890\text{N}$$

结论：该传动系统可选择 Nabtesco Corporation（纳博特斯克公司）RV-160E-129 单元型 RV 减速器。

技能训练

一、结合本任务的学习，完成以下多项选择题。

1. 以下对 RV 减速器理解正确的是 （　　　）。

A. 传动比通常为 30～260　　　　　　　B. 有正齿轮、差动齿轮 2 级变速

C. 刚性比谐波减速器更好　　　　　　　D. 结构比谐波减速器更简单

2. 以下具有输出轴承的 RV 减速器是 （　　　）。

A. 基本型　　　　B. 标准型　　　　C. 紧凑型　　　　D. 中空型

3. 标准型 RV 减速箱的输入连接形式有 （　　　）。

A. 轴向输入　　　　B. 径向输入　　　　C. 轴向轴连接　　　　D. 径向轴连接

4. 以下对基座型 RV 减速箱理解正确的是 （　　　）。

A. 用于大型、重载减速　　　　　　　　B. 减速器为中空结构

C. 采用径向输入连接　　　　　　　　　D. 可直接作为机器人底座

5. RV 减速器安装时，其内孔跳动一般应 （　　　）。

A. 小于 0.01mm　　B. 小于 0.02mm　　C. 小于 0.03mm　　D. 小于 0.05mm

二、结合本任务的学习，完成表 2-3-3。

表 2-3-3　RV 减速器连接螺钉拧紧扭矩表

螺钉规格	M5	M6	M8	M10	M12	M14	M16	M18	M20
拧紧扭矩/N·m									

三、结合本任务的学习，简要说明图 2-3-24 所示的 RV 减速器安装方式；如减速器的基本减速比 $R=100$，试计算其实际减速比。

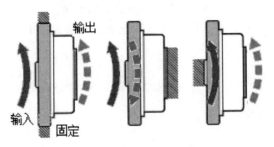

图 2-3-24　RV 减速器安装图

工业机器人运动控制

工业机器人是一种功能完整、可独立运行的自动化设备，机器人系统的运动涉及本体、工件（工装）、工具等。本体与工件运动是工业机器人最基本的功能，它可通过机器人、工件的关节轴或整体移动实现；工具运动与作业工具有关，通常以开关量通断控制居多，在机器人系统中，将其归于 I/O（输入/输出）控制的范畴。

机器人在进行三维笛卡尔直角坐标系运动时，实际上存在多种实现的可能，且存在不可控的奇点；为了保证机器人运动准确，必须规定坐标系、机器人及工具姿态，使运动位置唯一和可控。移动对象、目标位置、移动速度、运动轨迹、到位区间等是运动控制的基本要素，它们必须在运动前予以明确。机器人系统的运动控制有手动操作和程序自动运行 2 种方式，手动操作需要操作者现场操作完成，程序自动运行需要按控制系统规定的格式和要求，编制移动指令。

本项目将对机器人运动控制所必需的坐标系、姿态，程序点、速度、定位区间等移动要素的定义方法，以及机器人手动操作及基本移动指令编程等基本内容进行讲解。

任务 1　定义坐标系与姿态

知识目标

① 熟悉运动轴、轴组、机械单元等基本概念。

② 掌握工业机器人基准点、基准线的定义方法。

③ 掌握工业机器人坐标系的定义方法。

④ 掌握工业机器人姿态的定义方法。

⑤ 了解坐标旋转的四元数定义法。

能力目标

① 能正确划分、判定机器人的运动轴、轴组、机械单元。

② 能确定机器人基准点、基准线。

③ 能设定机器人坐标系。

④ 能定义机器人及工具的姿态。

⑤ 能判定机器人奇点。

一、机器人控制基准与轴组

1. 机器人基准

在进行机器人手动操作或程序自动运行时，其目标位置、运动轨迹等都需要有明确的控制对象（控制目标点），然后再通过相应的坐标系来描述其位置和运动轨迹。为了确定机器人的控制目标点、建立坐标系，需要在机器人上选择某些特征点、特征线，作为系统运动控制的基准点、基准线，以便建立运动控制模型。

机器人的基准点、基准线与机器人结构形态有关，垂直串联机器人基准点与基准线的定义方法一般如下。

（1）基准点。垂直串联机器人的系统运动控制基准点一般有图 3-1-1 中所示的工具控制点（TCP）、工具参考点（TRP）、手腕中心点（WCP）3 个。

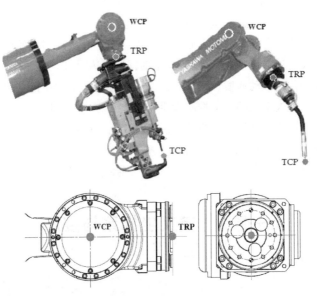

图 3-1-1　机器人基准点

TCP 是工具控制点（Tool Control Point）的英文简称，又称工具中心点（Tool Center Point）。TCP 是机器人末端执行器（工具）的实际作业点，它是机器人运动控制的最终目标，机器人手动操作、程序运行时的位置、轨迹都是针对 TCP 而言。TCP 的位置与作业工具的形状、安装方式等密切相关，例如，弧焊机器人的 TCP 通常为焊枪的枪尖，点焊机器人的 TCP 一般为焊钳固定电极的端点等。

TRP 是机器人工具参考点（Tool Reference Point）的英文简称，它是机器人工具安装的基准点，机器人工具坐标系、作业工具的重心位置等数据都需要以 TRP 为基准定义。TRP 也是确定 TCP 的基准，如不安装工具或未定义工具坐标系，系统将默认 TRP 和 TCP 重合。TRP 通常为机器人手腕上的工具安装法兰中心点。

WCP 是机器人手腕中心点（Wrist Center Point）的英文简称，它是确定机器人姿态、判别机器人奇点的基准点。垂直串联机器人的 WCP 一般为手腕摆动轴 J5、手回转轴 J6 的回转中心线交点。

（2）基准线。垂直串联机器人的基准线有图 3-1-2 所示的机器人回转中心线、下臂中心线、上臂中心线、手回转中心线 4 条，其定义方法如下。

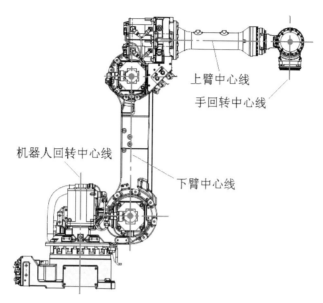

图 3-1-2　机器人基准线

机器人回转中心线：通过腰回转轴 J1 回转中心，且与机器人基座安装底平面垂直的直线。

下臂中心线：机器人下臂上，与下臂摆动轴 J2 中心线和上臂摆动轴 J3 摆动中心线垂直相交的直线。

上臂中心线：机器人上臂上，通过手腕回转轴 J4 回转中心且与手腕摆动轴 J5 摆动中心线垂直相交的直线，上臂中心线通常就是机器人的手腕回转轴中心线。

手回转中心线：通过手回转轴回转中心且与手腕工具安装法兰端面垂直的直线。

（3）运动控制模型。6 轴垂直串联机器人的本体运动控制模型如图 3-1-3 所示，它需要在控制系统中定义下面几个结构参数。

① 基座高度（height of foot）：下臂摆动中心线离地面的高度。

② 下臂（J2）偏移（offset of joint 2）：下臂摆动中心线与机器人回转中心线的距离。

③ 下臂长度（length of lower arm）：下臂摆动中心线与上臂摆动中心线的距离。

④ 上臂（J3）偏移（offset of joint 3）：上臂摆动中心线与上臂回转中心线的距离。

⑤ 上臂长度（length of upper arm）：上臂与下臂中心线垂直部分的长度。

⑥ 手腕长度（length of wrist）：工具参考点 TRP 离手腕摆动轴 J5 摆动中心线的距离。

运动控制模型一旦建立，机器人的工具参考点 TRP 也就被确定；如不安装工具或未定义工具坐标系，系统就将以 TRP 替代 TCP，作为控制目标点控制机器人运动。

2. 控制轴组

机器人作业需要通过机器人 TCP 和工件（或基准）的相对运动实现，这一运动既可通过机器人本体的关节回转实现，也可通过机器人整体移动（基座运动）、工件运动实现。机器人系统的回转、摆动、直线运动轴统称为关节轴，其数量众多、组成形式多样。

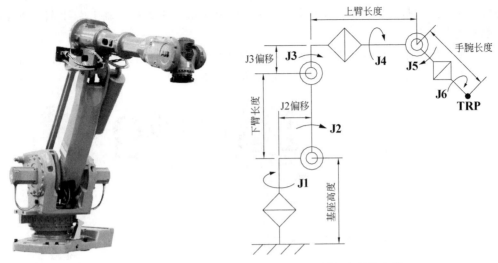

图 3-1-3　6 轴垂直串联机器人本体运动控制模型与结构参数

例如，对于机器人（基座）和工件固定不动的单机器人简单系统，只能通过控制机器人本体的关节轴运动改变机器人 TCP 和工件的相对位置；而对于图 3-1-4 所示的有机器人变位器、工件变位器等辅助部件的多机器人作业系统，则有机器人 1、机器人 2、机器人变位器、工件变位器 4 个运动单元，只要机器人（1 或 2）或其他任何一个单元产生运动，就可改变对应机器人（1 或 2）TCP 和工件的相对位置。

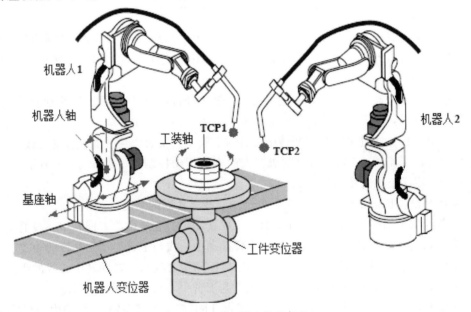

图 3-1-4　多机器人作业系统

为了便于控制与编程，在机器人控制系统上，通常需要根据机械运动部件的组成与功能，对需要系统控制位置的伺服驱动轴实行分组管理，将伺服驱动轴划分为若干个具有独立功能的运动单元。例如，对于图 3-1-4 所示的机器人作业系统，可将机器人 1 的 6 个运动轴定义为运动单元 1，机器人 2 的 6 个运动轴定义为运动单元 2，机器人 1 基座的 1 个运动轴定义为运动单元 3，工件变位器的 2 个运动轴定义为运动单元 4 等。

运动单元的名称在不同公司生产的机器人上有所不同。例如，ABB 机器人称之为"机械单元（Mechanical unit）"，安川机器人将其称为"控制轴组（control axis group）"，FANUC 机器人则之为"运动群组（Motion group）"等。

一般而言，工业机器人系统的运动单元可分如下 3 类。

① 机器人单元。机器人单元由控制机器人本体运动的关节轴组成，它直接使机器人 TCP 和基座产生相对运动。在多机器人控制系统上，每一机器人都是 1 个相对独立的运动单元；机器人单元一旦选定，对应的机器人就可进行手动操作或程序自动运行。

② 基座单元。基座单元由控制机器人基座运动的关节轴组成，基座单元的运动可实现机器人整体变位，使机器人 TCP 和大地产生相对运动。基座单元一旦选定，对应的机器人变位器就可进行手动操作或程序自动运行。

③ 工装单元。工装单元由控制工件运动的关节轴组成，工装单元的运动可实现工件整体变位、使机器人 TCP 和工件产生相对运动。工装单元一旦选定，对应的工件变位器就可进行手动操作或程序自动运行。

机器人单元是任何机器人系统必需的基本运动单元，基座单元、工装单元是机器人系统的辅助设备，只有在系统配置有变位器时才具备。由于基座单元、工装单元的控制轴通常较少，因此，在大多数机器人上，将基座运动轴、工装运动轴统称为"外部轴"或"外部关节"，并进行集中管理；如果作业工具（如伺服焊钳等）含有系统控制的伺服驱动轴，它也属于外部轴的范畴。

机器人手动操作或程序运行时，运动单元可利用控制指令生效或撤销。生效的运动单元的全部运动轴都处于实时控制状态；被撤销的运动单元将处于相对静止的"伺服锁定"状态，其位置通过伺服驱动系统的闭环调节功能保持不变。

二、机器人本体坐标系

1. 机器人坐标系

从形式上说，工业机器人坐标系有关节坐标系、笛卡尔坐标系两大类；从用途上说，工业机器人坐标系有基本坐标系、作业坐标系两大类。

机器人的关节坐标系是实际存在的坐标系，它与伺服驱动系统一一对应，也是控制系统能真正实施控制的坐标系，因此，所有机器人都必须（必然）有唯一的关节坐标系。关节坐标系是机器人的基本坐标系之一。

机器人的笛卡尔坐标系是为了方便操作、编程而建立的虚拟坐标系，垂直串联机器人一般有多个，坐标系的名称、数量及定义方法在不同机器人上稍有不同。例如，ABB 机器人有 1 个基座坐标系、1 个大地坐标系，并可根据需要设定任意多个工具坐标系、用户坐标系和工件坐标系；安川机器人则有 1 个基座坐标系、1 个圆柱坐标系，并可根据需要设定最大 64 个工具坐标系、63 个用户坐标系；而 FANUC 机器人则有 1 个全局坐标系，并可根据需要设定最大 9 个工具坐标系、9 个用户坐标系、5 个 JOG 坐标系。

在众多的笛卡尔坐标系中，基座（或全局）坐标系是用来描述机器人 TCP 空间运动必需的基本坐标系；工具坐标系、工件坐标系等是用来确定作业工具 TCP 位置及安装方位、描述机器人和工件相对运动的坐标系，以方便操作和编程；因此，它们是机器人作业所需的坐标系，故称作业坐标系，作业坐标系可根据需要设定、选择。

关节和基座坐标系是建立在机器人本体上的基本坐标系，其定义方法见下述介绍；有关作业坐标系的内容将在实践指导部分学习。

2. 基座坐标系

基座坐标系（Base coordinates）用来描述机器人 TCP 相对于基座进行三维空间运动的基本坐标系。垂直串联机器人的基座坐标系通常如图 3-1-5 所示，坐标轴方向、原点的定义方法一般如下：

- 原点：机器人基座安装底平面与机器人回转中心线的交点；
- Z 轴：机器人回转中心线，垂直底平面向上方向为 $+Z$ 方向；
- X 轴：垂直基座前侧面向外方向为 $+X$ 方向；
- Y 轴：右手定则决定。

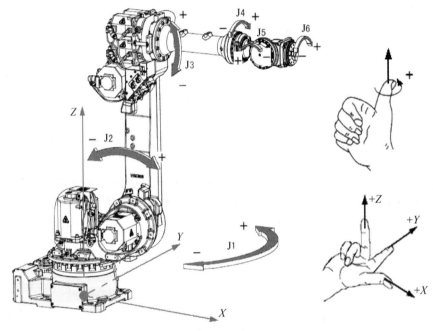

图 3-1-5　基座、关节坐标系定义

3. 关节坐标系

关节坐标系用于机器人关节轴的实际运动控制，它用来规定机器人各关节的最大回转速度、最大回转范围等基本参数。6 轴垂直串联机器人的关节坐标轴名称、方向、零点的一般定义方法如下。

腰回转轴：J1 或 S、j1；回转方向以基座坐标系 $+Z$ 轴为基准，按右手定则确定；上臂中心线与基座坐标系 $+XZ$ 平面平行的位置为 J1 轴 0°位置。

下臂摆动轴：J2 或 L、j2；当 J1 轴在 0°位置时，回转方向以基座坐标系 $+Y$ 为基准，按右手定则确定，下臂中心线与基座坐标系 $+Z$ 轴平行的位置为 J2 轴 0°位置。

上臂摆动轴：J3 或 U、j3；当 J1 轴在 0°位置时，回转方向以基座坐标系-Y 为基准、按右手定则确定，上臂中心线与基座坐标系 $+X$ 轴平行的位置为 J3 轴 0°位置。

腕回转轴：J4 或 R、j4；当 J1、J2、J3 轴均在 0°位置时，回转方向以基座坐标系 $-X$ 为基准、按右手定则确定，手回转中心线与基座坐标系 $+XZ$ 平面平行的位置为 J4 轴 0°位置。

腕弯曲轴：J5 或 B、j5；当 J1 轴在 0°位置时，回转方向以基座坐标系 $-Y$ 为基准、按右手定则确定，手回转中心线与基座坐标系＋X 轴平行的位置为 J5 轴 0°位置。

手回转轴：J6 或 T、j6；J1、J2、J3、J5 轴在 0°位置时，回转方向以基座坐标系－X 为基准、按右手定则确定，J6 轴通常可无限回转，其零点位置一般通过工具安装法兰的基准孔确定。

三、机器人本体姿态

1. 机身位置与姿态

机器人 TCP 在三维空间位置可通过两种方式描述：一是以各关节轴的零点为基准，直接通过关节坐标位置来描述；二是通过 TCP 在虚拟笛卡尔直角坐标系的 XYZ 值描述。

机器人的关节坐标位置（简称关节位置）实际就是伺服电机所转过的绝对角度，它通过伺服电机内置的脉冲编码器进行检测，利用编码器转过的脉冲计数来描述，因此，关节位置又称"脉冲型位置"。由于工业机器人伺服电机所采用的编码器都具有断电保持功能（绝对编码器），其计数基准（零点）一旦设定，在任何时刻电机所转过的脉冲数都是一个确定值。因此，关节位置是与机器人结构、笛卡尔坐标系设定无关的唯一位置。

利用基座等虚拟笛卡尔直角坐标系定义的位置称为"XYZ 型位置"。由于机器人采用逆运动学原理，对于垂直串联机器人，具有相同坐标值（X，Y，Z）的 TCP 位置可通过多种形式的关节运动实现。

例如，对于图 3-1-6 所示的 TCP 位置 $P1$，即便手腕轴 J4、J6 位置不变，也可通过如下 3 种本体姿态实现定位。

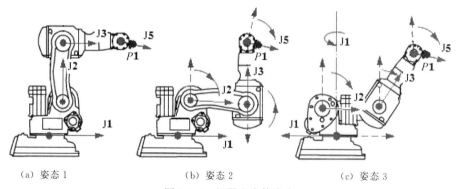

（a）姿态 1　　　　　　（b）姿态 2　　　　　　（c）姿态 3

图 3-1-6　机器人本体姿态

图 3-1-6(a) 采用 J1 轴朝前、J2 轴向上、J3 轴前伸、J5 轴下俯姿态，机器人直立。

图 3-1-6(b) 采用 J1 轴朝前、J2 轴前倾、J3 轴后仰、J5 轴下俯姿态，机器人俯卧。

图 3-1-6(c) 采用 J1 轴朝后、J2 轴后倒、J3 轴后仰、J5 轴上仰姿态，机器人仰卧。

因此，利用笛卡尔坐标系指定机器人运动时，不仅需要规定 XYZ 坐标值，而且还必须规定机器人本体姿态。

机器人本体姿态又称机器人形态或机器人配置、关节配置，在不同公司的机器人上，其表示方法有所不同。例如，ABB 公司利用表示机身前/后、正肘/反肘、手腕俯仰状态的姿态号，以及腰回转轴 J1、手腕回转轴 J4、手回转轴 J6 的位置（区间）表示；安川公司用机身前/后、正肘/反肘、手腕俯仰，以及腰回转轴 S、手腕回转轴 R、手回转轴 T 的位置（范围）表示；而 FANUC 公司则用机身前/后、肘上/下、手腕俯仰，以及腰回转轴 J1、手腕回转轴 J4、手回转轴 J6 的位置（区间）表示等。以上定义方法虽然形式有所不同，但实质上是一致的。

2. 本体姿态定义

（1）机身前/后。机器人的机身状态用前（Front）/后（Back）描述，定义方法如图 3-1-7 所示。通过基座坐标系 Z 轴、且与 J1 轴当前位置（角度线）垂直的平面，是定义机身前后状态的基准面，如机器人手腕中心点 WCP 位于基准平面的前侧，称为"前（Front）"；如 WCP 位于基准平面后侧，称为"后（Back）"。WCP 位于基准平面时，为机器人"臂奇点"。

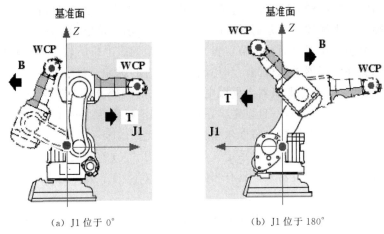

(a) J1 位于 0°   (b) J1 位于 180°

图 3-1-7　机身前/后

例如，当 J1 轴处于图 3-1-7(a) 所示 0°位置时，如 WCP 位于基座坐标系的＋X 方向，就是机身前位（T），如 WCP 位于－X 方向，就是机身后位（B）；而当 J1 轴处于图 3-1-7(b) 所示的 180°位置时，如 WCP 位于基座坐标系的＋X 方向，为机身后位，WCP 位于－X 方向，则为机身前位。

（2）肘正/反。机器人的上、下臂摆动轴 J2、J3 的状态用肘正/反或上（UP）/下（DOWN）描述，定义方法如图 3-1-8 所示。

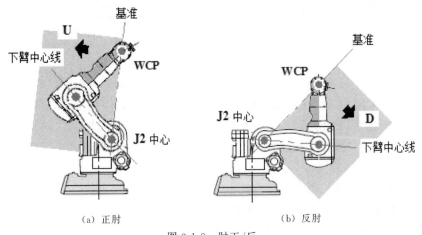

(a) 正肘   (b) 反肘

图 3-1-8　肘正/反

连接手腕中心点 WCP 与下臂回转轴 J2 中心的连线，是定义肘正/反状态的基准线。从机器人的正侧面看，如下臂中心线位于基准线逆时针旋转方向，称为"正肘"；如下臂中心线位于基准线顺时针旋转方向，称为"反肘"；下臂中心线与基准线重合的位置为特殊的"肘奇点"。

（3）手腕俯/仰。机器人腕摆动 J5 轴状态用俯（Noflip）/仰（Flip）描述，如图 3-1-9 所示。摆动轴 J5 俯仰以 J5 轴的 0°位置为基准，如 J5 轴角度为负，称为"俯"；如 J5 轴角度为正，称为"仰"；J5 轴 0°位置为特殊的"腕奇点"。

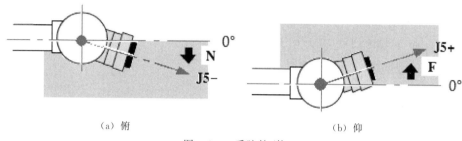

（a）俯 （b）仰

图 3-1-9　手腕俯/仰

3. J1/J4/J6 区间定义

定义 J1/J4/J6 区间的目的是规避机器人奇点。奇点（Singularity）又称奇异点，其数学意义是不满足整体性质的个别点；按照 RIA 标准定义，机器人奇点是"由两个或多个机器人轴共线对准所引起的、机器人运动状态和速度不可预测的点"。

在垂直串联等结构的机器人上，由于笛卡尔直角坐标系都是虚拟的，因此，当机器人 TCP 位置以（X，Y，Z）形式指定时，关节轴的实际位置需要通过逆运动学计算、求解，且存在多种实现的可能性，为此，需要定义 J1/J4/J6 区间，来明确关节轴的具体位置。

6 轴垂直串联机器人工作范围内的奇点主要有图 3-1-10 所示的臂奇点、肘奇点、腕奇点 3 类。

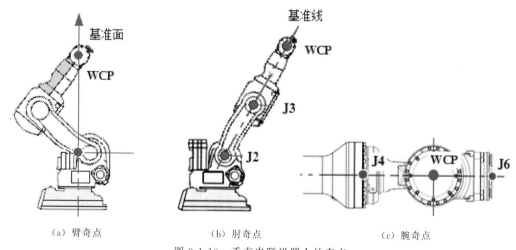

（a）臂奇点 （b）肘奇点 （c）腕奇点

图 3-1-10　垂直串联机器人的奇点

臂奇点如图 3-1-10（a）所示，它是机器人手腕中心点 WCP 正好处于判别机身前后的基准平面时的所有情况。在臂奇点上，即使确定了正/反肘、手腕俯/仰状态，但机器人的 J1、J4 轴仍有多种实现的可能，机器人存在 J1、J4 轴瞬间旋转 180°的危险。

肘奇点如图 3-1-10（b）所示，它是下臂中心线正好与判别正/反肘的基准线重合的所有位置。在肘奇点上，机器人手臂的伸长已到达极限，可能会导致机器人运动的不可控。

腕奇点如图 3-1-10(c) 所示，它是摆动轴 J5 在 0°的所有位置。在腕奇点上，由于回转轴 J4、J6 的中心线重合，即使规定了机身前/后、正/反肘，J4、J6 轴仍有多种实现的可能，机器人存在 J4、J6 轴瞬间旋转 180°的危险。

为了防止机器人在以上的奇点出现不可预见的运动，就必须在机器人姿态参数中，进一步明确 J1、J4、J6 轴的实际位置。

机器人 J1、J4、J6 轴的实际位置定义方法在不同机器人上稍有不同，例如，ABB 公司以象限代号表示角度范围、以正/负号表示转向；安川机器人则以"＜180°""≥180°"的简单方式定义，而 FANUC 机器人则划分为（−539.999°～−180°）、（−179.999°～＋179.999°）、（＋180°～＋539.999°）3 个区间。

实践指导

一、工具坐标系及姿态

1. 作业坐标系

大地坐标系、工具坐标系、工件坐标系等是用来确定机器人、作业工具、工件的基准点及安装方位，描述机器人、工具、工件相对运动的坐标系，它们是机器人作业所需的坐标系，故称作业坐标系。

垂直串联机器人常用的作业坐标系如图 3-1-11 所示。

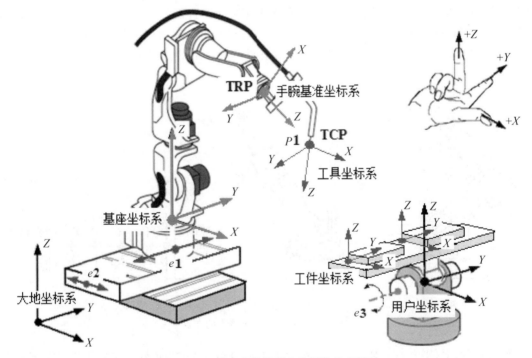

图 3-1-11　垂直串联机器人常用作业坐标系

在以上坐标系中，工具坐标系具有定义工具姿态、确定 TCP 位置两方面作用，是任何机器人系统作业所必需的坐标系，其他作业坐标系可根据机器人系统的实际情况设定、选择，有关内容见后述。

2. 工具坐标系作用

工具坐标系（Tool coordinates）具有定义工具控制点 TCP 位置和规定工具方向（姿态）两方面作用，每一作业工具都需要有自己的工具坐标系。工具坐标系一旦设定，当机器人需要用不同工具通过同一程序进行同样作业时，操作者只需要改变工具坐标系就能保证所有工具的 TCP 点都能按照程序所指定的轨迹运动，而无需对程序进行其他修改。

在机器人上，工具控制点 TCP 的位置需要通过虚拟笛卡尔直角坐标系（工具坐标系）的（X，Y，Z）坐标值定义，但是，对于利用逆运动学确定 TCP 空间位置的垂直串联机器人来说，对于三维空间的同一 TCP 位置，机器人的关节轴可通过多种方式实现。例如，对于图 3-1-12 所示的弧焊焊枪、点焊焊钳，在工具控制点（TCP）三维空间位置不变的前提下，关节轴可以通过多种方式定位工具。

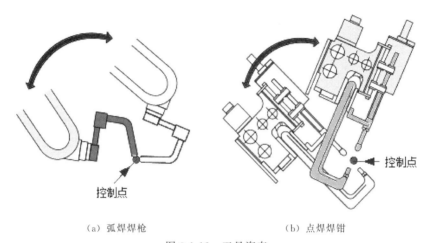

（a）弧焊焊枪　　　　　　　（b）点焊焊钳

图 3-1-12 工具姿态

因此，机器人的工具坐标系不仅需要定义工具控制点 TCP 的位置，而且还需要规定工具的方向（姿态）。

3. 工具坐标系设定

机器人工具坐标系通过图 3-1-13 所示的手腕基准坐标系（基准坐标系）变换定义。

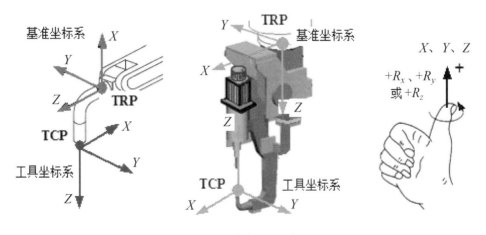

图 3-1-13 手腕基准坐标系

手腕基准坐标系是以机器人手腕上的工具参考点 TRP 为原点，以手回转中心线为 Z 轴，以工具安装法兰面为 XY 平面的虚拟笛卡尔直角坐标系；垂直工具安装法兰面向外的方向为 $+Z$ 方向；手腕上仰的方向为 $+X$ 方向；$+Y$ 方向用右手定则确定。手腕基准坐标系是工具坐标系的变换基准，如不设定工具坐标系，控制系统将默认手腕基准坐标系为工具坐标系。

工具坐标系是以 TCP 为原点、以工具中心线为 Z 轴、工具接近工件的方向为 $+Z$ 向的虚拟笛卡尔直角坐标系，点焊、弧焊机器人的工具坐标系一般采用图 3-1-13 所示手腕基准坐标系定义。

工具坐标系需要通过手腕基准坐标系的原点偏移、坐标旋转定义，TCP 点在手腕基准坐标系上的位置就是工具坐标系的原点偏离；坐标旋转可用四元数法（Quaternion，见拓展提高部分）、基准坐标系 $Z/X/Y$ 轴旋转角 $R_Z/R_X/R_Y$ 等方法定义。

二、其他作业坐标系

大地坐标系、用户坐标系、工件坐标系是用来确定机器人基座、工件基准点及安装方位的坐标系，它们可根据机器人系统结构及实际作业要求，有选择地定义。

1. 大地坐标系

大地坐标系（World coordinates）有时译作"世界坐标系"，它是以地面为基准、Z 轴向上的三维笛卡尔直角坐标系。

在使用机器人变位器或多机器人协同作业的系统上，为了确定机器人的基座位置和运动状态，需要建立大地坐标系；此外，在图 3-1-14 所示的倒置或倾斜安装的机器人上，也需要通过大地坐标系来确定基座坐标系的原点及方向。

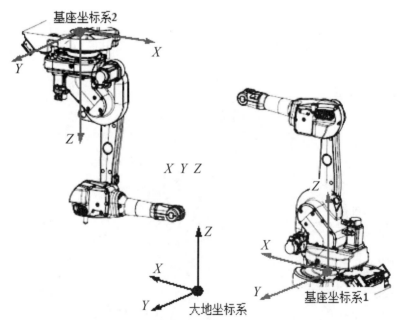

图 3-1-14　倒置或倾斜安装的机器人上的大地坐标系

对于垂直地面安装、不使用变位器的单机器人系统，控制系统将默认基座坐标系为大地坐标系，无需进行大地坐标系设定。

2. 用户坐标系

用户坐标系（User coordinates）是用来定义工装安装位置的虚拟笛卡尔直角坐标系，用于配置有工件变位器的机器人协同作业系统或多工位、多工件作业系统。用户坐标系可根据实际需要设定多个，如图 3-1-15 所示。

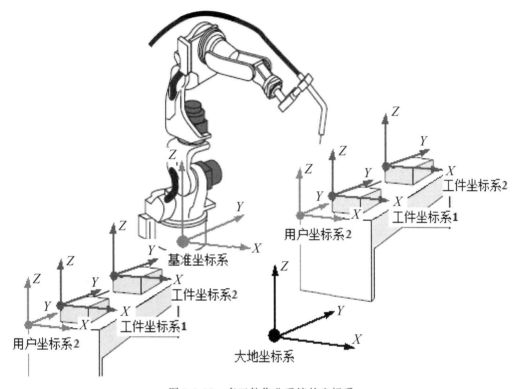

图 3-1-15　多工件作业系统的坐标系

用户坐标系通常通过大地（或基座）坐标系的偏移、旋转变换得到；对于无工件变位器的单机器人作业系统，控制系统默认基座坐标系为用户坐标系，无需设定用户坐标系。

3. 工件坐标系

工件坐标系（Object coordinates）是以工件为基准描述 TCP 运动的虚拟笛卡尔坐标系。工件坐标系用于图 3-1-15 所示的多工件作业系统以及通过机器人移动工件的工具固定作业系统。工件坐标系可根据实际需要设定多个，工件坐标系一旦设定，机器人需要进行多工件相同作业时，只需要改变工件坐标系，就能保证机器人在不同的作业区域按同一程序所指定的轨迹运动，而无需对程序进行其他修改。

需要注意的是：对于工具固定、工件移动的机器人作业系统，工件坐标系需要以机器人手腕基准坐标系为基准进行设定，它实际上代替了工具坐标系的功能，因此，固定工具作业系统必须设定工件坐标系。

工件坐标系通常通过用户坐标系的偏移、旋转变换得到；对于通常的工具移动单工件作业系统，系统将默认用户坐标系为工件坐标系，如不设定用户坐标系，则基座坐标系就是系统默认的用户坐标系和工件坐标系，无需设定工件坐标系。

4. JOG 坐标系

FANUC 机器人可以设定 JOG 坐标系，JOG 坐标系仅仅是为了在三维空间进行机器人手动轴运动而建立的临时坐标系，对机器人的程序运行无效，因此，操作者可根据自己的需要任意设定。

JOG 坐标系通常以机器人基座（全局）坐标系为基准设定，如不设定 JOG 坐标系，控制系统将以基座（全局）坐标系作为默认的 JOG 坐标系。

拓展提高

坐标旋转的四元数表示

在工业机器人上，工具坐标系、工件坐标系等坐标系都需要通过相应的基准坐标系偏移、旋转变换定义，其中偏移用来指定变换后的坐标系原点在基准坐标系上的位置，其定义简单，而旋转变换后的坐标轴方向需要通过基准坐标系的旋转来表示，其表示方法多样。

在数学上，三维空间的坐标系方向的常用表示方法有欧拉角（Euler angles）、旋转矩阵（Rotation matrix）、轴角（Axial angle）、四元数（Quaternion）等。例如 ABB 工业机器人采用的是四元数表示法，参数的定义方法如下。

1. 四元数的确定

用四元数定义坐标系方向的数据格式为 $[q_1, q_2, q_3, q_4]$；其中 q_1、q_2、q_3、q_4 为表示坐标旋转的四元素，它们是带符号的常数，其数值和符号需要按照以下方法确定。

① 数值。四元数 q_1、q_2、q_3、q_4 的数值可按以下公式计算后确定：

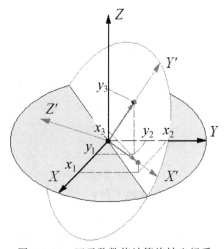

$$q_1^2 + q_2^2 + q_3^2 + q_4^2 = 1$$

$$q_1 = \frac{\sqrt{x_1 + y_2 + z_3 + 1}}{2}$$

$$q_2 = \frac{\sqrt{x_1 - y_2 - z_3 + 1}}{2}$$

$$q_3 = \frac{\sqrt{y_2 - x_1 - z_3 + 1}}{2}$$

$$q_4 = \frac{\sqrt{z_3 - x_1 - y_2 + 1}}{2}$$

式中的 (x_1, x_2, x_3)、(y_1, y_2, y_3)、(z_1, z_2, z_3) 分别为图 3-1-16 所示的旋转坐标系 X'、Y'、Z' 轴单位向量在基准坐标系 X、Y、Z 轴上的投影。

图 3-1-16 四元数数值计算旋转坐标系

② 符号。四元数 q_1、q_2、q_3、q_4 的符号按下述方法确定。

q_1：符号总是为正；

q_2：符号由计算式 $(y_3 - z_2)$ 确定，$(y_3 - z_2) \geqslant 0$ 为 "+"，否则为 "-"；

q_3：符号由计算式 $(z_1 - x_3)$ 确定，$(z_1 - x_3) \geqslant 0$ 为 "+"，否则为 "-"；

q_4：符号由计算式 $(x_2 - y_1)$ 确定，$(x_2 - y_1) \geqslant 0$ 为 "+"，否则为 "-"。

2. 四元数计算实例

坐标系旋转四元数 $[q_1，q_2，q_3，q_4]$ 的计算较为复杂，以下将以机器人常用的典型工具坐标系为例介绍四元数的计算方法；其他坐标系旋转的四元数计算方法相同，可参照示例计算、确定。

【例 1】 假设机器人工具坐标系如图 3-1-17 所示，方向与手腕基准坐标系相同，则旋转坐标系 X'、Y'、Z' 轴单位向量在基准坐标系 X、Y、Z 轴上的投影分别为：

$$(x_1,x_2,x_3)=(1,0,0)$$
$$(y_1,y_2,y_3)=(0,1,0)$$
$$(z_1,z_2,z_3)=(0,0,1)$$

由此可得：

$$q_1=\frac{\sqrt{x_1+y_2+z_3+1}}{2}=1$$

$$q_2=\frac{\sqrt{x_1-y_2-z_3+1}}{2}=0$$

$$q_3=\frac{\sqrt{y_2-x_1-z_3+1}}{2}=0$$

$$q_4=\frac{\sqrt{z_3-x_1-y_2+1}}{2}=0$$

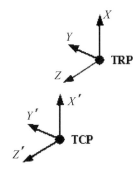

图 3-1-17　机器人工具坐标系

由于 q_2、q_3、q_4 均为 "0"，无需确定符号；因此，工具坐标系旋转四元数为 $[1，0，0，0]$。

【例 2】 假设机器人工具坐标系如图 3-1-18 所示，坐标系方向为回绕手腕基准坐标系 Z 轴逆时针旋转 $180°$（$R_Z=180°$），旋转坐标系 X'、Y'、Z' 轴单位向量在基准坐标系 X、Y、Z 轴上的投影分别为：

$$(x_1,x_2,x_3)=(-1,0,0)$$
$$(y_1,y_2,y_3)=(0,-1,0)$$
$$(z_1,z_2,z_3)=(0,0,1)$$

由此可得：

$$q_1=\frac{\sqrt{x_1+y_2+z_3+1}}{2}=0$$

$$q_2=\frac{\sqrt{x_1-y_2-z_3+1}}{2}=0$$

$$q_3=\frac{\sqrt{y_2-x_1-z_3+1}}{2}=0$$

$$q_4=\frac{\sqrt{z_3-x_1-y_2+1}}{2}=1$$

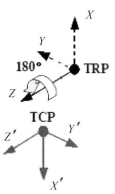

图 3-1-18　$R_Z=180°$
工具坐标系

q_2、q_3 为 "0"，无需确定符号；计算式 $(x_2-y_1)=0$，q_4 为 "+"；因此，工具坐标系旋转四元数为 $[0，0，0，1]$。

【例 3】 假设机器人工具坐标系如图 3-1-19 所示，坐标系方向为

回绕基准坐标系 Y 轴逆时针旋转 $30°$（$R_Y = 30°$），旋转坐标系 X'、Y'、Z' 轴单位向量在基准坐标系 X、Y、Z 轴上的投影分别为：

$$(x_1, x_2, x_3) = (\cos30°, 0, -\sin30°)$$
$$(y_1, y_2, y_3) = (0, -1, 0)$$
$$(z_1, z_2, z_3) = (\sin30°, 0, \cos30°)$$

由此可得：

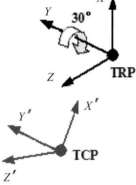

图 3-1-19　$R_Y = 30°$工具坐标系

$$q_1 = \frac{\sqrt{x_1 + y_2 + z_3 + 1}}{2} = 0.966$$

$$q_2 = \frac{\sqrt{x_1 - y_2 - z_3 + 1}}{2} = 0$$

$$q_3 = \frac{\sqrt{y_2 - x_1 - z_3 + 1}}{2} = 0.259$$

$$q_4 = \frac{\sqrt{z_3 - x_1 - y_2 + 1}}{2} = 0$$

q_2、q_4 为"0"，无需确定符号；计算式 $(z_1 - x_3) = 1$，q_3 为"+"；因此，工具坐标系旋转四元数为 $[0.966, 0, 0.259, 0]$。

【例4】　假设机器人工具坐标系如图 3-1-20 所示，坐标系方向为先回绕基准坐标系 Z 轴逆时针旋转 $180°$（$R_Z = 180°$），再回绕旋转后的 Y 轴逆时针旋转 $90°$（$R_Y = 90°$），旋转坐标系 X'、Y'、Z'轴单位向量在基准坐标系 X、Y、Z 轴上的投影分别为：

$$(x_1, x_2, x_3) = (0, 0, -1)$$
$$(y_1, y_2, y_3) = (0, -1, 0)$$
$$(z_1, z_2, z_3) = (-1, 0, 0)$$

由此可得：

$$q_1 = \frac{\sqrt{x_1 + y_2 + z_3 + 1}}{2} = 0$$

$$q_2 = \frac{\sqrt{x_1 - y_2 - z_3 + 1}}{2} = 0.707$$

$$q_3 = \frac{\sqrt{y_2 - x_1 - z_3 + 1}}{2} = 0$$

$$q_4 = \frac{\sqrt{z_3 - x_1 - y_2 + 1}}{2} = 0.707$$

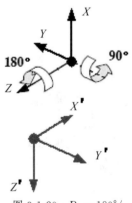

图 3-1-20　$R_Z = 180°$/
$R_Y = 90°$工具坐标系

q_3 为"0"，无需确定符号；计算式 $(y_3 - z_2) = 0$，q_2 为"+"；计算式 $(x_2 - y_1) = 0$，q_4 为"+"；因此，工具坐标系旋转四元数为 $[0, 0.707, 0, 0.707]$。

技能训练

一、结合本任务的学习，完成以下多项选择题。

1. 以下对工业机器人 TCP 理解正确的是（　　）。

A. 工具中心点　　　　B. 工具安装基准点　C. 手腕中心点　　　　D. 工具控制点

2. 以下对工业机器人 TRP 理解正确的是（　　　）。

A. 工具中心点　　　　B. 工具安装基准点　C. 手腕中心点　　　　D. 工具控制点

3. 以下对工业机器人 WCP 理解正确的是（　　　）。

A. 工具中心点　　　　B. 工具安装基准点　C. 手腕中心点　　　　D. 工具控制点

4. 如果机器人不安装工具，以下理解正确的是（　　　）。

A. TCP 与 WCP 重合　　　　　　　　　B. TCP 与 TRP 重合

C. TRP 与 WCP 重合　　　　　　　　　D. 3 点都不重合

5. 以下可以作为机器人手动操作、程序指令控制目标的点是（　　　）。

A. TRP　　　　　　　B. TCP　　　　　　　C. WCP　　　　　　　D. TCP 或 TRP

6. 以下对 6 轴串联机器人回转中心线理解正确的是（　　　）。

A. 下臂回转中心线　　　　　　　　　　B. 上臂回转中心线

C. 腰回转中心线　　　　　　　　　　　D. 手腕回转中心线

7. 以下对 6 轴串联机器人下臂中心线理解正确的是（　　　）。

A. 下臂摆动中心线

B. 上臂摆动中心线

C. 腰回转中心线

D. 与上/下臂摆动中心线垂直相交的直线

8. 以下对 6 轴串联机器人上臂中心线理解正确的是（　　　）。

A. 通过手腕回转轴中心，且与手腕摆动轴中心线垂直相交的直线

B. 上臂摆动中心线

C. 手腕摆动轴中心线

D. 手腕回转中心线

9. 以下对 6 轴串联机器人手回转中心线理解正确的是（　　　）。

A. 通过手回转中心，且与手腕工具安装法兰端面垂直的直线

B. 手回转轴的 0°线

C. 手腕摆动轴中心线

D. 手腕回转中心线

10. 以下对机器人系统控制轴组理解正确的是（　　　）。

A. 按运动单元划分　　　　　　　　　　B. 又称机械单元

C. 又称运动群组　　　　　　　　　　　D. 只包含伺服轴

11. 以下对机器人系统"外部轴"理解正确的是（　　　）。

A. 就是基座轴　　　　B. 就是工装轴　　　　C. 就是工具轴　　　　D. A、B、C 都是

12. 没有生效的运动单元，其伺服驱动电机的状态为（　　　）。

A. 实时控制　　　　　B. 闭环位置调节　　　C. 伺服锁定　　　　　D. 完全自由

13. 以下属于实际存在、控制系统能真正实施控制的坐标系是（　　　）。

A. 基座坐标系　　　　B. 关节坐标系　　　　C. 工具坐标系　　　　D. 工件坐标系

14. 以下属于机器人基本坐标系的是（　　　）。

A. 基座坐标系　　　　B. 关节坐标系　　　　C. 工具坐标系　　　　D. 工件坐标系

15. 以下机器人坐标系中，可以设定多个的是（　　　）。

A. 关节坐标系　　　B. 基座坐标系　　　C. 工具坐标系　　　D. 工件坐标系

16. 以下对机器人基座坐标系理解正确的是（　　　）。

A. 直角坐标系　　　B. 基本坐标系　　　C. 虚拟但必需　　　D. 就是大地坐标系

17. 以下对机器人工具坐标系理解正确的是（　　　）。

A. 直角坐标系　　　B. 基本坐标系　　　C. 手动操作必需　　　D. 程序作业必需

18. 以下对机器人工件坐标系理解正确的是（　　　）。

A. 直角坐标系　　　B. 基本坐标系　　　C. 手动操作必需　　　D. 程序作业必需

19. 以下对机器人关节位置理解正确的是（　　　）。

A. 用脉冲数表示　　B. 可断电保持　　　C. 位置唯一　　　D. 没有奇点

20. 以下对机器人笛卡尔坐标系位置理解正确的是（　　　）。

A. 用 XYZ 值表示　　　　　　　　　B. 与坐标系有关

C. 位置唯一　　　　　　　　　　　　D. 没有奇点

21. 以下用于机器人本体姿态定义的参数是（　　　）。

A. 机身前/后　　　　　　　　　　　B. 肘正/反或上/下

C. 手腕俯/仰　　　　　　　　　　　D. J1/J4/J6 轴位置

22. 以下用于机器人本体姿态参数中，用来规避奇点的参数是（　　　）。

A. 机身前/后　　　　　　　　　　　B. 肘正/反或上/下

C. 手腕俯/仰　　　　　　　　　　　D. J1/J4/J6 轴位置

23. 用来判定机器人机身前/后位置的判别点是（　　　）。

A. TCP　　　　　　B. TRP　　　　　　C. WCP　　　　　　D. 臂奇点

24. 用来判定机器人正/反肘位置的判别线是（　　　）。

A. 机器人回转中心线　　　　　　　　B. 下臂中心线

C. 上臂中心线　　　　　　　　　　　D. 手回转中心线

25. 机器人手腕俯/仰的判别依据是（　　　）。

A. J4 轴位置　　　B. J5 轴位置　　　C. J6 轴位置　　　D. J1/J4/J6 轴位置

26. 在机器人臂奇点上，运动不可控的轴是（　　　）。

A. J1　　　　　　　B. J4　　　　　　　C. J6　　　　　　　D. J1 和 J4

27. 在机器人腕奇点上，运动不可控的轴是（　　　）。

A. J1　　　　　　　B. J4　　　　　　　C. J6　　　　　　　D. J4 和 J6

28. 以下机器人系统中必须设定大地坐标系的是（　　　）。

A. 多机器人作业　　　　　　　　　　B. 带机器人变位器

C. 机器人倒置或倾斜　　　　　　　　D. 带工件变位器

29. 以下机器人系统中必须设定用户坐标系的是（　　　）。

A. 多工件作业　　　　　　　　　　　B. 多工位、多工件作业

C. 多机器人作业　　　　　　　　　　D. 工具固定作业

30. 以下机器人系统中必须设定工件坐标系的是（　　　）。

A. 多工件作业　　　　　　　　　　　B. 多工位、多工件作业

C. 多机器人作业　　　　　　　　　　D. 工具固定作业

二、**ABB** 机器人的本体姿态可通过机器人配置参数 **cfx** 定义，试根据图 3-1-21 的 **6** 轴垂直串联机器人典型配置参数，在表 **3-1-1** 中填写机器人姿态。

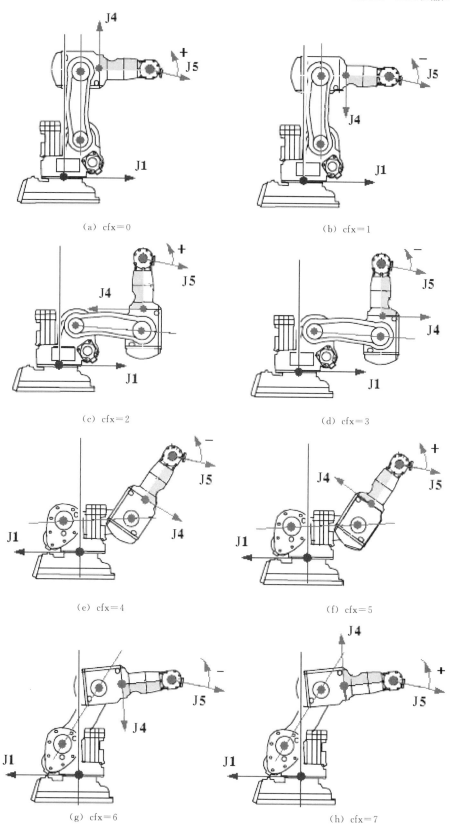

(a) cfx=0

(b) cfx=1

(c) cfx=2

(d) cfx=3

(e) cfx=4

(f) cfx=5

(g) cfx=6

(h) cfx=7

图 3-1-21　6 轴垂直串联机器人典型配置参数

表 3-1-1　6轴垂直串联机器人姿态

cfx 参数值	0	1	2	3	4	5	6	7
机身状态（前、后）								
肘状态（正、反）								
手腕状态（俯、仰）								

三、试计算、确定图 3-1-22 所示的弧焊机器人焊枪、点焊机器人焊钳的工具坐标系旋转四元数。

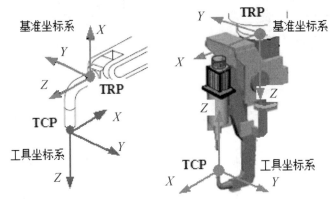

图 3-1-22　焊枪、焊钳工具坐标系

任务 2　定义移动要素

知识目标

① 熟悉目标位置、到位区间、移动速度等基本概念。

② 掌握 RAPID 程序点、到位区间、移动速度定义方法。

③ 了解 RAPID 工具、工件数据的定义方法。

能力目标

① 能正确定义 RAPID 关节位置、TCP 位置。

② 能正确定义 RAPID 到位区间。

③ 能正确定义 RAPID 移动速度。

④ 能看懂 RAPID 工具、工件数据。

基础学习

一、移动目标位置定义

1. 移动要素

在机器人程序自动运行时，需要通过移动指令来控制机器人、外部轴运动，为此，需要定义移动目标位置、到位区间、移动轨迹、移动速度等基本的移动要素。

（1）目标位置。目标位置就是移动指令的终点位置，它用来规定指令执行完成后，机器人需要到达的目标位置。移动指令的起点总是指令执行前机器人的当前位置。机器人的移动目标位置可以直接在程序中给定，也可以通过机器人的示教操作设定，因此，它又称程序点、示教点。

机器人的目标位置可以是机器人、外部轴关节坐标系的绝对位置，也可以是机器人TCP在基座、用户、工件等笛卡尔直角坐标系上的X、Y、Z值，以笛卡尔直角坐标系方式定义目标位置时，需要同时规定机器人的姿态。

（2）到位区间。到位区间又称定位等级、定位类型、定位允差等，它是控制系统用来判断机器人是否到达目标位置的依据，如果机器人已经到达目标位置的到位区间范围内，控制系统便认为当前的移动指令已经执行完成，系统将执行下一程序指令。需要注意的是：采用闭环位置控制系统（伺服驱动系统）的机器人到位区间并不是运动轴最终的定位误差，即使运动轴到达了到位区间范围内，伺服系统仍能够通过闭环自动调节功能进一步消除误差，直至达到系统可能的最小值。

（3）移动轨迹。移动轨迹就是机器人TCP在三维空间的运动路线，它需要通过不同的移动指令代码来规定。例如，ABB机器人的绝对位置定位指令代码为MoveAbsJ，关节插补指令代码为MoveJ，直线插补指令代码为MoveL，圆弧插补指令代码为MoveC等，有关内容将在项目四中学习。

（4）移动速度。用来定义机器人、外部轴的运动速度。对于关节坐标系的绝对位置定位运动，直接指定各关节的回转或直线移动速度；进行关节、直线、圆弧插补时，需要指定机器人TCP在笛卡尔直角坐标系的移动速度，它是各关节轴运动合成后的移动速度。

2. 关节位置及定义

关节位置又称绝对位置，它是以各关节轴自身的计数零位（原点）为基准，直接用回转角度或直线位置描述的机器人关节轴、外部轴位置。关节位置是机器人绝对位置定位指令的目标位置，它无需考虑机器人、工具的姿态。

例如，对于图3-2-1所示的机器人系统，其机器人关节轴的绝对位置为：

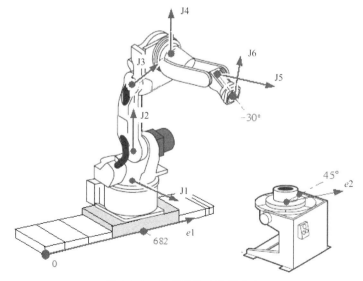

图 3-2-1　关节轴绝对位置定义

J1 轴：0°；

J2 轴：0°；

J3 轴：0°；

J4 轴：0°；

J6 轴：0°；

J5 轴：30°。

外部轴的绝对位置为 $e_1 = 682$mm，$e_2 = 45°$。

关节位置是真正由机器人伺服驱动系统实施控制的位置。在机器人控制系统上，关节位置一般通过位置检测编码器的脉冲计数得到，故又称"脉冲型位置"。机器人的位置检测编码器一般直接安装在伺服电机内（称内置编码器），并与电机输出轴同轴，因此，编码器的输出脉冲数直接反映了电机轴的回转角度。

现代机器人所使用的位置编码器都有带后备电池，它可以在断电状态下保持脉冲计数值，因此，编码器的计数零位（原点）一经设定，在任何时刻，电机轴所转过的脉冲计数值都是一个确定的值，它既不受机器人、工具、工件等坐标系设定的影响，也与机器人、工具的姿态无关（不存在奇点）。

3. TCP 位置与定义

利用虚拟笛卡尔直角坐标系定义的机器人 TCP 位置，是以指定坐标系的原点为基准，通过三维空间的位置值（x，y，z）描述的 TCP 位置，故又称 XYZ 位置。

机器人的 TCP 位置与所选择的坐标系有关，如选择基座坐标系，它就是机器人 TCP 相对于基座坐标系原点的位置值；如果选择工件坐标系，它就是机器人 TCP 相对于工件坐标系原点的位置值等。

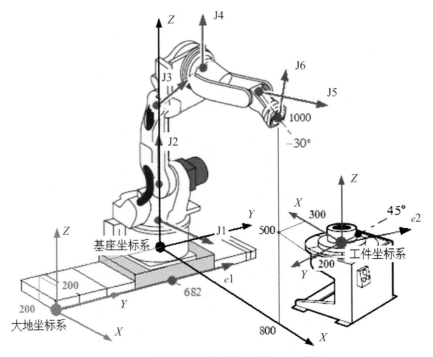

图 3-2-2　控制系统默认的机器人 TCP 位置

例如，对于图 3-2-2 所示的控制系统默认的机器人 TCP 位置，利用基座坐标系指定的位置值为（800，0，1000），大地坐标系的位置值为（600，682，1200），工件坐标系的位置值为（300，200，500）等。

在垂直串联等结构的机器人上，由于笛卡尔直角坐标系是虚拟坐标系，因此，当机器人 TCP 位置以（x，y，z）形式指定时，控制系统需要通过逆运动学计算、求解关节轴的位置，且存在多组解，因此，必须同时规定机器人、工具的姿态，以便获得唯一解。由于不同机器人的姿态定义方式有所不同，因此，机器人的 TCP 位置格式也有所区别。

二、到位区间定义

1. 到位区间的作用

到位区间是控制系统判别机器人移动指令是否执行完成的依据。在程序自动运行时，它是系统结束当前指令、启动下一指令的条件，如果机器人 TCP 到达了目标位置的到位区间范围内，就认为指令的目标位置到达，系统随即开始执行后续指令。

到位区间并不是机器人 TCP 的实际定位误差，因为当 TCP 到达目标位置的到位区间后，伺服驱动系统还将通过闭环位置调节功能自动消除误差，尽可能向目标位置接近。正因为如此，当机器人连续执行移动指令时，在指令转换点上，控制系统一方面通过闭环调节功能消除上一移动指令的定位误差，同时又开始下一移动指令的运动；这样，在两指令的运动轨迹连接处，将产生图 3-2-3(a) 中所示的抛物线轨迹，由于轨迹近似圆弧，故俗称圆拐角。

机器人 TCP 的目标位置定位是一个减速运动过程，越接近目标点，机器人的移动速度就越低。因此，到位区间越大，移动指令的执行时间就越短，运动连续性就越好，但是机器人 TCP 的运动轨迹偏离指令目标点就越远，轨迹精度也就越低。

例如，如到位区间足够大，机器人执行图 3-2-3(b) 所示的 $P1 \rightarrow P2 \rightarrow P3$ 连续移动指令时，可能直接从 $P1$ 连续运动至 $P3$，而不再经过 $P2$ 点。

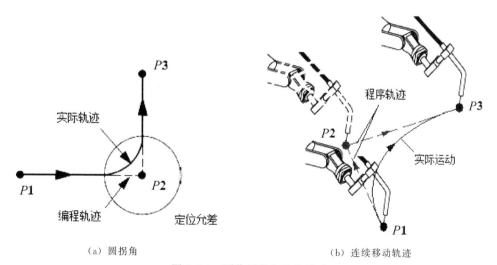

(a) 圆拐角　　　　　　　　　　　(b) 连续移动轨迹

图 3-2-3　到位区间与连续移动

2. 到位区间的定义

到位区间有不同的名称和定义方法，在不同机器人上有所不同。例如，ABB 机器人称为到位区间（Zone），系统预定义到位区间为 Z0～Z200，Z0 为准确定位，Z200 为半径 200mm 的范围；如需要，也可通过程序数据 Zonedata 直接在程序指令中自行定义。

安川机器人的到位区间称为定位等级（Positioning Level，简称 PL），区间范围有 PL0～PL8 共 9 级，PL8 的区间半径最大。

FANUC 机器人的定位区间定义方法与 ABB、安川机器人都不同，它是需要通过定位类型参数 CNT 在移动指令中定义，定位类型又称定位中断（Continuous termination，简称 CNT），见图 3-2-4。

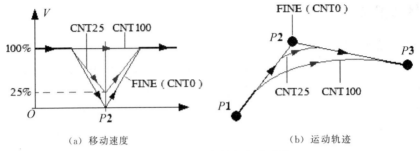

（a）移动速度　　　　　　　　（b）运动轨迹

图 3-2-4　CNT 与拐角自动减速

定位类型实际上是一种拐角减速功能，指令中的 CNT 参数用来定义拐角减速倍率，定义范围为 CNT0～CNT100。CNT0 为减速停止定位，机器人需要在每一移动指令的终点减速停止，然后才能启动下一指令；如指定 CNT100，机器人将在拐角处执行不减速的连续运动、形成最大的圆角。

3. 准确定位

通过定位区间 Zone（或定位等级 PL、定位类型 CNT）的设定，机器人连续移动时的拐角半径得到了有效控制，但是，即使将定位区间定义为 Z0 或 PL0、CNT0，由于伺服系统会有位置跟随误差，轨迹转换处实际还会产生圆角。

图 3-2-5 为伺服系统的实际停止过程。运动轴停止时，控制系统的指令速度将按加减速要求下降，指令速度为 0 的点就是定位区间为 0 的停止位置。由于伺服系统存在惯性，关节轴的实际运动速度必然滞后于系统指令（称为伺服延时），因此，如果在指令速度为 0 的点上立即启动下一移动指令，拐角轨迹仍有一定的圆角。

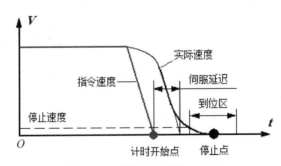

图 3-2-5　伺服系统的停止过程

伺服延时所产生的圆角可通过程序暂停、到位判别两种方法消除。

一般而言，交流伺服驱动系统的伺服延时在 100ms 左右，因此，如果在连续移动的指令中添加一个大于100ms的程序暂停动作，就基本上能消除伺服延时误差，保证机器人准确到达指令目标位置。

在ABB、FANUC机器人上，目标位置的准确定位还可通过到位判别的方式实现。当移动指令的到位区间定义为"fine"（准确定位）时，机器人到达目标位置并停止运动后，控制系统还需要对运动轴的实际位置进行检测，只有所有运动轴的实际位置均到达目标位置的准确定位允差范围，才能启动下一指令的移动。利用到位区间fine自动实现机器人准确定位，是由控制系统自动完成、确保实际位置到达的定位方式，与使用程序暂停指令比较，其定位精度、终点暂停时间的控制更加准确、合理。在ABB、FANUC机器人上，目标位置的到位检测还可进一步增加移动速度、停顿时间、拐角半径等更多的判断条件。

三、移动速度定义

机器人系统的运动控制方式可分为各关节轴独立控制的运动（回转、直线）、通过多轴联动控制的机器人TCP插补运动、TCP保持不变的工具定向运动3大类。3类运动的速度定义方式有所区别。

1. 关节速度及定义

关节速度一般用于机器人手动操作以及关节位置绝对定位、关节插补指令的速度控制。机器人系统的关节速度是各关节轴独立的回转或直线运动速度，回转/摆动轴的速度基本单位为（°）/s；直线运动轴的速度基本单位为mm/s。

机器人样本中所提供的最大速度（Maximum Speed）就是各关节轴的最大移动速度；最大速度是关节轴的极限速度，在任何情况下都不允许超过。当机器人以TCP速度、工具定向速度等方式指定速度时，如某一轴或某几轴的关节速度超过了最大速度，控制系统自动将超过最大速度的关节轴限定为最大速度，并以此为基准调整其他关节轴速度，以保证运动轨迹的准确。

关节速度通常以最大速度倍率（百分率）的形式定义。关节速度（百分率）一旦定义，对于TCP定位运动，系统中所有需要运动的轴都将按统一的倍率调整各自的速度，进行独立的运动；关节轴的实际移动速度为关节速度（百分率）与该轴关节最大速度的乘积。

关节速度不能用于机器人TCP运动速度的定义。机器人执行多轴同时运动的手动操作或关节位置绝对定位、关节插补指令时，其TCP的线速度为各关节轴运动速度的合成。

例如，假设机器人腰回转轴J1、下臂摆动轴J2的最大速度分别为250°/s、150°/s，如定义关节速度为80%，则J1、J2轴的实际速度将分别为200°/s、120°/s；当J1、J2轴同时进行定位运动时，机器人TCP的最大线速度为：

$$V_{tcp}=\sqrt{200^2+120^2}=233(°/s)$$

在部分机器人上（如ABB），关节速度也可用移动时间的方式定义，此时，各关节轴的移动距离除以移动时间所得的商就是关节速度。

2. TCP速度及定义

TCP速度用于机器人TCP的线速度控制，对于需要控制TCP运动轨迹的直线插补、圆弧插补等指令，都应定义TCP速度。在ABB等具有绝对定位功能的机器人上，关节插补指令的速度需要用TCP速度进行定义。

TCP速度是系统中所有参与插补的关节轴运动合成后的机器人TCP运动速度，它需要通过控制系统的多轴同时控制（联动）功能实现，TCP速度的基本单位一般为mm/s。在机器人移动指令上，TCP速度不但可用速度值的形式直接定义（如800mm/s等），而且，还可用移动时间的形式间接定义（如5s等）。利用移动时间定义TCP速度时，机器人TCP的空间移动距离（轨迹长度）除以移动时间所得的商，就是TCP速度。

机器人的TCP速度是多关节轴运动合成的速度，参与运动的各关节轴的实际关节速度需要通过TCP速度的逆向求解得到，由TCP速度求解得到的关节轴回转速度均不能超过关节轴的最大速度，否则控制系统将自动限制TCP速度，以保证TCP运动轨迹准确。

3. 工具定向速度

工具定向速度用于图3-2-6所示的、机器人工具方向调整运动的速度控制，运动速度的基本单位为（°）/s。

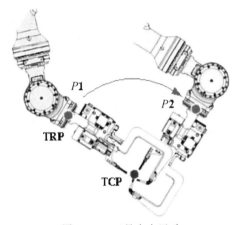

图3-2-6 工具定向运动

工具定向运动多用于机器人作业开始、作业结束或轨迹转换处。在这些作业部位，为了避免机器人运动过程可能出现的运动部件干涉，经常需要改变工具方向才能接近、离开工件或转换轨迹。在这种情况下，需要对作业工具进行TCP位置保持不变的工具方向调整运动，这样的运动称为工具定向运动。

工具定向运动一般需要通过机器人工具参考点TRP绕TCP的回转运动实现，因此，工具定向速度实际上用来定义机器人TRP的回转速度。

工具定向速度同样是系统中所有参与运动的关节轴运动合成后的机器人TRP回转速度，它也需要通过控制系统的多轴同时控制（联动）功能实现，由于工具定向是TRP绕TCP的回转运动，故其速度基本单位为（°）/s。由工具定向速度求解得到的各关节轴回转速度，同样不能超过关节轴的最大速度，否则，控制系统将自动限制工具定向速度，以保证TRP运动轨迹的准确。

机器人的工具定向速度同样可采用速度值或移动时间2种定义形式。利用移动时间定义工具定向速度时，机器人TRP的空间移动距离（轨迹长度）除以移动时间所得的商就是工具定向速度。

实践指导

一、RAPID程序点定义

ABB工业机器人采用的是RAPID编程语言。一般而言，RAPID编程语言属于目前工业机器人编程语言中功能最强大、指令最丰富、数据最齐全的编程语言之一，但其程序结构较为复杂、编程要求较高，因此，如学习者掌握了RAPID编程技术，再进行其他机器人的编程时就会非常容易。本书后述的内容中将以ABB机器人为载体进行讲解。

在RAPID程序中，机器人的移动目标位置可在程序中直接定义，故又称程序点。RAPID程序点可通过以下两种方式定义。

1. 关节位置定义

用关节轴绝对位置形式定义的 RAPID 程序点数据称为关节位置数据（jointtarget）。关节位置数据属于 RAPID 复合型数据（recode），不同的程序点数据可用数据名称区分。

定义关节位置数据 jointtarget 的指令格式如下，指令中的"：＝"为 RAPID 运算符，作用与"＝"号相同。

关节位置数据 jointtarget 由机器人本体关节位置（robax）和外部轴位置（extax）2 组数据复合而成，数据项的含义如下。

robax：机器人本体关节轴绝对位置数据（robjoint），标准编程软件允许一次性指定 6 个运动轴（J1～J6）的位置；回转关节轴的位置以绝对角度表示，单位为 deg；直线运动关节轴以绝对位置表示，单位为 mm。

extax：外部轴（基座轴、工装轴）绝对位置数据（extjoint），标准编程软件允许一次性指定 6 个外部轴（e1～e6）的位置；同样，外部回转关节轴的位置以绝对角度表示，单位为 deg；外部直线运动关节轴以绝对位置表示，单位为 mm；不使用外部轴，或外部轴少于 6 轴时，未使用的外部轴位置定义为"9E9"。

在 RAPID 程序中，绝对位置既可完整定义，也可只对其中的部分进行定义或修改，如仅定义数据名称，系统默认其值为 0。绝对位置的定义示例如下，程序指令中的 VAR 用来规定数据的属性，有关内容将在项目四介绍（下同）。

```
VAR jointtarget p0;                                  //定义程序点 p0,初始值为 0
p0:=[[0,0,0,0,0,0],[0,0,9E9,9E9,9E9,9E9]];           //完整定义程序点 p0
p0. robax:=[0,45,30,0,-30,0];                        //定义程序点 p0 的机器人本体位置
p0. extax:=[-500,-180,9E9,9E9,9E9,9E9];              //定义程序点 p0 的外部轴位置
......
```

2. TCP 位置定义

TCP 位置是以笛卡尔直角坐标系三维空间的位置值（x，y，z）描述的机器人工具控制点（TCP）位置，它不仅需要定义坐标值，而且还需要定义机器人姿态、工具姿态。用 TCP 位置形式定义的 RAPID 程序点数据称为机器人位置数据（robtarget），或直接称 TCP 位置数据。TCP 位置数据属于 RAPID 复合型数据（recode），不同的程序点数据同样可用数据名称区分。

定义 TCP 位置数据的指令格式如下。

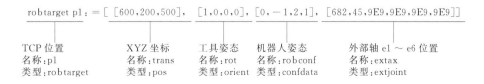

TCP 位置数据由空间位置（trans）、工具方位（rot）、机器人姿态（robconf）、外部轴位置（extax）4 组数据复合而成，数据项的含义如下。

trans：XYZ 位置数据（pos），机器人 TCP 在指定坐标系上的（x，y，z）值。

rot：工具姿态数据（orient），用四元数法表示的工具坐标系方向（见任务 1）。

robconf：机器人姿态数据（confdata），格式为 [cf1，cf4，cf6，cfx]；数据项 cf1、cf4、cf6 分别为机器人 J1、J4、J6 轴的区间号，设定值的定义见图 3-2-7 所示；cfx 为机器人的姿态号，设定范围为 0～7。

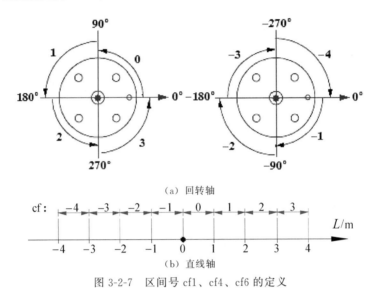

（a）回转轴

（b）直线轴

图 3-2-7　区间号 cf1、cf4、cf6 的定义

extax：外部轴（基座轴、工装轴）e1～e6 绝对位置数据（extjoint），定义方法与关节位置数据 jointtarget 相同。

在 RAPID 程序中，TCP 位置既可完整定义，也可只对其中的部分进行定义或修改，如仅定义数据名称，系统默认其值为 0。TCP 位置的定义示例如下。

```
VAR robtarget p1;                                    //定义程序点 P1,初始值为 0
p1:=[[0,0,0],[1,0,0,0],[0,1,0,0],[0,0,9E9,9E9,9E9,9E9]];
                                                     //完整定义程序点 P1
p1.pos:=[50,100,200];                                //定义程序点 P1 的 XYZ 值
p1.pos.Z:=200;                                       //仅定义程序点 P1 的 Z 值
……
```

二、RAPID 到位区间定义

1. 到位区间定义

在 RAPID 程序中，到位区间可通过区间数据（Zonedata）定义，在此基础上，还可通过添加项（\ Inpos）增加到位检测条件。区间数据属于 6 元数组，不同的定位区间可用数据名称区分。

定义到位区间数据的指令格式如下。

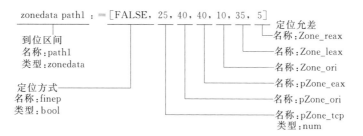

区间数据由 6 个不同格式的数据构成；数据项含义如下。

finep：定位方式，布尔型数据（bool）。"TRUE"为目标位置暂停，"FALSE"为机器人连续运动。

pZone_tcp：TCP 到位区间，十进制数值型数据（num），单位 mm。

pZone_ori：工具姿态到位区间，十进制数值型数据（num），单位 mm；设定值应大于等于 pZone_tcp，否则系统将自动取 pZone_ori＝pZone_tcp。

pZone_eax：外部轴定位到位区间，十进制数值型数据（num），单位 mm；设定值应大于等于 pZone_tcp，否则系统将自动取 pZone_eax＝pZone_tcp。

Zone_ori：工具定向到位区间，单位 deg。

Zone_leax：外部直线轴到位区间，单位 mm。

Zone_reax：外部回转轴到位区间，单位 deg。

为了确保机器人能够到达程序指令指定的轨迹，定位区间不能超过运动轨迹长度的1/2，否则系统将自动缩小到位区间。

在 RAPID 程序中，到位区间既可完整定义，也可对其某一部分进行单独修改或设定。到位区间的定义示例如下。

```
VAR Zonedata path1;                        //定义到位区间 path1,初始值为 0
path1:=[FALSE,25,35,40,10,35,5];           //完整定义到位区间 path1
Path1. pZone_tcp:＝30;                      //定义 path1 的 TCP 到位区间
Path1. pZone_ori:＝40;                      //定义 path1 的工具姿态到位区间
……
```

为便于用户编程，ABB 机器人出厂时已预定义了到位区间 Z0/1/5/10/15/20/30/40/50/60/80/100/150/200，其 pZone_tcp 的设定值分别为 0.3/1/5/10/15/20/30/40/50/60/80/100/150/200mm；pZone_ori、pZone_eax、Zone_leax 的设定值为 1.5（pZone_tcp）mm；Zone_ori、Zone_reax 的设定值为 0.15（pZone_tcp）deg；选择 Z0 为准确定位（fine）。

2. 到位检测定义

为了保证机器人能够准确到达目标位置，在 RAPID 程序中，机器人的目标位置可增加到位检测条件，机器人只有满足目标位置的检测条件，控制系统才启动下一指令的执行。到位检测条件需要以添加项＼Inpos 的形式添加在到位区间之后。

RAPID 程序的到位检测条件需要通过停止点数据（stoppointdata）定义，停止点数据是复合型数据，不同的停止点数据可用数据名称区分。定义停止点数据的指令格式如下。

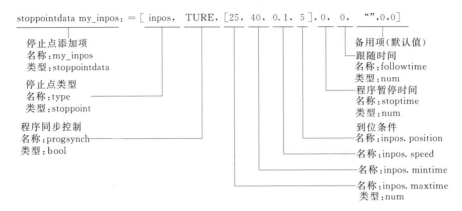

停止点数据由多个不同类型的数据构成，数据项含义如下。

type：定位方式，可用数值或文字形式定义，设定值如下。

0（fine）：准确定位，定位区间为Z0；

1（inpos）：到位停止，到位检测条件由数据项 inpos. position、inpos. speed、inpos. mintime、inpos. maxtime 设定；

2（stoptime）：程序暂停，暂停时间由数据项 stoptime 设定；

3（followtime）：跟随停止，仅用于协同作业同步控制，跟随时间由数据项 followtime 设定。

progsynch：程序暂停控制，布尔型数据。"TRUE"为到位检测，机器人只有满足到位检测条件，才能执行下一指令；"FALSE"为连续运动，机器人只要到达目标位置到位区间，便可执行后续指令。

inpos. position：到位检测区间，十进制数值型数据（num），设定到位区间 Z0（fine）的百分率。

inpos. speed：到位检测速度条件，十进制数值型数据（num），设定到位区间 Z0（fine）的移动速度百分率。

inpos. mintime：到位最短停顿时间，十进制数值型数据（num），单位 s。在设定的时间内，即使到位检测条件满足，也必须等到该时间到达才能执行后续指令。

inpos. maxtime：到位最长停顿时间，十进制数值型数据（num），单位 s。如果设定时间到达，即使检测条件未满足，也将启动后续指令。

stoptime：程序暂停时间，十进制数值型数据（num），单位 s。定位方式 stoptime 的目标位置暂停时间。

followtime：跟随时间，十进制数值型数据（num），单位 s。定位方式 followtime 的目标位置暂停时间。

signal、relation、checkvalue：数据项目前不使用，可直接设定为［""，0，0］。

在 RAPID 程序中，停止点数据既可完整定义，也可对其某一部分进行单独修改或设定。停止点数据的定义示例如下。

```
VAR stoppointdata path_inpos1;                    //定义停止点 path_inpos1,默认值 0
path_inpos1:=[inpos,TRUE,[25,40,1,3],0,0,"",0,0];
                                                  //完整定义停止点 path_inpos1
```

```
path_inpos1. inpos. position：＝40；        //定义停止点 path_inpos1 的数据项
path_inpos1. inpos. stoptime：＝3；         //定义停止点 path_inpos1 的数据项
……
```

为便于用户编程，ABB 机器人出厂时已预定义了部分到位停止点数据，其中，inpos20、inpos50、inpos100 为到位停止检测条件，其到位检测区间、到位检测速度分别为准确定位 Z0（fine）的 20％、50％、100％，到位最长停顿时间为 2s；stoptime0_5、stoptime1_0、stoptime1_5 为程序暂停条件，其目标位置暂停时间分别为 0.5、1、1.5s。

三、RAPID 移动速度定义

在 RAPID 程序中，机器人的移动速度可通过速度数据（speeddata）一次性定义，在程序中引用；也可以利用速度添加项，在指令中直接定义。利用速度数据一次性定义时，不同的速度数据可用数据名称区分。

1. 速度数据定义

RAPID 速度数据为 4 元十进制数值型数据（num），格式为 [v_tcp，v_ori，v_leax，v_reax]，数据项的含义如下。

v_tcp：TCP 速度定义，单位 mm/s；

v_ori：工具定向速度定义，单位 (°)/s；

v_leax：外部直线轴移动速度定义，单位 mm/s；

v_reax：外部回转轴回转速度定义，单位 (°)/s。

在 RAPID 程序中，速度数据既可完整定义，也可对其某一部分进行修改或设定。定义速度数据的指令格式如下。

```
VAR speeddata v_work；              //定义速度数据 v_work，初始值为 0
v_work：＝ [500，30，250，15]；      //完整定义速度数据
v_work. v_tcp：＝200；              //定义数据项 v_tcp
v_work. v_ori：＝12；               //定义数据项 v_ori
……
```

为便于用户编程，ABB 机器人出厂时控制系统已预定义了如下速度数据。

TCP 速度：v5/10/20/30/40/50/60/80/100/150/200/300/400/500/600/800/1000/1500/2000/2500/3000/4000/5000/6000/7000。利用系统预定义 TCP 速度指定机器人移动速度时，数据名 v5～v7000 中的数值就是 TCP 速度 v_tcp（mm/s）；工具定向速度 v_ori 统一为 500°/s；外部轴回转速度 v_reax 统一为 1000°/s；外部直线轴速度 v_leax 值统一为 5000mm/s。例如，移动指令的速度定义为 v100 时，机器人 TCP 速度为 100mm/s、工具定向速度为 500°/s、外部轴回转速度为 1000°/s、外部直线轴速度为 5000mm/s。

回转速度：vrot1/2/5/10/20/50/100。回转速度只能用于工具定向、外部回转轴的回转运动速度定义，其 TCP 速度 v_tcp、直线运动速度 v_leax 均为 0。数据名中的数值就是回转速度，例如，移动指令的速度定义为 vrot10 时，工具定向、外部回转轴的回转速度为 10°/s，TCP 速度、外部直线轴速度均为 0。

直线运动速度：vlin10/20/50/100/200/500/1000。直线运动速度一般只用于外部直线轴速度 v_leax 的定义，其 TCP 速度 v_tcp、工具定向回转速度 v_ori、外部轴回转速度 v_reax 均为 0。数据名中的数值就是直线运动速度 v_leax（mm/s），例如，移动指令的速度定义为 vlin100 时，外部轴直线运动速度为 100mm/s，TCP 速度、工具定向速度、外部回转轴速度均为 0。

2. 速度直接定义

RAPID 移动速度也可在指令上直接定义，直接定义的速度可通过附加在系统预定义速度后的添加项 \ V 或 \ T 指定，例如 v200 \ V：＝250、vrot10 \ T：＝6 等。但是，在同一移动指令中，不能同时使用添加项 \ V 和 \ T。

速度添加项 \ V 和 \ T 的含义与定义方法如下。

（1）添加项 \ V。直接定义 TCP 速度，单位 mm/s。添加项 \ V 可替代 v_tcp，直接设定机器人 TCP 的移动速度。例如，指令 v200 \ V：＝250，可直接定义机器人 TCP 移动速度为 250mm/s，此时，系统预定义速度 v200 中的数据项 v_tcp 速度（200mm/s）将成为无效。

添加项 \ V 只能定义 TCP 速度，以取代 RAPID 速度数据的数据项 v_tcp，它对工具定向、外部轴定位无效。

（2）添加项 \ T。移动时间定义，单位 s。添加项 \ T 可规定移动指令的执行时间，从而间接定义机器人移动速度。例如，v100 \ T：＝4，可定义机器人 TCP 从指令起点到目标位置的移动时间为 4s，此时，系统预定义速度 v100 中的 v_tcp 速度（100mm/s）将无效。

利用添加项 \ T 定义 TCP 速度时，机器人 TCP 的实际移动速度与移动距离（轨迹长度）有关。例如，对于速度 v100 \ T：＝4，如 TCP 移动距离为 500mm，则 TCP 速度为 125mm/s；如 TCP 移动距离为 200mm，则 TCP 速度为 50mm/s 等。

RAPID 添加项 \ T 可用来定义 TCP 速度、工具定向速度，以及外部轴回转、直线运动速度（关节速度）。例如，利用 vrot10 \ T：＝6，可定义工具定向或外部轴回转的时间为 6s，此时，系统预定义速度 vrot10 中的 v_reax 速度（10°/s）将无效；而利用 vlin100 \ T：＝6，可定义外部轴直线运动的时间为 6s，此时，系统预定义速度 vlin100 中的 v_leax 速度（100mm/s）将无效等。

利用添加项 \ T 定义工具定向、外部轴回转、外部轴直线运动速度时，机器人 TRP 或外部轴的实际移动速度同样与移动距离（回转角度、直线轴行程）有关。例如，对于速度 vrot10 \ T：＝6，如外部轴回转角度为 90°，则其关节回转速度为 15°/s 等。

拓展提高

RAPID 工具、工件数据定义

当机器人用于多工具、多工件、复杂作业时，为了使作业程序能适应不同工具、工件的需要，在更换工具、改变工件位置后，仍能利用同样的程序完成相同的作业，就需要定义工具坐标系、工件坐标系等数据。

在 RAPID 程序中，工具数据（tooldata）是用来全面描述作业工具特性的程序数据，它不仅包括了工具坐标系（TCP 位置、姿态）数据，而且还可定义工具安装方式、工具质量和重心等参数。RAPID 工件数据（wobjdata）是用来描述工件安装特性的程序数据，它可用来定义工件安装方式、用户坐标系、工件坐标系等参数。工具、工件数据的定义方法如下。

1. 工具数据及定义

工具数据定义指令的格式如下。

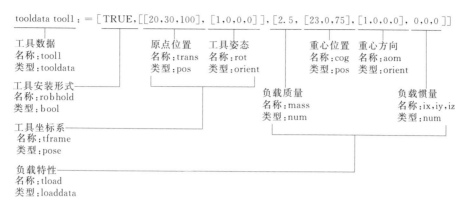

RAPID 工具数据是由多种格式数据复合而成的多元数组，不同的工具数据可用数据名称区分。工具数据的数据项的含义如下。

（1）工具安装形式 robhold，布尔型数据（bool）。机器人的工具安装有图 3-2-8 所示的两种形式，设定"TURE"，为图 3-2-8（a）所示的工具移动、工件固定作业；设定"FALSE"，为图 3-2-8（b）所示的工具固定、工件移动作业。

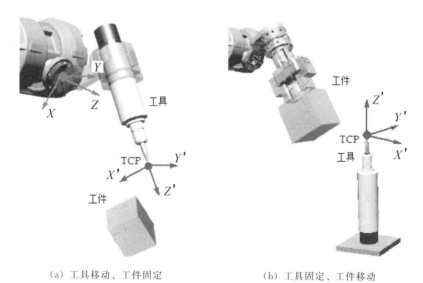

（a）工具移动、工件固定　　　　　（b）工具固定、工件移动

图 3-2-8　工具、工件安装形式

（2）工具坐标系 tframe，姿态型数据（pose）。由工具坐标系原点位置数据 trans、坐标系方位数据 rot 复合而成。其中 trans 以 $[x，y，z]$ 坐标值表示，rot 以 $[q_1，q_2，q_3，q_4]$ 四元数表示。

工具安装形式不同时，工具坐标系的定义基准有所区别，在图 3-2-8（a）所示的机器人工具移动的场合，工具坐标系的定义基准为机器人手腕基准坐标系；对于图 3-2-8（b）所示的工具固定的场合，工具坐标系的定义基准为大地（或基座）坐标系。

（3）负载特性 tload，负载型数据（loaddata）。如图 3-2-9 所示，用来定义安装在机器人手腕上的负载（工具或工件）质量、重心和惯量，它由如下数据复合而成。

mass：负载质量，十进制数值型数据（num）。用来定义负载（工具或工件）质量，单位为 kg。

cog：重心位置，位置型数据（pos）。用来定义负载（工具或工件）重心在手腕基准坐标系上的坐标值（x，y，z）。

aom：重心方向，坐标轴方向数据（orient）。以手腕基准坐标系为基准，用 $[q_1, q_2, q_3, q_4]$ 四元数表示的负载重心方向。

i_x、i_y、i_z：转动惯量，十进制数值型数据（num）。i_x、i_y、i_z 依次为负载在手腕基准坐标系 X、Y、Z 方向的负载转动惯量，单位 $\text{kg} \cdot \text{m}^2$。如定义 $i_x = 0$、$i_y = 0$、$i_z = 0$，控制系统将视负载为质点。

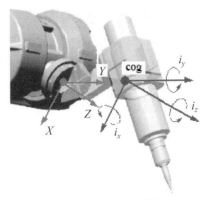

图 3-2-9　负载特性数据

在 RAPID 程序中，负载特性数据 tload 也可通过移动指令添加项 \ Tload 直接定义，添加项 \ TLoad 一旦指定，工具数据 tooldata 中所定义的负载特性数据项 tload 将无效。

在 RAPID 程序中，工具数据既可完整定义，也可对其某一部分进行修改或设定。定义工具数据的指令格式如下，程序指令中的 PERS 用来规定数据的属性，有关内容将在项目四介绍（下同）。

```
PERS tooldata tool1；                                    //定义工具数据,初值为tool0
tool1：＝[TRUE,[[97.4,0,223.1],[0.966,0,0.259,0]],[5,[23,0,75],[1,0,0,0],0,
0,0]]；                                                        //工具数据完整定义
tool1. tframe. trans：＝[100,0,220]；            //仅定义 tool1 的工具坐标系原点
tool1. tframe. trans. Z：＝300；                     //仅定义 tool1 的工具坐标系原点 Z 坐标
……
```

由于工具数据的计算较为复杂，为了便于用户编程，ABB 机器人可直接使用工具数据自动测定指令，由控制系统自动测试并设定工具数据。

2. 工件数据及定义

工件数据（wobjdata）是用来描述工件安装特性的程序数据，可用来定义工件安装方式、用户坐标系、工件坐标系等参数。工件数据定义指令格式如下：

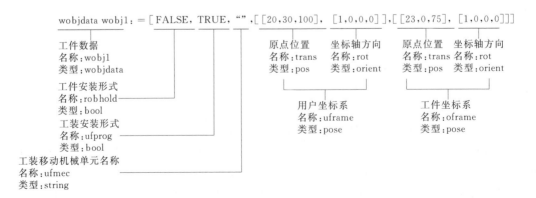

RAPID 工件数据是由多种格式数据复合而成的多元数组，不同的工件数据可用数据名

称区分。工件数据的数据项的含义如下。

（1）工件安装形式 robhold。布尔型数据（bool），设定值"TURE""FALSE"，分别代表工件移动、工件固定。

机器人的工件安装有图 3-2-8 所示的 2 种形式，对于前述图 3-2-8（a）所示的工具移动、工件固定作业，工件安装形式数据 robhold 定义为"FALSE"；对于图 3-2-8（b）所示的工具固定、工件移动作业，工件安装形式数据 robhold 定义为"TURE"。

（2）工装安装形式 ufprog。布尔型数据（bool），设定值"TURE""FALSE"，分别代表工装固定、工装移动。工装移动仅用于带工件变位器的协同作业系统（MultiMove）。在工装移动（ufprog 定义为"FALSE"）的系统上，还需要在数据项 ufmec 上定义用于工装移动的机械单元名称。

（3）工装移动机械单元名称 ufmec。文本（字符串）型数据（string），定义工装移动系统的工装移动机械单元名称。RAPID 文本（字符串）型数据（string）需要加双引号标识；在工装固定的作业系统上，也将保留双引号。

（4）用户坐标系 uframe。姿态型数据（pose），由原点位置数据 trans、坐标系方位数据 rot 复合而成，其中 trans 以 $[x，y，z]$ 坐标值表示，rot 以 $[q_1，q_2，q_3，q_4]$ 四元数表示。

用户坐标系的设定基准与工件安装形式有关。对于工件固定、机器人移动工具作业（工件安装形式 robhold 设定为 FALSE），用户坐标系以大地（或基座）坐标系为基准设定；对于工具固定、机器人移动工件作业（工件安装形式 robhold 设定为 TURE），用户坐标系需要以手腕基准坐标系为基准设定。

（5）工件坐标系 oframe。姿态型数据（pose），由原点位置数据 trans、坐标系方位数据 rot 复合而成。工件坐标系需要以用户坐标系为基准定义。对于单工件固定作业，系统默认用户坐标系、工件坐标系重合，无需另行设定工件坐标系。

在 RAPID 程序中，工件数据既可完整定义，也可对其某一部分进行修改或设定。定义工件数据的指令格式如下。

```
PERS wobjdata wobj1;                    //定义工件数据,初始值 wobj0
wobj1:=[FALSE,TRUE,"",[[0,0,200],[1,0,0,0]],[[100,200,0],[1,0,0,0]]];
                                        //工件数据完整定义
Wobj1.uframe.trans:=[100,0,200];        //仅定义 wobj1 的用户坐标系原点
Wobj1.uframe.trans.Z:=300;              //仅定义 wobj1 用户坐标系原点的 Z 位置
Wobj1.oframe.trans:=[100,200,0];        //仅定义 wobj1 的工件坐标系原点
Wobj1.oframe.trans.Z:=300;              //仅定义 wobj1 工件坐标系原点的 Z 位置
……
```

技能训练

一、结合本任务的学习，完成以下多项选择题。

1. 以下对工业机器人移动目标位置理解正确的是（　　　）。

A. 移动指令起点　　B. 移动指令终点　　C. 只能是关节位置　D. 只能是 TCP 坐标值

2. 以下对工业机器人到位区间理解正确的是（　　　）。

A. 就是工业机器人的定位精度

B. 定位区间越小，机器人定位精度越高

C. 只是指令执行完成的判别依据

D. 定位区间越小，程序执行速度越快

3. 以下对工业机器人移动速度理解正确的是（　　　）。

A. 是关节回转速度　B. 是 TCP 运动速度　C. 是外部轴速度　　　D. A、B、C 都可能

4. 以下对工业机器人绝对位置理解正确的是（　　　）。

A. 通过脉冲计数得到　　　　　　　　B. 只能用角度表示

C. 是唯一的位置　　　　　　　　　　D. 可以断电保持

5. 以下对工业机器人 TCP 位置理解正确的是（　　　）。

A. 与坐标系有关　　B. 只能用 XYZ 表示C. 是唯一的位置　　D. 可以断电保持

6. 以下对工业机器人到位区间的定义方式理解正确的是（　　　）。

A. 只能以半径的形式定义　　　　　　B. 只能以拐角减速的方式定义

C. 只能以到位检测的形式定义　　　　D. A、B、C 都可能

7. 为了确保工业机器能够在目标点准确定位，应采用的方法是（　　　）。

A. 缩小到位区间值　　　　　　　　　B. 定义到位区间为 0

C. 添加到位检测项　　　　　　　　　D. 增加暂停指令

8. 以下对工业机器"关节速度"理解正确的是（　　　）。

A. 只能是回转速度　B. 只能是直线速度　C. A、B 都可能　　　D. 通常用倍率定义

9. 以下对工业机器"TCP 速度"理解正确的是（　　　）。

A. 是线速度　　　　　　　　　　　　B. 可用移动时间指定

C. 可能被系统限制　　　　　　　　　D. 用倍率指定

10. 以下对工业机器"工具定向速度"理解正确的是（　　　）。

A. 是 TCP 速度　　　B. 是 TRP 速度　　　C. 是回转速度　　　D. 是线速度

二、结合本任务的学习，按以下要求写出对应的 RAPID 程序数据。

1. 8 轴机器人系统中，假设 P1 点的机器人本体轴 J1~J6 绝对位置为（0，0，45，0，-90，0）、机器人变位器位器 e1 轴绝对位置为 500mm、工件变位器位器 e2 轴绝对位置为 180°，写出该点的关节位置数据 jointtarget。

2. 6 轴机器人系统中，假设 P1 点的机器人 TCP 位置为（800，0，100）、J1、J4、J6 轴均为 0°，机器人未安装工具，写出该点的 TCP 位置数据 robtarget。

3. 假设机器人到位区间 Zone_work 的要求为连续运动、TCP 到位区间半径 15mm、工具姿态及定向到位区间半径 25mm、外部直线轴到位区间为 30mm、外部回转轴到位区间为 5°，写出该到位区间数据 Zonedata。

4. 假设机器人运动速度 v_work 的要求为 TCP 速度 350mm/s、工具定向速度为 25°/s、外部直线轴速度为 100mm/s、外部回转轴到位区间为 5°/s，写出该速度数据 speeddata。

任务 3　控制机器人运动

知识目标

① 熟悉机器人手动操作的基本概念。

② 掌握关节轴手动操作、笛卡尔坐标系手动操作的基本方法。

③ 熟悉机器人绝对定位、关节插补、直线插补、圆弧插补的基本概念。

④ 掌握 ABB 机器人手动操作基本参数的设定方法。

能力目标

① 能完成 ABB 机器人手动操作基本参数的设定。

② 能进行 ABB 机器人的手动操作。

③ 能编制 RAPID 绝对定位、关节插补、直线插补、圆弧插补指令。

基础学习

一、机器人手动操作

多关节机器人的手动操作与示教器操作面板设计、坐标系选择等因素有关。

目前，机器人示教器常用的操作面板主要有按键式和触摸屏两类。按键式操作面板的机器人手动操作可直接用按键进行；触摸屏面板的操作需要通过触摸图标、选择页面等操作完成。

机器人坐标系总体有关节坐标系、笛卡尔直角坐标系两大类。选择关节坐标系时，可控制机器人的关节轴进行独立的回转（或直线）运动；选择笛卡尔直角坐标系时，可控制机器人的 TCP 进行空间直线运动，这一运动需要多个关节轴的联动实现。

1. 操作按键

采用按键式操作面板的示教器，操作者可通过操作对应的按键直接控制机器人进行相应的运动。在采用触摸屏操作面板的机器人上，其手动操作需要通过触摸图标、选择页面等方法完成，其他的操作步骤并无区别，有关内容可参见实践指导部分。

一般而言，工业机器人的手动操作有手动连续进给（通常称点动）和增量进给（通常称微动）2 类，其运动轴和方向可通过操作面板的轴方向键选择。工业机器人手动连续进给时，只要按住对应轴的方向键，指定的运动轴便可进行指定方向的连续运动；松开方向键，机器人运动即停止；点动进给速度通常可选择高、中、低 3 挡。工业机器人增量进给时，每按一次轴方向键，便可使指定轴在指定方向上移动指定增量距离；位置到达后轴即停止运动。

例如，采用按键式操作面板的安川机器人，其手动操作键的布置如图 3-3-1 所示，操作键分为机器人定位、速度调节、工具定向 3 个区域。

操作面板左侧的 6 个方向键用于机器人手动定位操作；左下方的【E－】、【E＋】键可用于 7 轴机器人的下臂回转轴 E 点动或者 6 轴机器人的第一外部轴（基座轴或工装轴）的点动。

操作面板右侧的 6 个方向键用于工具手动定向操作；右下方的【8－】、【8＋】键用于 6 轴机器人的第二外部轴（基座轴或工装轴）的点动或者 7 轴机器人的第一外部轴（基座轴或工装轴）的点动。

操作面板中间的【高速】、【高】、【低】键用于手动进给速度、手动进给方式的选择。重复按速度调节键【高】，可进行"微动（增量进给）"→"低速点动"→"中速点动"→"高速点动"的转换；重复按速度调节键【低】，则反之。点动进给各级的移动速度、快速进给及增量进给距离等均可通过系统参数予以设定。

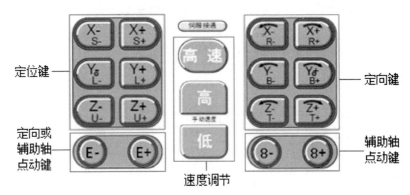

图 3-3-1　安川机器人的手动操作键布置

2. 关节轴手动

当选择关节坐标系进行手动操作时，操作者可对机器人的所有关节轴进行直观的操作，而无需考虑机器人定位、工具定向运动。

安川机器人本体的关节轴及方向规定如图 3-3-2 所示，手动操作的基本步骤如下。

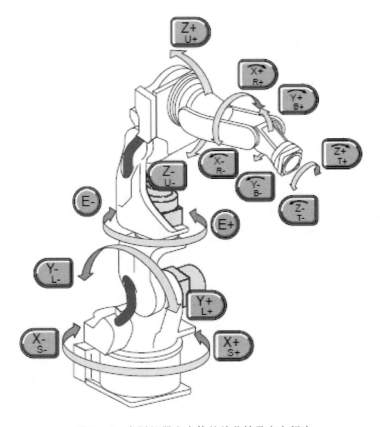

图 3-3-2　安川机器人本体的关节轴及方向规定

（1）将控制系统的操作模式选择为手动或示教（TEACH）。

（2）通过控制轴组选择操作，选定需要运动的控制轴组。

（3）通过坐标系选择操作，选定关节坐标系。

（4）按速度调节键【高】或【低】，选定点动进给方式（连续或增量）或速度。

（5）启动伺服驱动器。

（6）按对应的轴方向键，所选的坐标轴即可进行指定方向的运动；如同时按多个方向键，所选轴可同时运动。点动运动期间，可随时通过速度调节键改变点动进给速度和进给方式，或直接选择【高速】键使关节轴以最快速度移动。

在配置有变位器（外部轴）的工业机器人系统上，外部轴同样可通过关节坐标系进行手动操作，其操作方法与机器人本体基本相同。外部轴可在选定控制轴组（基座轴、工装轴）后，通过相关操作面板的轴方向键进行，此时操作面板上的机器人定位、工具定向用的轴方向键将被用于外部轴的控制。

例如，在图 3-3-3 所示配置 3 个基座轴、2 个工装轴的机器人系统上，如控制轴组选择"基座轴组"，第 1、2、3 轴的机器人定位方向键【＋X】~【－Z】便可分别用于第 1、2、3 基座轴的手动操作；如控制轴组选择"工装轴组"，第 1、2 轴的机器人定位方向键【＋X】~【－Y】便可分别用于第 1、2 工装轴的手动操作。

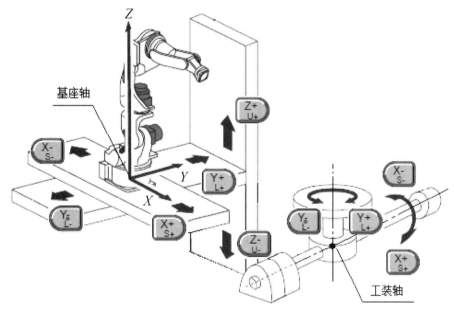

图 3-3-3　配置 3 个基座轴、2 个工装轴的机器人系统

3. 笛卡尔坐标系手动

手动操作也可控制机器人 TCP 在基座、工具、用户或工件等笛卡尔直角坐标系上进行连续或增量运动。机器人 TCP 的运动需要多个关节轴的联动实现，TCP 运动与所选择的坐标系有关。笛卡尔直角坐标系的手动操作基本步骤如下。

（1）将控制系统的操作模式选择为手动或示教（TEACH）。

（2）通过控制轴组选择操作，选定机器人轴组。

（3）利用坐标系选择操作，选定笛卡尔直角坐标系（基座、工具、用户或工件等）。

（4）按速度调节键【高】或【低】，选定点动进给方式（连续或增量）或速度。

（5）启动伺服驱动器。

（6）按对应的方向键，机器人 TCP 便可在选定的坐标系上进行指定轴、指定方向的运动；同时按多个方向键，机器人 TCP 可进行多轴同时运动。点动运动期间，可通过速度调节键改变点动进给方式和进给速度，或通过【高速】键使 TCP 点以最快速度移动。

以安川机器人为例，机器人在常用的基座、工具、用户或工件坐标系上进行手动操作的方向键及动作分别如下，在其他笛卡尔坐标系的运动类似。

（1）基座坐标系。选择基座（大地）坐标系进行手动操作时，操作面板的轴方向键【＋X】～【－Z】与基座坐标系的 X、Y、Z 轴一一对应，轴方向键和机器人 TCP 运动的对应关系见图 3-3-4。

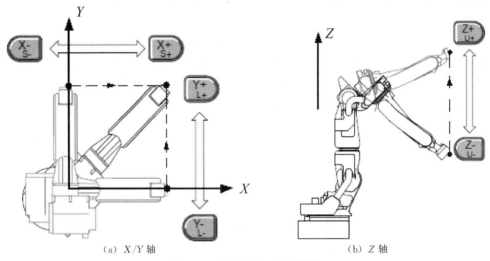

（a）X/Y 轴　　　　　　（b）Z 轴

图 3-3-4　基座坐标系手动操作

（2）工具坐标系。选择工具坐标系进行手动操作时，操作面板的轴方向键【＋X】～【－Z】与工具坐标系的 X、Y、Z 轴一一对应，轴方向键和机器人 TCP 运动的对应关系见图 3-3-5。

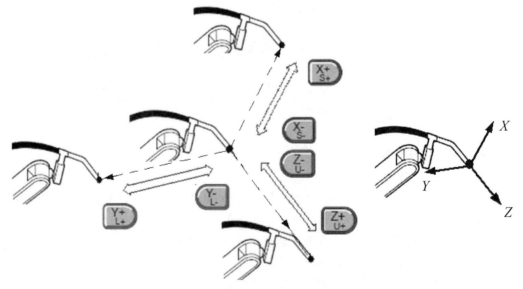

图 3-3-5　工具坐标系手动操作

（3）用户坐标系。选择用户或工件坐标系进行手动操作时，操作面板的轴方向键【＋X】～【－Z】与用户或工件坐标系的 X、Y、Z 轴一一对应，轴方向键和机器人 TCP 运动的对应关系如图 3-3-6 所示。

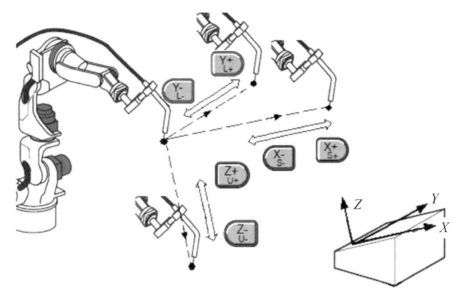

图 3-3-6　用户或工件坐标系手动操作

二、机器人自动运动

利用控制系统的程序自动运行功能，机器人可以进行定位、直线移动、圆弧移动等多种运动。机器人的自动运动需要通过程序指令进行控制，程序的编制要求、指令的格式在不同机器人上有所不同，本任务对机器人自动运动方式、轨迹、速度等通用、基础内容进行介绍，有关 ABB 机器人程序编制的更多内容，将在项目四进行具体介绍。

1. 绝对定位运动

绝对定位运动是直接使机器人、外部轴（基座、工装）运动到指定的目标位置上并完成定位的运动，其目标位置需要以关节轴绝对位置的形式指定。关节轴绝对位置是以各关节轴原点为基准的唯一位置，它不受直角坐标系、姿态等因素的影响，也无需考虑奇点。

部分机器人不具备绝对定位功能，这样的机器人定位需要通过关节插补运动实现。在具有绝对定位功能的机器人上，机器人本体关节轴与外部轴（基座、工装）的绝对定位通常需要使用不同的定位指令。

（1）机器人绝对定位。机器人本体的绝对定位是以当前位置作为起点、以目标位置为终点的"点到点"运动，它不分机器人本体定位、工具定向运动，也不控制机器人 TCP 的运动轨迹，但本体所有需要运动的关节轴均可同时启动、同时到达终点。

机器人本体绝对定位的速度，虽然也以 TCP 速度的形式指定，但实际上各轴都以各自的速度独立运动，因此，TCP 移动速度只能大致与指令速度一致。

（2）外部轴绝对定位。外部轴绝对定位用于机器人变位器（基座轴）、工件变位器（工装轴）的绝对位置定位，它同样是以外部轴当前位置作为起点、以目标位置为终点的"点到点"运动，不控制机器人 TCP 的运动轨迹。

机器人进行外部轴绝对定位时，其定位运动速度需要根据外部轴的情况，以回转速度（如 vrot10）、直线运动速度（如 vlin100）的形式指定，机器人 TCP 和基座之间实际上无相对运动，因此无需指定工具、工件数据。

2. 关节插补运动

机器人的关节插补运动如图 3-3-7 所示。关节插补是以机器人 TCP 当前位置 $P1$ 作为起点、以目标位置 $P2$ 为终点的关节轴同步运动，参与插补的全部关节轴需要同时启动、同时到达终点。机器人 TCP 的运动轨迹为各关节轴运动合成的非线性曲线。

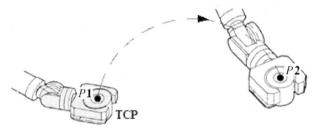

图 3-3-7　关节插补运动

一般而言，在具有绝对定位功能的机器人上，关节插补需要对所有参与运动的关节轴进行严格的同步控制。这种关节插补的目标位置需要以 TCP 位置的形式指定，运动速度需要以 TCP 速度的形式指定，机器人的 TCP 移动速度与指令速度完全一致。这就是说，如果由于某种原因某一关节轴的运动瞬间变慢，其他关节轴也将立即降低速度，保持运动同步，这也是关节插补与绝对定位的区别。

在不具备绝对定位功能的机器人上，关节插补有时只是关节轴的定位运动，其运动速度以关节最大速度倍率的形式指定。为保证所有轴同时到达终点，执行关节插补指令时，移动时间最长的轴可按实际编程的速度移动，其他轴将按比例降低移动速度。这样的关节插补实际上与绝对定位无太大区别。

3. 直线插补运动

机器人的直线插补运动一般包括图 3-3-8 所示的 TCP 直线运动和工具定向 2 种。

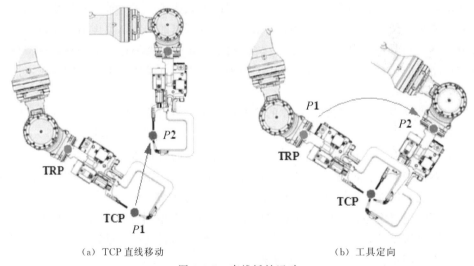

（a）TCP 直线移动　　　　　　　　　　（b）工具定向

图 3-3-8　直线插补运动

TCP 直线运动是以机器人 TCP 当前位置作为起点，以指令指定的目标位置为终点的直线运动，控制系统需要对所有参与运动的关节轴进行严格的同步控制。直线插补的目标位置都以 TCP 位置的形式指定，运动速度都以 TCP 速度的形式指定，机器人的 TCP 移动速度与指令速度完全一致。

工具定向的直线插补运动实际上属于回转运动，机器人进行的是 TCP 位置保持不变的工具参考点 TRP 绕 TCP 的回转运动。因此，用于工具定向的直线插补运动速度需要以回转速度（如 vrot10）的形式指定。

4. 圆弧插补运动

机器人的圆弧插补运动是机器人 TCP 按指定的移动速度沿指定的圆弧，从当前位置移动到目标位置的运动。机器人的圆弧运动通常以当前位置（起点 $P1$）、中间点（$P2$）、目标位置（$P3$）3 点定义圆弧，机器人 TCP 的运动轨迹为图 3-3-9 中的经过 3 个程序点 $P1$、$P2$、$P3$ 的部分圆弧。机器人 TCP 进行圆弧运动的同时，工具的姿态也将由起点 $P1$ 经中间点 $P2$ 逐渐变化至终点 $P3$。

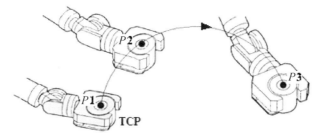

图 3-3-9　圆弧插补运动

圆弧插补的中间点、目标位置均需要以 TCP 位置的形式指定，运动速度也需要以 TCP 速度的形式指定，机器人运动时的 TCP 线速度与指令速度完全一致。

从理论上说，圆弧插补的中间点 $P2$ 可以是位于圆弧起点和终点间的任意一点，但是，为了获得正确的轨迹，作为一般要求，中间点选取需要注意图 3-3-10 所示的要求。

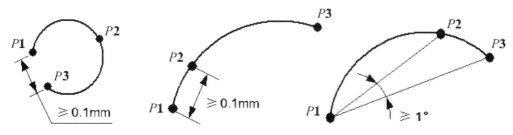

图 3-3-10　圆弧插补点的选择要求

（1）为了保证圆弧的准确，中间点应尽可能选择在圆弧的中间位置。

（2）起点 $P1$、中间点 $P2$、终点 $P3$ 间应有足够的间距，这一距离一般不能小于 0.1mm。

（3）应保证连接起点 $P1$ 和中间点 $P2$、连接起点 $P1$ 和终点 $P3$ 的两条连线夹角大于 1°。

（4）不能通过终点和起点重合的圆弧插补来实现 360° 全圆运动；全圆插补运动必须通过两条或两条以上的圆弧插补指令分段实现。

实践指导

一、ABB 机器人手动操作

ABB 机器人的示教器操作面板为触摸屏，机器人的手动操作、程序编辑、自动运行都需要通过触摸图标进行，机器人的手动操作基本步骤如下。

1. 操作模式选择

机器人的手动操作需要在手动操作模式下进行。ABB 机器人的操作模式选择开关设置在图 3-3-11 所示的机器人控制柜面板上，面板上的开关、按钮功能如下。

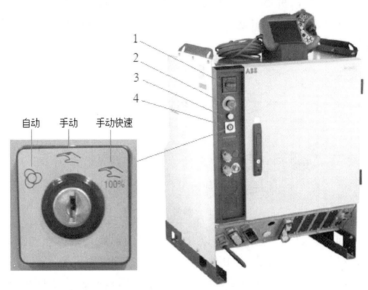

图 3-3-11　ABB 机器人控制柜面板
1—电源总开关；2—急停按钮；3—伺服启动按钮；4—操作模式选择开关

① 电源总开关：总开关，接通/断开控制系统总电源。

② 急停按钮：自锁按钮，按下时控制系统紧急停止，系统所有运动部件快速制动。急停按钮一旦按下，便可保持断开状态，它需要通过旋转、拉出等操作复位。

③ 伺服启动按钮：带灯按钮，按下时接通伺服驱动器主电源，开放逆变功率管，伺服电机电枢通电。伺服启动按钮带有指示灯，驱动器主电源接通后，指示灯亮。

④ 操作模式选择开关：3 位带钥匙旋钮，可根据需要选择自动、手动、手动快速 3 种基本操作模式。自动模式用于机器人的程序自动运行（再现）；手动模式为正常的机器人手动操作模式，机器人的运动速度一般不超过 250mm/s；手动快速用于机器人的高速手动运动，各关节轴将以最大速度运动。

手动快速模式是一种存在一定危险的操作，它必须在确保人身、设备安全的前提下，由专业操作人员进行，普通操作者原则上不应选择这一操作模式。因此，机器人的手动操作原则上应选择正常的手动操作模式。

机器人手动操作时，需要接通电源总开关、复位急停按钮、启动伺服驱动器，并将操作模式开关置于正常手动位置，然后利用示教器的操作选择机械单元（控制轴组）、坐标系、运动轴及方向等，手动控制机器人运动。

2. 示教器操作

ABB 机器人的示教器如图 3-3-12 所示，示教器触摸屏主要功能区以及辅助操作按键、开关的功能如下。

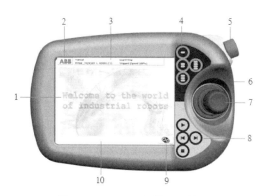

图 3-3-12　ABB 机器人示教器

1—主屏；2—主菜单；3—状态栏；4—用户定义键；5—急停按钮；6—伺服 ON 开关（背面）；
7—手动操作杆；8—自动运行控制键；9—快速设置；10—任务栏

① 主屏：系统主要显示/操作区。用于操作菜单、程序、数据、图标的显示，进行程序编辑、数据输入、功能选择等操作。

② 主菜单：控制系统主菜单显示。可选择示教器的显示/操作功能。

③ 状态栏：状态显示行。可显示当前的操作模式、控制系统版本、生效的机械单元（控制轴组）、程序运行状态等基本信息。

④ 用户定义键：按键。用户定义的快捷操作键。

⑤ 急停按钮：作用与控制柜操作面板急停按钮完全一致，按下时控制系统紧急停止，系统所有运动部件快速制动。急停按钮一旦按下便可保持断开状态，它需要通过旋转、拉出等操作复位。

⑥ 伺服 ON 开关：手握开关。安装在示教器背面。出于安全的考虑，机器人手动操作时，必须用手握住示教器的伺服 ON 开关，驱动关节轴的伺服电机才能正/反转。

⑦ 手动操作杆：多方位操作杆。用于机器人手动操作时的坐标轴、运动方向控制。

⑧ 自动运行控制键：用于程序自动运行启动/暂停、程序前进/后退控制。

⑨ 快速设置：系统常用参数设定。用于控制系统的机械单元（控制轴组）、手动操作坐标系与运动轴、运动模式（关节轴运动、TCP 运动、工具定向运动）、工具及工件数据、增量进给距离与速度、程序运行方式、关节轴运动速度等控制系统常用基本参数的设定。

⑩ 任务栏：控制系统当前执行的操作显示、触摸屏功能切换等。

机器人手动操作时，首先需要操作主菜单触摸键，使主屏显示图 3-3-13 所示操作系统主菜单（触摸键）。需要说明的是：由于软件版本、显示语言、页面选择方法等方面的区别，示教器的显示页在不同产品上可能稍有区别。

HotEdit：热编辑。用于程序点的直接修改，操作对运行中的程序同样有效。

Inputs and Outputs：输入/输出。控制系统输入/输出信号（DI/DO、AI/AO、安全信号）的定义、设定等。

图 3-3-13　操作系统主菜单

Jogging：手动操作。手动控制机器人运动。

Production Window：自动运行窗口（亦称生产窗口）。可显示与加载自动运行程序。

Program Editor：程序编辑器。进行程序输入、编辑操作。

Program Data：程序数据。进行程序点、工具数据、用户数据等程序数据的输入与修改操作。

Backup and Restore：备份与恢复。保存或恢复系统数据。

Calibration：校准。校准机器人系统的关节轴零点，更新绝对位置计数器。

Control Panel：控制面板。进行显示器外观、系统监控、常用 I/O 信号、显示语言、日期与时间、系统诊断与配置等系统参数的设定，进行触摸屏校准。

Event Log：系统履历（事件日志）。显示系统自动记录的操作、故障信息。

Flex Pendant Explorer：资源管理器。用于系统及用户文件的改名、删除、移动、复制等文件管理操作。

System Info：系统信息。显示操作系统、网络连接、控制模块、驱动模块等控制系统软硬件配置信息。

Log Off：注销。输入操作密码，进行用户登录或注销操作。

Restart：重新启动。重新启动控制系统。

在主菜单上选择手动操作触摸键"Jogging"，便可进入手动操作模式，并利用操作杆控制机器人的运动。

3. 手动操作设定

在主菜单上选择手动操作触摸键"Jogging"，控制系统进入手动操作模式，并显示图 3-3-14 所示手动操作设定菜单。

机械单元（Mechanical unit）：控制轴组（机械单元）选择。选择手动操作控制轴组（机械单元），可根据系统配置和操作要求，选择 ROB_1（机器人 1）、ROB_2（机器人 2）等控制轴组。

绝对精度（Absolute accuracy）：系统绝对精度设定状态显示。显示控制系统当前的绝

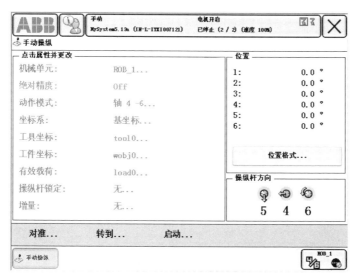

图 3-3-14　手动操作设定菜单

对精度显示功能设定状态（ON 或 OFF）。

动作模式（Motion mode）：手动操作的运动模式选择。可根据手动操作要求，选择关节轴运动、TCP 运动（线性）或工具定向（定向）运动。

坐标系（Coordinate system）：手动操作坐标系选择。选择笛卡尔坐标系手动时，可根据需要选择基座、工具、工件及大地、用户等坐标系。

工具坐标（Tool）：工具数据设定与选择。如果机器人安装有工具，该设定项用来选择手动操作时的工具数据 tooldata，包括工具安装方式、TCP 点位置、工具坐标系方向、工具质量与重心、惯量等参数（参见任务 2 拓展提高部分）。

工件坐标（Work object）：工件数据设定与选择。如果手动操作坐标系选择用户或工件坐标系，该设定项用来选择手动操作时的工件数据 wobjdata，包括工件安装方式、工件及用户坐标系的原点位置与坐标系方向等参数（参见任务 2 拓展提高部分）。

有效载荷（Payload）：实际负载参数设定与选择。如果机器人安装有工具或工件，该设定项用来选择手动操作时的工具或工件的质量与重心、惯量等负载数据；实际负载参数优先于工具、工件数据中的负载数据。

操纵杆锁定（Joystick lock）：操作杆锁定。禁止操作杆在某一方向的操作。

增量（Increment）：选择手动增量进给操作及增量进给距离。

ABB 机器人的手动操作包括关节轴（关节坐标系）点动、笛卡尔坐标系机器人 TCP 点动及工具定向，其操作步骤分别在下面介绍。

4. 关节轴点动

ABB 机器人的关节轴点动操作步骤如下。

① 检查机器人及变位器等运动部件处于安全、可自由运动的位置。

② 在图 3-3-13 所示的主菜单中，选择手动操作 Jogging。

③ 在图 3-3-14 所示的手动操作设定菜单中选择机械单元；然后在显示的图标中选定需要手动操作的机械单元。

④ 在图 3-3-14 所示的手动操作设定菜单中，选择动作模式（Motion mode），示教器显

示图 3-3-15 所示的运动模式选择页面。

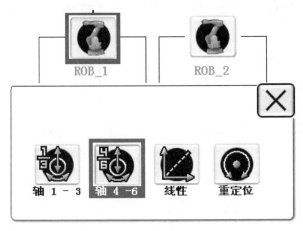

图 3-3-15　运动模式选择页面

⑤ 根据操作需要，选择图 3-3-15 中的【轴 1-3】或【轴 4-6】图标，选定 J1～J3 或 J4～J6 关节轴点动操作。

⑥ 如需要进行关节轴手动增量进给操作，在手动操作设定菜单中选择增量进给操作（Increment），示教器显示图 3-3-16 所示的增量进给距离选择页面。

图 3-3-16　增量进给距离选择页面

⑦ 根据需要，选择【无】、【小】、【中】、【大】、【用户】图标，设定增量距离。其中【无】为增量进给无效；【用户】为用户模块中自定义的增量距离设定值；【小】、【中】、【大】的增量进给距离依次为 0.005°、0.02°、0.2°。

⑧ 握住示教器伺服 ON 开关、启动伺服后，按图 3-3-17 所示的方向，利用示教器操作杆控制机器人运动。未选择增量进给时，按下操作杆，指定关节轴便按选定的方向运动，松开操纵杆，关节轴运动即停止。选择增量进给时，每操作一次操作杆，指定关节轴便按选定的方向运动规定的增量距离，到位后无论是否松开操作杆，关节轴均停止运动；需要继续运动时，必须在松开操纵杆后，进行再次操作。

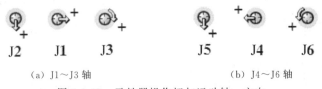

（a）J1～J3 轴　　　　　　　　　　（b）J4～J6 轴

图 3-3-17　示教器操作杆与运动轴、方向

5. 笛卡尔坐标系手动

利用 ABB 机器人的笛卡尔坐标系手动操作，可进行机器人 TCP 定位及工具定向点动，其操作步骤如下。

①～④ 同关节轴手动操作，使示教器显示图 3-3-15 所示的运动模式选择页面。

⑤ 需要进行机器人 TCP 定位点动时，选择图 3-3-15 中的【线性】图标；需要进行工具定向点动时，选择图 3-3-15 中的【重定位】图标。

⑥ 在图 3-3-14 所示的手动操作设定菜单中，选择坐标系（Coordinate system）设定项，示教器可显示图 3-3-18 所示的坐标系选择页面。

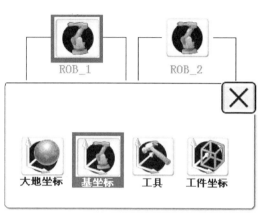

⑦ 根据需要，选择手动操作的笛卡尔坐标系。图中的【基坐标】就是机器人的基座坐标系。

⑧ 如果机器人选择工具、工件坐标系点动，或者，机器人安装有工具或工件，需要在图 3-3-14 所示的手动操作设定菜单中，进一步进行工具数据（工具坐标）、数据（工件坐标）的设定。

图 3-3-18 手动操作笛卡尔坐标系选择页面

⑨ 如果需要进行手动增量进给操作，可通过与关节轴手动操作同样的方法，选择手动操作设定菜单中的增量进给操作（Increment），并在图 3-3-16 所示的增量进给距离选择页面上选定增量进给距离。机器人笛卡尔坐标系点动时，增量进给【小】、【中】、【大】的进给距离依次为 0.05mm、1mm、5mm。

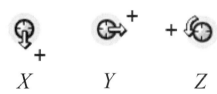

图 3-3-19 操作杆与运动轴、方向

⑩ 手动操作设定完成后，握住示教器伺服 ON 开关、启动伺服后，按照图 3-3-19 所示的方向，利用示教器操作杆，控制机器人在选定的笛卡尔坐标系上进行手动 TCP 移动或工具定向运动。

未选择增量进给时，按下操作杆，机器人 TCP 或工具便按选定的方向运动，松开操纵杆，运动即停止。选择增量进给时，每操作一次操作杆，机器人 TCP 或工具便按选定的方向运动规定的增量距离，到位后无论是否松开操作杆，机器人 TCP 或工具均停止运动；需要继续运动时，必须在松开操纵杆后，进行再次操作。

二、RAPID 移动指令编程

1. 指令格式

RAPID 移动指令是用于机器人自动运行控制的基本指令，它包括了绝对位置定位、外部轴绝对定位关节插补、直线插补、圆弧插补等，指令的编程格式如表 3-3-1 所示。

表 3-3-1 RAPID 基本移动指令及编程格式

名称			编程格式与示例
绝对位置定位	MoveAbsJ	程序数据	ToJointPos,Speed,Zone,Tool
		指令添加项	\Conc
		数据添加项	\ID,\NoEOffs,\V|\T,\Z,\Inpos,\WObj,\TLoad

名称			编程格式与示例
外部轴绝对定位	MoveExtJ	程序数据	ToJointPos,Speed,Zone
		指令添加项	\Conc
		数据添加项	\ID,\NoEOffs,\T,\Inpos
关节插补	MoveJ	程序数据	ToPoint,Speed,Zone,Tool
		指令添加项	\Conc
		数据添加项	\ID,\V|\T,\Z,\Inpos,\WObj,\TLoad
直线插补	MoveL	程序数据	ToPoint,Speed,Zone,Tool
		指令添加项	\Conc
		数据添加项	\ID,\V|\T,\Z,\Inpos,\WObj,\Corr,\TLoad
圆弧插补	MoveC	程序数据	CirPoint,ToPoint,Speed,Zone,Tool
		指令添加项	\Conc
		数据添加项	\ID,\V|\T,\Z,\Inpos,\WObj,\Corr,\TLoad

指令、数据添加项是对指令、程序数据的补充，它们可根据实际要求添加或省略；RAPID 程序数据在程序中通常以数据名的形式编程。基本移动指令的程序数据、添加项基本相同，统一介绍如下。

2. 基本程序数据

基本移动指令的程序数据主要有目标位置 ToJointPos 或 ToPoint、移动速度 Speed、到位区间 Zone、作业工具 Tool 等，程序数据的含义和编程要求如下，RAPID 程序数据的定义方法可参见本项目任务 2。

① ToJointPos。机器人、外部轴关节位置数据（jointtarget）。关节位置是以各关节轴自身的计数零位（原点）为基准，直接用回转角度或直线位置描述的绝对位置，它无需考虑机器人、工具的姿态。

② ToPoint。机器人 TCP 位置数据（robtarget）。TCP 位置是以指定的笛卡尔坐标系原点为基准，通过 TCP 点在坐标系中的 XYZ 坐标值描述的位置，它与坐标系设定与选择、工具姿态、机器人姿态、外部轴位置等均有关。

TCP 位置还可通过工具偏移 RelTool、程序偏移 Offs 等 RAPID 函数命令指定，函数命令可直接替代程序数据 ToPoint 在指令中编程。

③ Speed。移动速度数据（speeddata）。移动速度可为系统预定义的速度名称，也可通过数据添加项 \V 或 \T 在指令中直接设定。

④ Zone。到位区间数据（zonedata）。到位区间可为系统预定义的区间名称，也可通过数据添加项\Z,\Inpos,在指令中指定定位允差、规定到位检测条件。

⑤ Tool。工具数据（tooldata）。用来确定 TCP 点位置、工具姿态、质量、重心等参数。工具数据还可通过添加项\WObj,\Tload 等来定义工件数据（wobjdata）、负载参数。在工具固定、机器人移动工件作业系统上，必须使用添加项 \WObj 确定工件数据 wobjdata。

3. 基本添加项

添加项在指令中可用可不用。RAPID 移动指令基本添加项的含义及编程方法如下。

① \Conc。连续执行指令添加项，附加在移动指令后。指令附加添加项 \Conc 时，控制系统可在执行移动指令的同时，直接执行后续程序中的非移动指令（最多 5 条），如输入/

输出指令（I/O指令）等。

② \ID。同步移动指令号，仅用于多机器人协同作业（MultiMove）的复杂系统。

③ \V或\T。TCP移动速度或指令移动时间，用来指定用户自定义的移动速度（参见任务2）；\V和\T不能在同一指令中同时使用。

④ \Z,\Inpos。用户自定义的到位区间和定位检测方式（参见任务2）。

⑤ \Wobj。工件数据wobjdata，\Wobj添加在工具数据Tool后，可和添加项\TLoad同时使用。\Wobj可指定工件坐标系、用户坐标系及工件数据，对于工具固定、机器人移动工件的作业，\Wobj直接影响到机器人运动，故必须予以指定；对于工件固定、机器人移动工具的作业，则可根据实际需要选择。

⑥ \TLoad。实际负载数据loaddata，用来定义机器人负载。添加项\TLoad一经指定，工具数据tooldata中的负载特性项tload将无效。

4. 编程示例

（1）绝对定位指令。绝对定位指令MoveAbsJ的编程格式和实例如下，指令格式中的添加项\NoEOffs用来取消外部偏移。

MoveAbsJ[\Conc,]ToJointPoint[\ID][\NoEOffs],Speed[\V]|[\T],Zone[\Z][\Inpos],Tool[\Wobj][\TLoad];

```
MoveAbsJ   p1,v1000,fine,grip1;                        //使用系统预定义数据定位
MoveAbsJ   p2,v500\V:=520,Z30\Z:=35,tool1;             //指定移动速度和到位区间
MoveAbsJ   p3,v500\T:=10,fine\Inpos:=inpos20,tool1;
                                                       //指定移动时间和到位条件
MoveAbsJ\Conc,p4[\NoEOffs],v1000,fine,tool1;           //使用指令添加项
Set do1,on;                                            //连续执行指令
……
```

（2）外部轴绝对定位指令。外部轴绝对定位指令MoveExtJ的编程格式和实例如下。

MoveExtJ[\Conc,]ToJointPoint[\ID][\UseEOffs],Speed[\T],Zone[\Inpos];

```
MoveExtJ   p1,vrot10,Z30;                              //使用系统预定义数据定位
MoveExtJ p2,vrot10\T:=10,fine\Inpos:=inpos20;          //指定移动时间和到位条件
MoveExtJ\Conc,p3,vrot10,fine;                          //使用指令添加项
Set do1,on;                                            //连续执行指令
……
```

（3）关节插补指令。关节插补指令的编程格式和实例如下。

MoveJ[\Conc,]ToPoint[\ID],Speed[\V]|[\T],Zone[\Z][\Inpos],Tool[\Wobj][\TLoad];

```
MoveJ   p1,v1000,fine,grip1;                           //使用系统预定义数据插补
MoveJ   p2,v500\V:=520,Z30\Z:=35,tool1;                //直接指定速度和到位区间
MoveJ   p3,v1000\T:=5,fine\Inpos:=inpos20,tool1;       //直接移动时间和到位条件
MoveJ\Conc,p4,v1000,fine,tool1;                        //使用指令添加项
Set do1,on;                                            //连续执行指令
……
```

（4）直线插补指令。直线插补指令的编程格式和实例如下。指令格式中的添加项 \ Corr 用于带轨迹校准器的智能机器人，此时，控制系统可通过轨迹校准器自动调整移动轨迹。

MoveL[\Conc,]ToPoint[\ID],Speed[\V]|[\T]，Zone[\Z][\Inpos]，Tool[\Wobj] [\Corr][\TLoad];

```
MoveL    p1,v500,Z30,Tool1;                          //使用系统预定义数据插补
MoveL    p2,v1000\T:=5,fine\Inpos:=inpos20,tool1;    //使用数据添加项
MoveL\Conc,p3,v1000,fine,tool1;                      //使用指令添加项
Set do1,on;                                          //连续执行指令
……
```

（5）圆弧插补指令。圆弧插补指令需要通过起点（当前位置）、中间点（CirPoint）和终点（目标位置）3 点定义圆弧，程序点 CirPoint 用来指定圆弧的中间点的 TCP 位置数据 robtarget。指令的编程格式和实例如下。

MoveC[\Conc,]CirPoint,ToPoint[\ID],Speed[\V]|[\T],Zone[\Z][\Inpos],Tool[\ Wobj][\Corr][\TLoad];

```
MoveC    p1,p2,v500,Z30,Tool1;                        //使用系统预定义数据插补
MoveC    p2,p3,v500\V:=550,Z30\Z:=35,Tool1;          //直接指定速度和到位区间
MoveC\Conc,p4,p5,v200,fine\Inpos:=inpos20,tool1;     //指令使用添加项
Set do1,on;                                          //连续执行指令
……
```

不能试图通过终点和起点重合的圆弧插补来实现 360°全圆运动；全圆插补运动必须通过 2 条或 2 条以上的圆弧插补指令分段实现。利用圆弧插补指令 MoveC 实现图 3-3-20 所示 360°全圆运动的程序示例如下。

```
MoveL    p1,v500,fine,Tool1;
MoveC    p2,p3,v500,Z20,Tool1;
MoveC    p4,p1,v500,fine,Tool1;
```

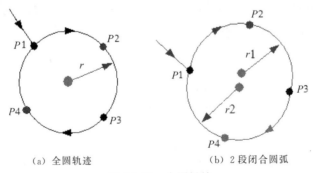

(a) 全圆轨迹　　　　　　　　(b) 2 段闭合圆弧

图 3-3-20　全圆插补

执行以上指令时，首先将 TCP 点以系统预定义速度 v500 直线移动到 $P1$ 点，然后按照 $P1$、$P2$、$P3$ 所定义的圆弧移动到 $P3$（第 1 段圆弧的终点）；接着按照 $P3$、$P4$、$P1$ 定义的圆弧移动到 $P1$ 点，使 2 段圆弧闭合。这样，如指令中的 $P1$、$P2$、$P3$、$P4$ 点均位于同一圆弧上，便可得到图 3-3-20(a) 所示的 360°全圆轨迹；否则，将得到图 3-3-20(b) 所示的

2 段闭合圆弧。

拓展提高

ABB 机器人的快速设置

1. 功能说明

快速设置是一种通过简单操作完成机器人常用基本设定的快捷方式。利用快速设置，可以迅速完成机器人手动操作、自动运行的基本设定，而无需在手动操作主菜单下进行逐项设定。

ABB 机器人快速设定功能可通过示教器右下角的【快速设置】触摸键打开；功能选择好后，示教器右侧可显示图 3-3-21 所示的快速设置主页。

图 3-3-21　ABB 机器人快速设置主页

快速设置主页中有 A～F 共 6 个菜单选择键，其功能分别如下。

A：机械单元设定。可一次性设定机器人手动操作的机械单元（控制轴组）、运动模式、工具数据、工件数据等基本参数。

B：增量进给设定。可进行机器人手动操作时的增量进给距离设定。

C：程序循环方式设定。可进行程序自动运行的单次运行或无限循环运行设定。

D：指令执行方式设定。可进行程序自动运行的指令步进、步退、跳过、下一移动指令等执行方式的设定。

E：移动速度设定。可进行程序自动运行的移动速度调整、设定。

F：任务设定。用于多任务作业的机器人系统，可进行程序自动运行的作业任务设定。

以上设定菜单中的 A、B 用于机器人手动操作的快速设置；C～F 用于机器人程序自动运行的快速设置；菜单功能及设置操作步骤分别如下。

2. 手动操作快速设置

机器人手动操作的快速设置包括机械单元设定、增量进给设定，其设置方法如下。

（1）机械单元设定。机械单元快速设置步骤如下。

① 选择图 3-3-21 快速设置主页中的机械单元快速设置菜单键 A，示教器将显示图

3-3-22 所示的机械单元快速设置基本页面,并在不同的区域显示如下内容。

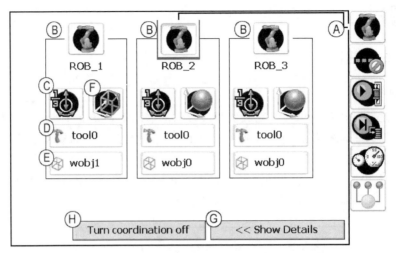

图 3-3-22　机械单元快速设置基本页面

B 区:系统机械单元设置区,当前选定的机械单元将被突出显示,例如图中的机器人 2(ROB_2)等。

C 区:当前选择的机器人手动操作运动模式,例如图中的机器人 2(ROB_2)为关节轴 J1~J3 点动等。

D 区:当前选择的机器人工具数据 tooldata,例如图中的机器人 2(ROB_2)为 tool0(未安装工具)等。

E 区:当前选择的机器人工件数据 wobjdata,例如图中的机器人 2(ROB_2)为 wobj0(不使用工件数据)等。

F 区:当前选择的手动操作坐标系,例如图中的机器人 2(ROB_2)为大地坐标系等。

② 在图 3-3-22 所示的机械单元快速设置基本显示页面上,选择 G 区的【<<Show Detaills(显示详情)】键,使示教器进一步显示图 3-3-23 所示的当前有效机械单元快速设置综合设定页面。在综合显示页的不同区域上,可进行的显示、设定内容如下。

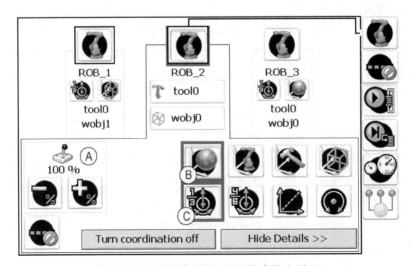

图 3-3-23　机械单元快速设置综合设定页面

A 区：机器人当前手动运动速度显示（图中为 100％）、速度调节及增量进给设定。操作【＋ ％】、【－％】键，可提高/降低机器人手动移动速度；选择【- -】可选择手动增量进给，设定增量进给距离。

B 区：机器人手动操作坐标系选择、设定，当前选定的坐标系将被突出显示（图中为大地坐标系）。B 区从左到右的图标依次为大地、基座、工具、工件坐标系。

C 区：机器人手动操作动作模式选择、设定，当前选定的坐标系将被突出显示（图中为关节轴 J1～J3 点动）。C 区从左到右的图标依次为关节轴 J1～J3 点动、关节轴 J4～J6 点动、机器人 TCP 笛卡尔坐标系点动、工具定向点动。

③ 根据机器人手动操作的实际需要，完成机械单元快速设定项目的选择与设置；设置完成后操作【Hide Details＞＞】，返回机械单元快速设置基本显示页面。

④ 在机器人手动操作的过程中，如需要进行运动模式、坐标系的修改，可直接选择图 3-3-22 中 C 区的运动模式图标、F 区的坐标系图标，示教器将分别显示图 3-3-24、图 3-3-25 所示的设置页面。

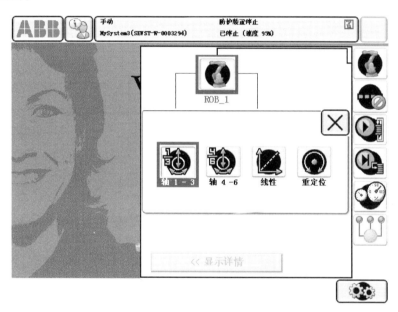

图 3-3-24　手动操作运动模式快速设置页面

在运动模式、坐标系快速设置页面上，选定对应的运动模式、坐标系图标，便可完成手动操作运动模式、坐标系的更改。更改完成后，按【╳】键退出，可返回机械单元快速设置基本显示页面。

⑤ 当机器人需要在工具、工件坐标系进行手动操作时，可在图 3-3-22 所示的机械单元快速设置基本显示页面上选择 D 区、E 区的工具数据、工件数据图标，示教器将分别显示图 3-3-26、图 3-3-27 中系统已经定义的工具数据、工件数据列表。工具数据、工件数据表中的工具数据 tool0、工件数据 wobj0 为系统预定义的初始值 0，在不使用工具、工件数据时，应选择 tool0、wobj0。

在工具数据、工件数据列表显示页面上，操作者可根据实际操作需要，选定手动操作所需的工具数据、工件数据。设置完成后，按【╳】键退出，可返回机械单元快速设置基本显示页面。

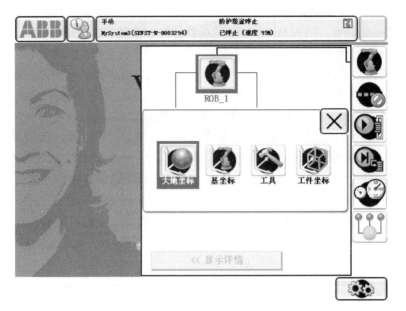

图 3-3-25　手动操作坐标系快速设置页面

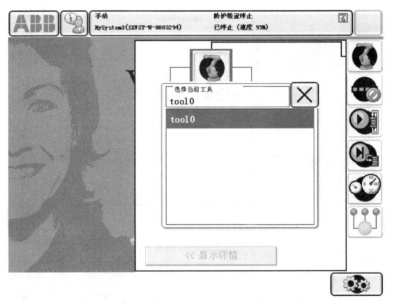

图 3-3-26　工具数据快速设置页面

（2）增量进给设定。ABB 机器人的手动增量进给快速设置步骤如下。

① 选择图 3-3-21 快速设置主页中的增量进给快速设置菜单键 B，示教器将显示图 3-3-28 所示的增量进给快速设置页面。

增量进给快速设置页面的右侧为增量进给距离选择图标，左上角为所选择的增量进给距离值显示。

② 根据实际操作需要，选择【无】、【小】、【中】、【大】图标，可将关节轴/笛卡尔坐标系的增量进给距离分别设定为 0、0.005°/0.05mm、0.02°/1mm、0.2°/5mm。如果选择【用户】，其增量进给距离将选择用户模块中定义的增量距离值。

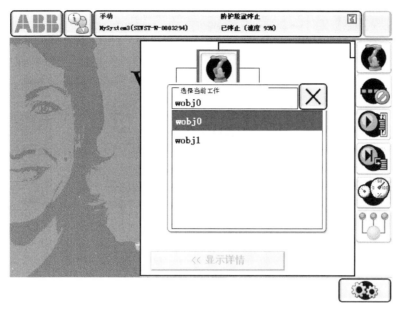

图 3-3-27　工件数据快速设置页面

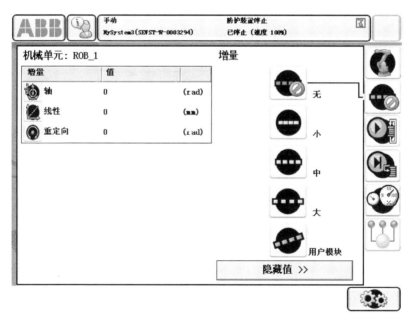

图 3-3-28　增量进给快速设置页面

3. 程序运行快速设置

图 3-3-21 中的快速设置主页 C～F 区的菜单用于机器人程序自动运行的快速设置，菜单功能及设置操作步骤简要说明如下。

① 选择 C 区的程序循环方式设定菜单，示教器将显示图 3-3-29 所示的程序循环方式设定页面。选择【单周】时，程序为单循环运行，即程序运行至结束位置后，系统自动停止；选择【连续】时，程序为无限循环运行，即程序运行至结束位置后，将自动返回程序起点、继续执行程序。

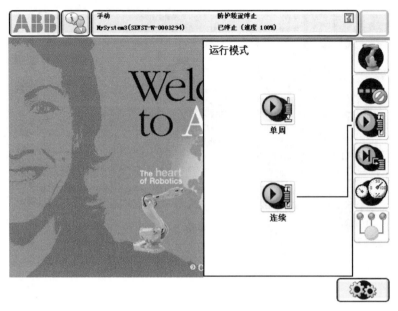

图 3-3-29　程序循环方式设定页面

② 选择 D 区的指令执行方式设定菜单，示教器将显示图 3-3-30 所示的指令执行方式设定页面。操作者可根据需要，选择图标、进行以下设定。

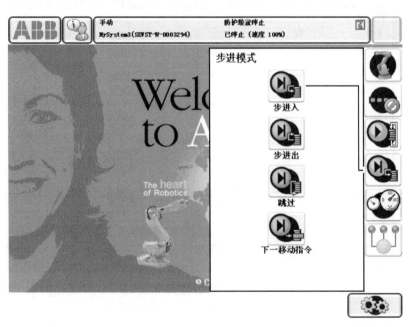

图 3-3-30　指令执行方式设定页面

【步进入】：程序将从选定的指令起，按指令编制的次序，由上至下、一步一步地依次执行；机器人沿编程轨迹进入作业。

【步退出】：程序将从选定的指令起，按指令编制相反的次序，由下至上、一步一步地依次执行；机器人沿编程轨迹退出作业。

【跳过】：取消单步，从选定的指令起，连续执行后续的全部程序指令。

【下一移动指令】：程序将从选定的指令，直接跳至下一移动指令；程序中的非移动指令均被跳过。

③ 选择 E 区的移动速度设定菜单，示教器将显示图 3-3-31 所示的移动速度设定页面。操作者可根据需要，用图标【−1％】、【＋1％】或【−5％】、【＋5％】以倍率的形式调整程序自动运行时的机器人、外部轴编程速度；或者直接用图标【25％】、【50％】、【100％】指定 25％、50％、100％编程速度。

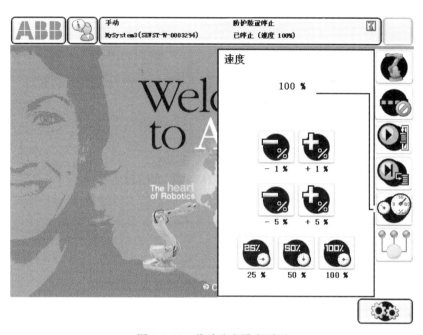

图 3-3-31 移动速度设定页面

④ F 区的任务设定菜单，只用于安装有多任务（Multitasking）选择功能的复杂机器人作业系统，在普通机器人系统中较少使用。

技能训练

一、结合本任务的学习，完成以下多项选择题。

1. 以下对工业机器人手动操作理解正确的是（　　）。

A. 只能控制机器人 TCP 运动　　　　　B. 只能控制本体关节轴运动

C. 只能控制外部轴运动　　　　　　　D. A、B、C 都可以

2. 以下对工业机器人手动操作功能理解正确的是（　　）。

A. 可进行连续进给、增量进给运动　　B. 运动轴、运动模式可选择

C. 运动速度可设定　　　　　　　　　D. 增量距离可设定

3. 以下对工业机器人手动连续进给理解正确的是（　　）。

A. 只能单轴运动　　B. 速度可调整　　C. 轴方向可选择　　D. 移动距离可准确控制

4. 以下对工业机器人手动增量进给理解正确的是（　　）。

A. 只能单轴运动　　B. 速度可调整　　C. 轴方向可选择　　D. 移动距离可准确控制

5. 以下对工业机器人关节轴手动理解正确的是（　　）。

A. 可控制本体　　B. 可控制外部轴　　C. 速度可调　　D. 能进行 TCP 直线运动

6. 以下对工业机器人笛卡尔坐标系手动理解正确的是（　　　）。

A. 能进行 TCP 直线运动　　　　　　　B. 可选择不同的坐标系

C. 机器人上可安装工具　　　　　　　D. 机器人上可安装工件

7. 以下对 RAPID 机器人本体绝对定位指令理解正确的是（　　　）。

A. 点到点定位　　　　　　　　　　　B. 与直角坐标系无关

C. 与姿态、奇点无关　　　　　　　　D. TCP 速度可指定

8. 以下对 RAPID 外部轴绝对定位指令理解正确的是（　　　）。

A. 点到点定位　　　　　　　　　　　B. 与直角坐标系无关

C. 与工具、工件无关　　　　　　　　D. TCP 速度可指定

9. 以下对 RAPID 关节插补指令理解正确的是（　　　）。

A. 点到点定位　　　　　　　　　　　B. 实时同步控制

C. TCP 为直线运动　　　　　　　　　D. TCP 速度准确

10. 以下对 RAPID 直线插补指令理解正确的是（　　　）。

A. 可控制 TCP 轨迹　　　　　　　　　B. 可调整工具姿态

C. TCP 为直线运动　　　　　　　　　D. TRP 为回转运动

11. 以下对 RAPID 圆弧插补指令的圆弧定义方法理解正确的是（　　　）。

A. 用起点、圆心定义　　　　　　　　B. 用起点、半径定义

C. 用 3 点定义　　　　　　　　　　　D. 全圆可直接定义

12. 以下对 RAPID 圆弧插补指令的中间点选择理解正确的是（　　　）。

A. 尽可能接近起点　　　　　　　　　B. 尽可能接近终点

C. 尽可能接近轨迹中点　　　　　　　D. 必须在轨迹上

二、结合本任务的学习，在条件允许时，进行工业机器人手动操作设置、手动连续进给操作、手动增量进给操作等练习。

三、结合本任务的学习，按照以下要求，编制控制机器人进行图 3-3-32 所示运动的 **RAPID** 程序段，工具数据使用 **tool1**。

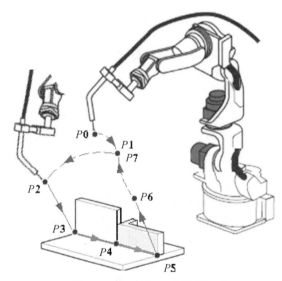

图 3-3-32　RAPID 编程练习

*P*0→*P*1：绝对定位，速度 v800、定位区间 Z50；

*P*1→*P*2：关节插补，速度 v500、定位区间 Z30；

*P*2→*P*3：直线插补，速度 v300、定位区间 fine；

*P*3→*P*4：直线插补，移动时间 10s、定位区间 Z10；

*P*4→*P*5：直线插补，速度 125mm/sec、定位区间 fine、停止点检测 inpos20；

*P*5→*P*6：直线插补，速度 v300、定位区间 Z30；

*P*6→*P*7：关节插补，速度 v500、定位区间 fine。

RAPID 程序编制

工业机器人的工作环境多数为已知，故以第一代机器人居多，这样的机器人不具备分析、推理能力，机器人的全部行为需要由人控制，并以程序的形式告知。相对而言，RAPID 编程语言是目前工业机器人中程序结构最复杂、指令最齐全、功能最丰富的编程语言之一，操作者如掌握了 RAPID 编程技术，对于其他机器人来说，其编程就十分容易。

RAPID 应用程序采用的是模块式结构，每一作业任务（应用程序）都需要有对应的程序模块和系统模块。程序模块是 RAPID 程序的主体，它包括程序数据、主程序、子程序、中断程序、功能程序等，它们需要通过主模块、主程序进行统一组织、调度；程序模块必须按照 RAPID 规定的格式和要求编制。

程序指令是构成程序模块的主体，移动指令、输入/输出指令、程序运行控制指令是任何机器人作业程序必不可少的基本指令；指令格式必须符合 RAPID 编程语言的规定。

使用变量的参数化编程属于高级编程技术，它们可以通过 RAPID 表达式、运算指令和函数功能实现，掌握参数化编程技术，不仅可简化程序，而且还能提高程序的可靠性。

本项目将对以上内容进行学习。

任务 1　创建 RAPID 应用程序

知识目标

① 了解机器人程序的基本概念和 RAPID 程序结构。

② 熟悉 RAPID 程序格式与要求。

③ 掌握程序声明与数据定义方法。

④ 掌握子程序调用指令的编程方法。

⑤ 了解功能程序、中断程序的使用方法。

能力目标

① 能创建一个 RAPID 程序。

② 能编制程序声明与数据定义指令。

③ 能编制子程序调用指令。

④ 能阅读功能程序、中断程序。

基础学习

一、RAPID 程序组成与结构

1. 程序与编程

工业机器人以第一代示教再现机器人居多，一般不具备智能性，为了使机器人能自动作业，就必须将全部作业要求编制成控制系统能识别的命令输入，控制系统通过执行命令使机器人完成所需要的动作，这些命令的集合就是机器人作业程序（简称程序），编写程序的过程称为编程。

命令又称指令（Instruction），它是程序最重要的组成部分。作为一般概念，工业自动化设备的程序指令都由如下两部分组成：

$$\underset{\text{指令码}}{\underline{\text{MoveJ}}} \qquad \underset{\text{操作数}}{\underline{\text{p1,v1000,z20,tool1;}}}$$

指令码又称操作码，简称指令，它用来规定控制系统需要执行的操作；操作数又称操作对象、程序数据，它用来规定执行这一操作的对象和要求。简单地说，指令码告诉控制系统需要做什么，操作数告诉控制系统由谁去做。指令码、操作数的格式需要由控制系统生产厂家规定，在不同控制系统上有所不同。

工业机器人的指令大多需要多个操作数，例如，对于 6 轴垂直串联焊接机器人，指令至少需要指定如下操作数。

① 6 个用来确定机器人本体关节轴位置的数据。

② 多个用来确定工具作业点、工具安装方式、工具质量和重心等内容的数据。

③ 多个用来确定工件形状、作业部位、安装方式等内容的数据。

④ 多个用来确定诸如焊接电流、电压，引弧、熄弧等作业工艺的数据。

⑤ 其他用来指定 TCP 点运动速度、到位允差等运动参数。

因此，如果指令的每一操作数都定义具体的数值，指令将变得十分冗长，为此，工业机器人程序需要程序数据（Program data）、文件（file）等方法，来一次性定义多个操作数，这一点与数控、PLC 等控制装置有较大的不同。

第一代机器人的编程方法一般有示教编程、离线编程 2 种。

示教编程是通过作业现场的人机对话操作，完成程序编制的一种方法。所谓示教就是操作者对机器人进行的作业引导，它需要由操作者按实际作业要求，通过人机对话操作，一步一步地告知机器人需要完成的动作；这些动作可由控制系统以命令的形式记录与保存；示教操作完成后，程序也就被生成。机器人通过自动执行示教记录的程序、重复示教动作的过程称为"再现"。示教编程简单易行，程序正确性高、安全可靠，是目前工业机器人最为常用的编程方法。

离线编程是通过编程软件编制程序的一种方法，它需要配备机器人生产厂家提供的专门编程软件。离线编程不仅可编制程序，且还可对程序进行仿真运行，验证程序的正确性。离线编程可在计算机上直接完成，其编程效率高，且不影响现场机器人的作业，故适合于作业要求变更频繁、运动轨迹复杂的机器人编程。

2. 程序组成

机器人程序的组成与程序结构有关。所谓程序结构就是程序的编写方法、格式要求及程序组织、管理的方式，工业机器人程序通常有线性和模块式两种基本结构。

线性结构程序一般由程序和文件组成。程序包括了机器人系统的所有指令，指令按照系统的控制次序，从上至下依次排列。程序所需要的数据、作业工艺参数等通常以文件引用的方式加载。线性结构程序的编程容易、检查方便，是简单机器人系统常用的结构。

模块式结构程序由多个模块组成，其中的一个模块负责对其他模块的组织与调度，这一模块称为主模块或主程序，其他模块称为子模块或子程序。模块式结构的程序设计灵活、功能丰富，但结构复杂，较适合复杂作业系统。

模块式结构程序的模块名称、功能，在不同的控制系统上有所不同。ABB 工业机器人的 RAPID 应用程序（简称 RAPID 程序）的模块组成如图 4-1-1 所示。

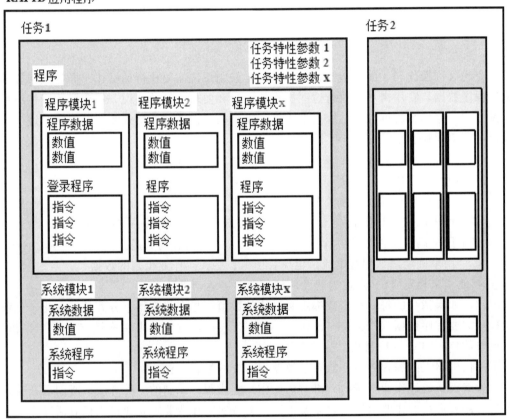

图 4-1-1　RAPID 应用程序模块组成

① 任务。任务（Task）就是机器人完整的应用程序，它由程序模块和系统模块组成，包含了机器人完成一项作业所需要的全部指令和数据。简单系统的 RAPID 程序通常只有一个任务；多机器人复杂系统可通过多任务（Multitasking）软件，同步执行多个任务。

② 程序模块。程序模块（Program module）用来控制机器人、执行器（工具）动作，它是 RAPID 程序的主体，它需要由编程人员根据作业要求编制。一个任务可以有多个程序模块，以便进行不同的作业运动。

在程序模块中，含有登录程序（Entry routine）的模块可用于程序的组织、管理和调度，称为主模块（Main module）；RAPID 登录程序实际就是主程序（Main program）。除主模块外的其他程序模块通常用来实现某一动作或特定功能，模块中的程序可通过主程序进行调用。程序是模块的主体，根据功能与用途，RAPID 程序分为主程序、子程序 2 类，子程序又有普通程序 PROC、功能程序 FUNC、中断程序 TRAP 之分（见后述）。子程序可直接编制在主模块中，也可在编制在其他模块中、由主程序进行调用。

RAPID 程序模块由程序（Routine）、程序数据（Program data）2 部分组成，程序是用来指定机器人动作的指令（Instruction）集合；程序数据则用来定义操作数，如机器人的移动目标位置、工具坐标系、工件坐标系、作业参数等。

③ 系统模块。系统模块（System module）用来定义工业机器人的功能和系统参数。由于机器人控制器实际上是一种通用装置，当它用于特定类型（如点焊、弧焊或搬运等）的机器人控制时，需要通过系统模块来定义机器人的硬件、软件、功能、规格等个性化参数。RAPID 系统模块需要由机器人生产厂家编制，它可在系统启动时自动加载、永久保留，用户不能对其进行编辑、修改，故编程时无需予以考虑。

3. 程序结构

采用模块式结构的 RAPID 程序由主模块、主程序、子程序构成，每一任务都有 1 个主模块和主程序，子程序可根据需要编制多个。以下是 RAPID 程序结构示例，它由 1 个主程序（PROC mainprg）、3 个普通子程序（PROC Inital）、PROC rCheckHomePos、PROC rWelding、1 个功能子程序（FUNC bool CurrentPos）、1 个中断子程序（TRAP WorkStop）构成，子程序都直接编制在主模块中。

```
%%%
 VERSION:1
 LANGUAGE:ENGLISH
%%%                                                                    // 标题
! *********************************************************** //注释(分隔线)
MODULE mainmodu (SYSMODULE)                                             // 声明
 ! Module name : Mainmodule for MIG welding                            // 注释
 ! Robot type : IRB 2600
 ! Software : RobotWare 6.01
 ! Created : 2017-01-01
 ......
 PERS tooldata tMIG1 := [TRUE,[[0,0,0],[1.0,0,0]] , [1,[0,0,0], [1.0,0,0],0,0,0]] ;
 PERS wobjdata station := [FALSE,TRUE,"",[[0,0,0],[1.0,0,0]] , [[0,0,0], [1.0,0,0]] ;
 VAR  speeddata vrapid := [500,30,250,15]
 CONST robtarget p0 := [[0,0,500],[1.0,0,0],[-1,0,-1,1],[9E9,9E9,9E9,9E9,9E9,9E9]] ;
 ......                                                          // 程序数据定义指令
! ****************************                                    //注释(分隔线)
PROC mainprg ()                                                        // 声明
 ! Main program for MIG welding                                        // 注释
```

```
    Initall；                                              // 调用子程序 Initall 指令
    ……
WHILE TRUE DO                                              // 循环执行指令
    IF di01WorkStart＝1 THEN
    rWelding；                                             // 调用子程序 rWelding 指令
    ……
    ENDIF
    WaitTime 0.3；                                         // 暂停指令
    ENDWHILE                                               // 循环结束指令
ERROR                                                     // 错误处理程序
    IF ERRNO = ERR_GLUEFLOW THEN
    ……
    ENDIF                                                 // 错误处理程序结束指令
ENDPROC                                                   // 主程序 mainprg 结束指令
! *****************************                             //注释（分隔线）
PROC Initall()                                            // 声明
    AccSet 100,100 ；                                      // 加速度设定指令
    VelSet 100，2000 ；                                    // 速度设定指令
    rCheckHomePos ；                                       // 调用子程序 rCheckHomePos 指令
    ……
    IDelete irWorkStop ；                                  // 中断复位指令
    CONNECT irWorkStop WITH WorkStop；                     //中断程序定义指令
    ISignalDI diWorkStop，1，irWorkStop；                  // 启动中断监控指令
ENDPROC                                                   // 子程序 Initall 结束指令
! *****************************                             //注释（分隔线）
PROC rCheckHomePos ()                                     // 声明
    IF NOT CurrentPos(p0, tMIG1) THEN                     // 调用功能程序 CurrentPos 指令
    MoveJ p0，v30，fine，tMIG1\WObj := wobj0 ；
    ……
    ENDIF
ENDPROC                                                   // 子程序 rCheckHomePos 结束指令
! *****************************                             //注释（分隔线）
FUNC bool CurrentPos(robtarget ComparePos，INOUT tooldata CompareTool)    // 声明
    VAR num Counter:= 0 ；                                 // 程序数据定义指令
    VAR robtarget ActualPos ；
    ActualPos:=CRobT(\Tool:= CompareTool\WObj:=wobj0) ；
    IF ActualPos.trans.x＞ComparePos.trans.x-25 AND ActualPos.trans.x ＜ComparePos.trans.x ＋
25 Counter:=Counter＋1；
    ……
    IF  ActualPos.rot.q1 ＞ ComparePos.rot.q1-0.1  AND  ActualPos.rot.q1 ＜ Compare-
Pos.rot.q1＋0.1 Counter:=Counter＋1 ；
```

```
……
   RETURN Counter＝7；                                    // 返回 CurrentPos 指令
ENDFUNC                                                //功能程序 CurrentPos 结束指令
！ ****************************                            //注释（分隔线）
TRAP WorkStop                                                         // 声明
   TPWrite "Working Stop"；
   bWorkStop ：＝TRUE；
   ……
ENDTRAP                                                // 中断程序 WorkStop 结束指令
！ ****************************                            //注释（分隔线）
PROC rWelding()                                                        // 声明
   MoveJ p1，v100，z30，tMIG1\WObj ：＝ station；              // 指令
   MoveL p2 v200，z30，tMIG1\WObj ：＝ station；
   ……
ENDPROC                                                // 子程序 rWelding 结束指令
ENDMODULE                                                // 主模块结束指令
！ *************************************************************//注释（分隔线）
```

程序模块由标题、声明、注释、指令、标识等元素构成，其作用和含义如下。

① 标题。标题（Header）是应用程序的简要说明文本，如程序版本（Version）、语言（Language）等。标题编制在程序模块的起始位置，开始、结束均以字符"％％％"为标记，简单程序也可不使用标题。

② 注释。注释（comment）是为了方便程序阅读附加的说明文本，数量不限。注释以符号"！"（指令 COMMENT 的简写）作为起始标记，以换行符结束。在实际程序中，常用注释行"！ ******"作为程序模块分隔标记。

③ 声明。声明（declaration）是对模块或程序的类别、名称、属性等的说明，它必须编制在模块、程序的起始位置。例如，MODULE mainmodu 为主模块，PROC mainprg 为主程序，PROC Initall 和 PROC rWelding 等为普通子程序，FUNC bool CurrentPos 为功能子程序，TRAP WorkStop 为中断程序等。

④ 指令。指令（Instruction）就是系统的控制命令，它用来定义系统需要执行的操作。指令是 RAPID 程序的主体，程序的每一组成部分都需要有相应的指令。

⑤ 标识。标识（identifier）是以文本（字符串）表示的程序构成元素名，它是程序元素的识别标记。例如，程序声明中的 mainprg、rWelding、CurrentPos 为程序名，指令"PERS toolfata tMIG1 ：＝ ……"中的 tMIG1，就是特定工具的工具数据（tooldata）名；指令"VAR speeddata vrapid ：＝ ……"中的 vrapid，就是机器人特定移动速度的速度数据（speeddata）名等。

RAPID 程序标识需要用 ISO 8859-1 标准字符编写，最大为 32 字符；标识首字符必须为英文字母；后续字符可为字母、数字或下划线"_"，但不能使用空格。

标识（名称）是识别程序元素的唯一标记，因此，在同一控制系统中，不同的程序元素

原则上不可使用同一标识，也不能仅仅通过字母的大小写来区分不同的程序元素。已被系统定义为指令名（如 CONST、VAR、IF、GOTO 等）、函数名（如 AND、OR、NOT、DIV 等）、属性名（如 SYSMODULE、PROC、FUNC 等）、数据格式名（如 num、bool、inout 等）、数据类型名（如 robtarget、tooldata、speeddata、pos 等）以及系统已预定义的程序数据名（如 v100、z20、fine 等）的专用标识（称保留字），均不能再作为其他程序元素的标识使用。

二、RAPID 程序格式与要求

RAPID 程序主要分主模块、主程序、普通子程序、功能子程序、中断子程序几类，各类程序的格式与要求如下。

1. 主模块

主模块（main module）是包含有作业主程序及主要子程序的模块，它紧接在标题后。主模块的基本结构如下。

```
MODULE 模块名称（属性）；                          // 主模块声明
模块注释
程序数据定义
主程序
子程序 1
……
子程序 n
ENDMODULE                                        // 主模块结束
```

主模块一般以 MODULE 起始、ENDMODULE 结束。起始行是以 MODULE 起始的模块声明（module declaration），随后为模块名称（如 mainmodu 等），名称后的括号内可附加模块属性。模块名称可通过示教器编辑，但属性一般不能在示教器上显示、编辑。RAPID 模块的常用属性有 SYSMODULE（系统必需）、NOVIEW（只执行，不显示）、VIEWONLY（只显示，不能修改与删除）、READONLY（只显示，不能修改，但可删除）、NOSTEPIN（不能单步执行）等；一个模块可定义 2 种以上属性，但互不兼容的属性 NOVIEW、VIEWONLY、READONLY 等不能同时定义。

主模块通常用来定义程序数据，如工具（tooldata）、工件（wobjdata）数据，作业参数（welddata）、特殊移动速度（speeddata）等，程序数据不仅要规定数据类型，而且还需要定义数据的性质，如程序变量 VAR、常量 CONST、永久数据 PERS 等，数据性质的定义方法可参见后述。

2. 主程序

主程序（main program）又称登录程序（Entry routine），它是用来组织、调用子程序的管理程序，每 1 主模块都必须且只能有 1 个主程序。主程序的基本结构如下。

```
PROC 主程序名称(参数表)
  程序注释
  一次性执行子程序
  ……
  WHILE TRUE DO
  循环子程序
  ……
  执行等待指令
  ENDWHILE
  ERROR
  错误处理程序
  ……
  ENDIF
ENDPROC
```

主程序一般以 PROC 起始、ENDPROC 结束。起始行是以 PROC 为起始的程序声明（routine declaration），随后为程序名（如 mainprg 等）。采用参数化编程的程序，参数表（parameter list）附加在程序名后的括号内；无参数表的一般程序，只需要保留程序名后的括号"（）"。

主程序通常以子程序调用指令为主，不同类别的子程序需要使用不同的调用指令。例如，中断子程序 TRAP 用中断功能自动调用，无需编制调用指令；功能子程序 FUNC 直接用程序数据调用，同样无需编制调用指令；而普通子程序 PROC，则需要通过 RAPID 程序执行管理指令调用。

主程序通常还包含错误处理程序块 ERROR，ERROR 是用来处理程序执行错误的特殊程序块，当程序发生错误时，系统可立即中断现行指令的执行、直接跳转到错误处理程序块、执行错误处理指令；错误处理完成后，可自动返回中断点、继续后续指令。错误处理程序块 ERROR 也可在子程序 PROC、FUNC、TRAP 中编制，无 ERROR 错误处理指令的出错，由系统软件进行处理。

3. 普通子程序

普通子程序（procedures）是由主程序调用的普通程序，它以机器人运动、作业指令为主。普通子程序可被其他模块或主程序调用，但不能向调用模块、主程序返回执行结果，故又称无返回值程序。普通子程序的基本结构如下。

```
PROC 程序名称(参数表)
  程序指令
  ……
ENDPROC
```

普通子程序一般以 PROC 起始，以 ENDPROC 结束。起始行是以 PROC 起始的程序声明，随后为程序名；采用参数化编程的子程序，程序名后的括号内同样可附加参数表，无参数表的一般程序，只需要保留括号。

4. 功能子程序

功能子程序（functions）是一种具有运算、比较等函数运算功能，能向调用该子程序的模块、程序返回执行结果的参数化程序，故又称有返回值程序。功能子程序实际上是一种用户自定义的函数命令，它作为 RAPID 标准函数命令的补充，可进行用户所需要的特殊运算和处理，得到所需要的程序数据。

功能子程序 FUNC 直接通过指令中的用户自定义函数命令调用，函数命令的名称就是对应的功能子程序名；因此它既不需要编制调用指令，也不能改变程序名。例如，当程序中的十进制数值型（num）数据运算需要利用用户自定义函数命令 veclen 通过功能子程序处理时，就只需在程序指令中使用函数命令 veclen，系统就可自动调用功能子程序 num veclen，并将运算结果返回至原程序的指令中。

功能子程序的基本结构如下。

```
FUNC 数据类型 数据名称（参数表）
    程序指令
    ……
    RETURN 返回数据
ENDFUNC
```

功能子程序一般以 FUNC 起始，以 ENDFUNC 结束。起始行是以 FUNC 起始的程序声明，随后为返回数据类型、返回数据名称。功能子程序是参数化编程的程序，因此，返回数据名后的括号内，必须附加参数表。

5. 中断子程序

中断子程序（trap routine）通常是用来处理异常情况的特殊程序，它可直接用中断条件调用，一旦中断条件满足，系统将立即终止现行程序的执行，无条件调用中断程序。中断子程序的基本结构如下。

```
TRAP 程序名称
    程序指令
    ……
END TRAP
```

中断子程序通常以 TRAP 起始、ENDTRAP 结束。起始行是以 FUNC 起始的程序声明，随后为程序名，程序名后不需要参数表及附加的括号。

实践指导

一、程序声明与数据定义

1. 程序声明

RAPID 应用程序由各类模块、程序组成，为了能对模块或程序的使用范围、类型、名称、参数进行规定，模块或程序的起始行需要通过声明（declaration），对其属性进行定义。模块或程序的声明指令格式如下。

LOCAL　　　PROC　　　Procedures1　　（num requi_par,　　INOUT VER num inout_par, ……）
使用范围　　程序类型　　程序名称　　　程序参数 1　　　　　程序参数 2

使用范围：使用范围可定义为全局（GLOBAL）或局域（LOCAL）。全局模块或程序可被任务中的所有模块使用，它是系统默认的设定，无需在声明指令中标注，如 PROC mainprg（）、PROC inittall（）等均为全局程序局域模块或程序只能由本模块使用，这样的模块或程序必须在声明指令中增加"LOCAL"标注，如"LOCAL PROC local _ rprg（）"等。局域模块或程序的优先级高于全局模块或程序，因此，如任务中存在名称相同的全局模块（或程序）和局域模块（或程序），当执行局域模块（或程序）所在的模块时，系统将优先执行局域模块（或程序），与之同名的全局模块（或程序）及数据均无效。局域模块（或程序）的结构、格式和全局模块（或程序）并无区别，本书后述的内容中均以全局模块（或程序）为例说明。

程序类型：程序类型是对程序作用和功能的规定，可选择普通程序（PROC）、功能程序（FUNC）和中断程序（TRAP）3类；3类程序的结构形式、调用要求各不相同，有关内容见后述。

程序名称：程序名称是程序的识别标记，在同一系统中，原则上不应重复定义程序名。

程序参数：程序参数用于参数化编程，参数需要在程序名的括号内定义。普通程序PROC通常不使用参数化编程，但需要保留括号；中断程序TRAP通过中断条件直接调用，既不要参数，也不需要括号；功能程序FUNC只能采用参数化编程，故必须定义程序参数。

2. 程序参数

RAPID程序参数简称参数（parameter），它是用于子程序中的程序数据初始化赋值、返回程序执行结果的变量，采用参数化编程的功能子程序FUNC必须定义参数。

程序参数需要在程序名后的括号内定义，允许有多个；不同参数用逗号分隔。程序参数的定义格式和要求如下：

选择标记：前缀为"\"的参数为可选参数，无前缀为必需参数。可选参数通常用于以Present（当前值）作为条件的IF指令，Present条件满足时，参数有效，否则参数忽略。

例如，以下程序中的switch on、wobj为可选参数，如参数switch on状态为ON，参数有效，程序指令1被执行，否则忽略参数switch on和程序指令1；如工件数据wobj已设定，则程序指令2将被执行，否则忽略参数wobj和程序指令2。

```
PROC glue ( \switch on , \PERS wobjdata wobj , num glueflow , ……)
  IF Present ( on ) THEN ;
    程序指令1                        // 可选参数 switch on 状态为 ON 时执行
  IF Present ( wobj ) THEN
    程序指令2                        // 可选参数 wobj(工件坐标系设定)符合时执行
  ENDIF
  ……
```

访问模式：访问模式用来定义参数的转换方式，可根据需要选择IN（输入）、INOUT（输入/输出）；IN为系统默认的访问模式，无需标注。输入参数（IN）在程序调用时需要指定初始值，在程序中，它可作为程序变量（VAR）使用。输入/输出参数（INOUT）不仅需要在程序调用时指定初始值，而且在程序执行完成后，还能将执行结果保存到程序参数上，供其他程序继续使用。

数据性质：数据性质用来定义程序参数的使用方法及保存、赋值、更新要求（见下述）。

程序参数的性质可为 VAR（程序变量）、PERS（永久数据），其中 VAR（程序变量）为系统默认的数据，无需标注。

数据类型：用来规定程序参数的格式，如十进制数值 num、布尔状态 bool、TCP 位置 robtarget、关节位置 robjoint、XYZ 位置 pos、工具数据 tooldata、工件数据 wobjdata 等。

参数/数组名称：参数名称。多个同类型参数也可用数组的形式表示，此时需要在参数名称后加"｛＊｝"标记。

排斥参数：排斥参数属于可选参数，它通常用于以 Present（当前值）作为条件的 IF 指令；用"｜"分隔的参数只能选择其中之一。例如，对于以下程序，如排斥参数 switch on 状态为 ON，程序指令 1 将被执行，同时忽略参数 switch off；否则忽略参数 switch on 和程序指令 1，执行程序指令 2。

```
PROC glue ( \switch on|switch off )
  IF Present (on) THEN ;
    程序指令 1                           // 排斥参数 switch on 符合时执行
  IF Present (off) THEN
    程序指令 2                           // 排斥参数 switch off 符合时执行
  ENDIF
```

3. 数据性质

数据性质用来定义程序数据的使用方法及保存、赋值、更新要求，它不仅可用于程序参数，而且它还是程序数据定义指令必需的标记。

RAPID 程序数据的性质有常量 CONST（constant）、永久数据 PERS（persistent）、程序变量 VAR（variable）3 类。常量 CONST、永久数据 PERS 保存在系统 SRAM 中，其值可保持；程序变量 VAR 保存在系统 DRAM 中，数值仅对当前执行的程序有效，程序执行完成或系统复位时，将被清除。

常量 CONST、永久数据 PERS、程序变量 VAR 的使用、定义方法如下。

(1) 常量 CONST。常量（constant）在系统中具有恒定的值。常量的值必须通过数据定义指令定义，常量的数值始终保持不变，程序执行完成也将继续保持。常量值可利用赋值指令、表达式等方式定义，也可用数组一次性定义多个常量。例如：

```
CONST num a := 3 ;                              // 定义常量 a=3
CONST num index := a + 6 ;                      // 用表达式定义常量 index=9
CONST pos seq{3} := [[0, 0, 0], [0, 0, 500], [0, 0,1000]];
                                               // 用 1 阶数组定义 3 个位置常量
CONST num dcounter_2{2, 3}:= [[9, 8, 7], [6, 5, 4]];  // 用 2 价数组定义 6 个常量
......
```

(2) 永久数据 PERS。永久数据（persistent）可定义初始值，数值可利用程序改变，程序执行结果能保存。永久数据 PERS 只能在模块中定义；主程序、子程序中可使用、改变永久数据的值，但不能定义永久数据。永久数据值可利用赋值指令、函数命令或表达式定义或修改；程序执行完成后，数值能保存在系统中，供其他程序或下次开机时使用。全局永久数据未定义初始值时，系统将自动设定十进制数值数据 num 的初始值为 0，布尔状态数据 bool 的初始值为 FALSE，字符串数据 string 的初始值为空白。例如：

```
MODULE mainmodu (SYSMODULE)                    // 永久数据只能在模块中定义
    ……
    PERS num a := 3 ;                          // 定义永久数据 a=3
    PERS num index := a + 5 ;                  // 用表达式定义永久数据 index =8
    PERS pos seq{3} := [[0, 0, 0], [0, 0, 500], [0, 0,1000]];
                                               // 用1价数组定义3个位置
    PERS num dcounter_2{2, 3}:= [[ 9, 8, 7 ], [ 6, 5, 4 ]];
                                               // 用2价数组定义6个常数
    ……
ENDMODULE
```

（3）程序变量 VAR。程序变量（variable，简称变量）是可供模块、程序自由定义、自由使用的程序数据。变量值可通过程序中的赋值指令、函数命令或表达式任意设定或修改；在程序执行完成后，变量值将被自动清除。变量的初始值、定义方式与永久相同。例如：

```
VAR num counter ;                              // 定义 counte 初始值为0
VAR bool bWorkStop ;                           // 定义 bWorkStop 初始值为 FALSE
VAR pos pHome ;                                // 定义 pHome 初始值为[ 0, 0, 0]
VAR string author_name ;                       // 定义 author_name 初始值为空白
……
VAR pos pStart := [100, 100, 50] ;            // 定义 pSstart 及[100, 100, 50]
author_name := "John Smith" ;                  // 修改变量 author_name
VAR num index := a + b ;                        // 用表达式赋值
VAR num maxno{6} := [1, 2, 3, 9, 8, 7] ;       // 定义1价数组 maxno 并赋值
VAR pos seq{3} := [[0, 0, 0], [0, 0, 500], [0, 0,1000]];  // 定义1价 pos 数组并赋值
VAR num dcounter_2{2, 3}:= [[ 9, 8, 7 ], [ 6, 5, 4 ]];   // 定义2价 num 数组并赋值
……
```

二、普通子程序与调用

模块式结构程序的主程序是用来组织、调用子程序的管理程序，程序通常以子程序调用指令为主。RAPID 主程序的子程序执行管理和调用方式如下。

1. 普通子程序执行

RAPID 普通子程序的执行方式分一次性执行和循环执行2类，其编程方法如下。

（1）一次性执行子程序。一次性执行的子程序在主程序启动后，只能调用、执行一次，一次性执行的子程序调用指令必须编制在主程序的最前面，并以无条件执行指令调用。

RAPID 子程序无条件调用指令 ProcCall，在实际编程时可省略。因此，子程序无条件调用时，只需要在程序行编写子程序名称。例如：

```
PROC mainprg ()
    ! Main program for MIG welding
    Initall ;                                  //无条件调用子程序 Initall
    ……
```

一次性执行子程序通常用于机器人作业起点、控制信号初始状态、程序数据初始值的定义，中断的设定等，因此，在 ABB 机器人上常称为初始化子程序，并命名为 Init、Initialize、Initall 或 rInit、rInitialize、rInitAll 等。

（2）循环执行子程序。循环执行子程序通常用于机器人的连续作业，它们可在主程序启动后无限重复地执行。

RAPID 循环执行子程序一般使用"WHILE—DO"指令编程，其格式如下：

```
WHILE 循环条件 DO
    循环子程序
    条件调用循环子程序
    ……
        执行等待指令
    ENDWHILE
ENDPROC
```

系统执行 WHILE 指令时，如循环条件满足，则可执行 WHILE 至 ENDWHILE 的循环指令；循环指令执行完成后，系统将再次检查循环条件，如满足，则继续执行循环指令；如此循环。如 WHILE 指令的循环条件不满足，系统可跳过 WHILE 至 ENDWHILE 的循环指令，执行 ENDWHILE 后的其他指令。

WHILE 指令的循环条件可为判别、比较式，如"Counter1＝10""reg1＜reg2"等，也可直接定义为逻辑状态"TRUE（满足）"或"FALSE（不满足）"。如果循环条件直接定义为"TRUE"，则 WHILE 至 ENDWHILE 的循环指令将进入无限重复；如定义为"FALSE"，则 WHILE 至 ENDWHILE 的指令将永远无法执行。

因此，如果子程序调用指令编制在 WHILE 循环内，便可循环调用子程序。

由于 RAPID 普通子程序只需要在程序行编写程序名，便可实现调用，因此，可直接通过无条件执行、重复执行、条件执行指令来实现子程序的无条件调用、重复调用、条件调用功能。无条件、重复、条件调用普通子程序的编程方法如下。

2. FOR 指令调用

普通子程序的重复调用可通过重复执行指令 FOR 实现。子程序调用指令（子程序名）可编写在程序行 FOR 至 ENDFOR 间。FOR 指令的编程格式如下，指令中的计数增量选项 STEP，可根据需要省略或添加。

```
FOR 计数器 FROM 计数起始值 TO 计数结束值 [STEP 计数增量] DO
    子程序调用                                                    // 重复执行指令
    ……
ENDFOR                                                          // 重复执行指令结束
```

省略 STEP 选项时，如计数结束值 TO 大于计数起始值 FROM，系统默认 STEP 值为 1，即每执行一次 FOR 至 ENDFOR 之间的指令，计数值自动加 1；如计数结束值 TO 小于计数起始值 FROM，系统默认 STEP 值为 −1，即每执行一次重复指令，计数值将自动减 1；如计数器初始值不在起始值 FROM 和结束值 TO 的范围内，将跳过 FOR 至 ENDFOR 之间的重复指令。

例如，对于以下程序，如计数器 i 初始值为 1，子程序 rWelding 可连续调用 10 次，完成后执行指令 Reset do1；如计数器 i 的初始值为 5，则子程序 rWelding 可连续调用 5 次，完成后执行指令 Reset do1；如计数器 i 初始值小于 1 或大于 10，则跳过子程序 rWelding，直接执行指令 Reset do1。

```
FOR i FROM 1 TO 10 DO
  rWelding ;                                    // 子程序 rWelding 重复调用
ENDFOR
  Reset do1 ;
  ……
```

当指令使用 STEP 选项（整数，可为负）时，如计数器初始值处于 FROM 和 TO 之间，每执行一次重复执行指令，计数值自动增加 1 个增量值；同样，如计数器初始值不在起始值 FROM 和结束值 TO 范围内，则直接跳过重复执行指令。

3. IF 指令调用

IF 指令可采用"IF—THEN""IF—THEN—ELSE""IF—THEN—ELSEIF—THEN—ELSE"等多种形式编程，用于子程序调用时，可分别实现如下功能。

（1）IF—THEN 调用。使用"IF—THEN"指令调用时，子程序调用指令（子程序名称）可编写在 IF 与 ENDIF 间，如 IF 条件满足，子程序将调用；否则，子程序将被跳过。

例如，对于以下程序，如果寄存器 reg1 小于 5，系统将调用子程序 work1，work1 执行完成后，执行指令 Reset do1；否则，将跳过子程序 work1 直接执行 Reset do1 指令。

```
IF reg1<5 THEN
  work1 ;
ENDIF
  Reset do1 ;
  ……
```

（2）IF—THEN—ELSE 调用。使用"IF—THEN—ELSE"指令调用时，子程序调用指令（子程序名称）可编写在程序行 IF 与 ELSE，或 ELSE 与 ENDIF 之间。如 IF 条件满足，IF 与 ELSE 间的子程序可被调用，而 ELSE 与 ENDIF 间的子程序将被跳过；否则，IF 与 ELSE 间的子程序被跳过，ELSE 与 ENDIF 间的子程序被调用。

例如，对于以下程序，如寄存器 reg1 小于 5，系统将调用子程序 work1，work1 执行完成后，跳转至指令 Reset do1；否则，系统将调用子程序 work2，work2 执行完成后，再执行指令 Reset do1。

```
IF reg1<5 THEN
  work1 ;
ELSE
  work2 ;
ENDIF
  Reset do1 ;
  ……
```

（3）IF—THEN—ELSEIF—THEN—ELSE 调用。指令"IF—THEN—ELSEIF—THEN—ELSE"可设定多重执行条件，子程序调用指令（子程序名称）可编写在所需的位置。

例如，对于以下程序，如寄存器 reg1＜4，系统将调用子程序 work1，work1 执行完成后，跳转至指令 Reset do1；如果 reg1＝4 或 5，系统将调用子程序 work2，work2 执行完成后，跳转至指令 Reset do1；如果 5＜reg1＜10，系统将调用子程序 work3，work3 执行完成后，跳转至指令 Reset do1；如 reg1≥10，系统将调用子程序 work4，再执行指令 Reset do1。

```
IF reg1<4 THEN
    work1 ;
ELSEIF reg1=4 OR reg1=5 THEN
    work2 ;
ELSEIF reg1<10 THEN
    work3 ;
ELSE
    work4 ;
ENDIF
    Reset do1 ;
    ……
```

4. TEST 指令调用

RAPID 普通子程序可通过条件测试指令 TEST 调用，子程序调用指令（子程序名称）可编写在所需的位置。TEST 指令的编程格式如下。

```
TEST 测试数据
CASE 测试值，测试值，……：
    调用子程序 ；
CASE 测试值，测试值，……：
    调用子程序 ；
……
DEFAULT：
    调用子程序 ；
ENDTEST
    ……
```

TEST 条件调用可通过对 TEST 测试数据的检查，按 CASE 指定的值，执行不同的指令。程序中的 CASE 使用次数不受限制，DEFAULT 可根据需要使用或省略。

例如，对于以下程序，如寄存器 reg1 的值为 1、2、3，系统将调用子程序 work1，work1 执行完成后，跳转至指令 Reset do1；如 reg1 的值为 4 或 5，系统将调用子程序 work2，work2 执行完成后，跳转至指令 Reset do1；如 reg1 的值为 6，系统将调用子程序 work3，work3 执行完成后，跳转至指令 Reset do1；如 reg1 的值不在 1～6 的范围内，则系统调用子程序 work4，work4 执行完成后，再执行指令 Reset do1。

```
TEST reg1
CASE 1，2，3：
  work1 ；
CASE 4，5：
  work2 ；
CASE 6：
  work3 ；
DEFAULT：
  work4 ；
ENDTEST
  Reset do1 ；
  ……
```

拓展提高

功能、中断子程序与调用

1. 功能子程序

功能子程序是一种具有运算、比较等功能，能向调用指令返回执行结果的参数化编程模块。功能子程序 FUNC 直接通过指令中的用户自定义函数命令调用，函数命令的名称就是对应的功能子程序名；因此，它既不需要编制子程序调用指令，也不能改变程序名。

功能子程序的调用示例如下，示例中的主程序 PROC mainprg（）使用了 3 个用户自定义函数：pStart 用于 TCP 位置数据 robtarget 的运算，veclen 用于十进制数值数据 num 的运算，CurrentPos 用于布尔状态数据 bool 的运算，程序简要说明如下。

```
PROC mainprg（）
  ……
  p0 ：= pStart(Count1) ；                        // 调用 pStart,确定起点位置 p0
  work_Dist ：= veclen(p0. trans) ；              // 调用 veclen,计算移动距离 work_Dist
  IF NOT CurrentPos（p0, tMIG1）THEN            // 调用 CurrentPos,确定 IF NOT 逻辑状态
  ……
ENDPROC
！ ************************************************************
```

```
FUNC robtarget pStart（num nCount）                                // 程序声明
  VAR robtarget pTarget ；                                       // 定义程序数据 pTarget
  TEST nCount                                                  // 利用 TEST 指令确定 pTarget 值
    CASE 1：
    pTarget：= Offs(p0, 200, 200, 500) ；
    CASE 2：
    pTarget：= Offs(p0, 400, 200, 500) ；
    ……
    ENDTEST
    RETURN pTarget ；                                          // 返回 pTarget 值
ENDFUNC
！ ************************************************************
```

```
FUNC num veclen(pos vector)                                    // 程序 veclen 声明
    RETURN sqrt(quad(vector. x) + quad(vector. y) + quad(vector. z));
                                // 计算位置数据 vector 的 √x²+y²+z² 值，并返回结果
ENDFUNC
!  **********************************************************
```

$$RETURN \ sqrt(quad(vector.x) + quad(vector.y) + quad(vector.z));$$

// 计算位置数据 vector 的 $\sqrt{x^2+y^2+z^2}$ 值，并返回结果

```
FUNC bool CurrentPos(robtarget ComparePos，INOUT tooldata CompareTool）   //程序声明
    VAR num Counter:= 0 ;                               // 定义程序数据 Counter 及初值
    VAR robtarget ActualPos ;                              // 定义程序数据 ActualPos
    ActualPos:=CRobT(\Tool:= CompareTool\WObj:=wobj0) ;        // 实际位置读取
IF ActualPos. trans. x>ComparePos. trans. x-25 AND ActualPos. trans. x <ComparePos. trans. x +
25 Counter:=Counter+1;                                      // 判别 X 轴位置
    ……
    IF  ActualPos. rot. q1 > ComparePos. rot. q1-0. 1 AND ActualPos. rot. q1 < Compare-
Pos. rot. q1 +0. 1 Counter:=Counter+1 ;                       // 判别工具姿态参数 q1
    ……
    RETURN Counter=7 ;                               // 判断 Counter=7,返回逻辑状态
ENDFUNC
!  **********************************************************
```

① 功能子程序 pStart。用户自定义函数命令 pStart 用于多工件作业时的机器人起点 TCP 位置 robtarget 计算，故子程序名为"FUNC robtarget pStart"。

功能子程序 pStart 的输入参数为十进制数值型（num）数据 nCount，故程序声明中的参数表为"（num nCount）"。在主程序中，函数命令 pStart 后缀括号中的 Count1（工件计数值），就是子程序参数 nCount 的输入值；改变 Count1 值，便可改变函数命令 pStart 的计算结果。子程序 pStart 中的程序数据 pTarget 用来保存函数运算结果，子程序执行完成后，其值可通过指令 RETURN 返回到主程序，作为函数命令 pStart 的运算结果。

② 功能子程序 veclen。用户自定义函数命令 veclen 用来计算机器人作业起点 $P0$ 至坐标原点的空间距离 veclen。空间距离为十进制数值型数据（num），故程序名为"FUNC num veclen"。

计算空间距离需要以作业起点 $P0$ 的 XYZ 坐标（XYZ 位置型数据 pos）作为参数，故程序声明中的参数表为"（pos vector）"。在主程序中，函数命令 veclen 后缀括号中的 p0. trans（TCP 位置 $P0$ 的 XYZ 坐标值），就是子程序参数 vector 的输入值；改变 $P0$ 的 XYZ 坐标值，便可改变函数命令 veclen 的计算结果。子程序 veclen 直接通过返回指令 RETURN 的运算式 $\sqrt{x^2+y^2+z^2}$ 计算距离，其计算结果可直接返回至主程序，作为函数命令 veclen 的运算结果。

③ 功能子程序 CurrentPos。用户自定义函数命令 CurrentPos 用来生成位置判别的布尔状态型数据 bool，故程序名称为"FUNC bool CurrentPos"。

判别机器人 TCP 位置一方面需要以基准位置（TCP 位置数据 robtarget）作为输入参数；同时，子程序中的机器人实际位置读取函数指令 CRobT，需要引用工具数据 tooldata，工具数据被子程序引用后，仍需要返回主程序继续使用，因此，其数据类型为输入/输出型

工具数据（INOUT tooldata）。所以，程序声明中的参数表为"（robtarget ComparePos，IN-OUT tooldata CompareTool）"。在主程序中，函数命令 CurrentPos 后缀括号中的（p0，tMIG1），就是子程序参数 ComparePos、CompareTool 的输入值；改变 TCP 位置 p0、工具数据 tMIG1，便可改变函数命令 CurrentPos 的运算结果。

功能子程序 CurrentPos 使用了 1 个十进制数值型程序数据 Counter 和 1 个 TCP 位置型程序数据 ActualPos。其中，程序数据 ActualPos 是利用指令 CRobT 读取的、工具数据为 Compare-Tool 时的机器人 TCP 当前位置。程序数据 Counter 是用来计算实际位置 ActualPos 和基准位置 ComparePos 中符合项数量的计数器。例如，当机器人实际位置 ActualPos 的 X 坐标值（Actu-alPos. trans. x）处在基准位置 ComparePos 的 X 坐标值（ComparePos. trans. x）±25mm 范围内时，认为 X 轴位置符合规定，计数器 Counter 加 1；同样，当实际位置 ActualPos 的工具姿态四元素 q_1（ActualPos. rot. q1）处在基准位置 ComparePos 的 q_1 值（ComparePos. rot. q1）±0.1 范围内时，认为工具姿态参数 q1 符合规定、计数器 Counter 加 1 等。

功能子程序 CurrentPos 需要对机器人 TCP 位置中的 $[x，y，z]$ 坐标值、工具姿态 $[q_1，q_2，q_3，q_4]$ 共 7 个数据项进行比较，全部符合时，计数器 Counter＝7，此时，返回指令 RETURN Counter＝7 将向主程序返回布尔状态"TRUE"，否则，返回布尔状态"FALSE"。

2. 中断子程序

中断程序（Trap routines，简称 TRAP）通常是用来处理异常情况的特殊程序，它可直接用中断条件调用，一旦中断条件满足或中断信号输入，系统将立即终止现行程序的执行，无条件调用中断程序。

全局中断程序直接以程序类型 TRAP 起始，用 ENDTRAP 结束，程序结构与格式如下。

```
TRAP 程序名称
　程序指令
　……
END TRAP
```

中断程序的起始行同样为程序声明，但不能定义参数，因此，程序声明只需要在 TRAP 后定义程序名称，ENDTRAP 代表中断程序结束。

系统的中断功能一旦生效，中断程序就可随时中断条件直接调用，例如，利用输入信号调用中断程序的编程格式如下：

```
CONNECT 中断名称 WITH 中断程序 ；
ISignalDI 输入信号，1，中断名称；
……
```

指令 CONNECT—WITH 用来建立中断名称（条件）和中断程序的连接，中断连接一旦建立，只要满足中断条件，系统可立即终止执行中的程序，无条件调用 WITH 指定的中断程序。指令 ISignalDI 用来定义中断条件和启动中断功能，ISignalDI 为系统开关量输入信号（DI 信号）中断，输入状态为"1"时执行中断。以上指令一经执行，如果不利用指令 IDisable 禁止，中断监控功能将始终保持有效。

利用输入信号调用中断程序 TRAP WorkStop 的示例如下，中断功能通过子程序 PROC Initall 启动，中断名称定义为 irWorkStop；中断信号定义为 DI 输入 diWorkStop。

```
PROC Initall()
    ……
    IDelete irWorkStop ;
    CONNECT irWorkStop WITH WorkStop ;
    ISignalDI diWorkStop，1，irWorkStop ;
ENDPROC
! ************************************************************
TRAP WorkStop
    TPWrite "Working Stop" ;
    bWorkStop :=TRUE ;
    ……
ENDTRAP
! ************************************************************
```

在以上程序中，子程序 PROC Initall 一经执行，只要 DI 输入 diWorkStop 为 "1"，便可调用中断程序 TRAP WorkStop，系统可通过指令 TPWrite 在示教器上显示 "Working Stop" 文本，同时将程序数据 bWorkStop 的逻辑状态设定为 "TRUE"。

技能训练

结合本任务的学习，完成以下多项选择题。

1. 以下对工业机器人程序指令特点理解正确的是（   ）。

A. 由指令码、操作数组成　　　　　　B. 操作数多

C. 指令不统一　　　　　　　　　　　D. 操作数不统一

2. 以下对当前工业机器人程序结构理解正确的是（   ）。

A. 都为线性　　　　　　　　　　　　B. 都为模块式

C. 线性、模块式都用　　　　　　　　D. 线性、模块式都不用

3. 以下对 ABB 工业机器人 RAPID 程序编制理解正确的是（   ）。

A. 采用模块式结构　　　　　　　　　B. 由程序模块、系统模块组成

C. 所有模块都需要用户编制　　　　　D. 程序模块需要使用者编制

4. 以下对单任务作业的 RAPID 程序模块理解正确的是（   ）。

A. 只有1个任务　　B. 只有1个模块　　C. 必须有主模块　　D. 主模块包含主程序

5. 以下程序元素中，RAPID 程序可以不使用的是（   ）。

A. 标题　　　　　B. 注释　　　　　C. 声明　　　　　D. 标识

6. 以下对 RAPID 程序标识理解正确的是（   ）。

A. 是程序元素的名称　　　　　　　　B. 最多32字符

C. 首字符必须为字母　　　　　　　　D. 不能为保留字

7. 以下对 RAPID 程序主模块理解正确的是（   ）。

A. 必须有声明　　B. 必须有主程序　　C. 必须有子程序　　D. 必须包含全部程序

8. 以下对 RAPID 主程序及指令理解正确的是（   ）。

A. 一个模块只有1个　　　　　　　　B. 以程序管理为主

C. 以机器人运动为主　　　　　　　　　D. 以数据定义为主

9. 以下 RAPID 程序中，必须采用参数化编程的是（　　　）。

A. 主程序　　　　　　B. 普通主程序　　　　C. 功能子程序　　　　D. 中断子程序

10. 以下 RAPID 程序中，程序声明必须使用或保留参数括号的是（　　　）。

A. 主程序　　　　　　B. 普通主程序　　　　C. 功能子程序　　　　D. 中断子程序

11. 以下对 RAPID 普通子程序及指令理解正确的是（　　　）。

A. 作业控制为主　　B. 通过指令调用　　C. 可返回执行结果　D. 必须使用参数

12. 以下对 RAPID 功能子程序及指令理解正确的是（　　　）。

A. 能进行函数运算　B. 通过指令调用　　C. 可返回执行结果　D. 必须使用参数

13. 以下对 RAPID 中断子程序及指令理解正确的是（　　　）。

A. 用于异常处理　　B. 通过指令调用　　C. 可返回执行结果　D. 必须使用参数

14. 以下对 RAPID 程序声明中的系统默认值理解正确的是（　　　）。

A. 默认全局　　　　B. 默认输入参数　　C. 默认程序变量　　D. 默认必需参数

15. 以下对 RAPID 程序数据性质定义指令理解正确的是（　　　）。

A. 只能在主模块定义B. 数值不能改变　　C. 可使用表达式　　D. 可以为数组

16. 以下对常量 CONST 型程序数据及数值理解正确的是（　　　）。

A. 数值恒定　　　　　　　　　　　　　B. 数值可通过程序改变

C. 保存在 SRAM 中　　　　　　　　　　D. 程序完成后保持

17. 以下对永久数据 PERS 型程序数据及数值理解正确的是（　　　）。

A. 数值恒定　　　　　　　　　　　　　B. 数值可通过程序改变

C. 保存在 SRAM 中　　　　　　　　　　D. 程序完成后保持

18. 以下对程序变量 VAR 型程序数据及数值理解正确的是（　　　）。

A. 数值恒定　　　　　　　　　　　　　B. 数值可通过程序改变

C. 保存在 SRAM 中　　　　　　　　　　D. 程序完成后保持

19. 以下对 RAPID 普通子程序调用理解正确的是（　　　）。

A. 指令 ProcCall 可省略　　　　　　　　B. 可无限循环

C. 可只执行一次　　　　　　　　　　　D. 可条件执行

20. 以下对 RAPID 功能子程序调用理解正确的是（　　　）。

A. 需要用 ProcCall 指令调用　　　　　　B. 直接用函数命令调用

C. 参数需要在调用指令赋值　　　　　　D. 程序名称可任意定义

21. 以下对 RAPID 中断子程序调用理解正确的是（　　　）。

A. 需要通过 ProcCall 指令调用　　　　　B. 直接用程序中的中断条件调用

C. 中断一旦启动、监控始终有效　　　　D. 只能在当前指令执行完成后调用

任务 2　掌握 RAPID 常用指令

知识目标

① 熟悉 RAPID 运动控制指令的功能、编程格式。

② 掌握 RAPID 基本输入/输出指令的编程方法。

③ 掌握 RAPID 控制点输出指令的编程方法。

④ 熟悉 RAPID 程序运行控制指令的功能、编程格式。

⑤ 了解程序中断指令的使用方法

能力目标

① 能编制常用的运动控制指令。

② 能熟练使用 RAPID 输入/输出指令编制输出/输出控制程序。

③ 能编制常用的程序运行控制指令。

④ 能阅读中断控制程序。

基础学习

一、运动控制指令与编程

RAPID 运动控制指令包括机器人移动、速度与加速度控制、机器人姿态控制等。在项目三中，我们已对 RAPID 程序中的机器人目标位置、到位区间、运动轨迹、移动速度等移动要素的定义方法，以及绝对位置定位、关节插补、直线插补、圆弧插补等移动指令的编程格式与要求进行了初步学习，本节将对 RAPID 移动速度、加速度，姿态的设定和调整等常用指令的编程格式与要求进行介绍。

1. 速度控制指令

RAPID 速度控制指令用于移动指令的速度倍率调整、最大移动速度限制等。速度控制指令属于模态指令，指令设定的倍率、限制值，对后续的全部运动指令均有效，直至利用新的指令重新设定或进行系统默认值恢复操作。如程序同时使用了多种速度限制指令，实际速度限制值将取其中的最小者。

常用的 RAPID 速度控制指令及编程格式如表 4-2-1 所示，说明如下。

表 4-2-1　常用的 RAPID 速度控制指令及编程格式

名称	编 程 格 式 与 示 例		
速度设定	VelSet	编程格式	VelSet Override，Max
		程序数据	Override：速度倍率，% Max：TCP 最大速度，mm/s
	功能说明		设定速度倍率、机器人 TCP 最大速度
速度倍率调整	SpeedRefresh	编程格式	SpeedRefresh Override
		程序数据	Override：速度倍率，%
	功能说明		调整移动速度倍率
关节速度限制	SpeedLimAxis	编程格式	SpeedLimAxis MechUnit，AxisNo，AxisSpeed
		程序数据	MechUnit：机械单元名称 AxisNo：关节轴序号 AxisSpeed：关节速度限制值，(°)/s 或 mm/s
	功能说明		限制指定机械单元、指定关节轴的最大移动速度

（1）速度设定指令。RAPID 速度设定指令用来规定速度数据倍率和 TCP 最大速度。指令中的程序数据 Override 用来规定速度数据 speeddata 倍率（百分率），因此它对 TCP 移动速度 v_tcp、工具定向速度 v_ori、外部直线轴速度 v_leax、外部回转轴速度 v_reax 均有效，但不能改变机器人作业参数中所规定的速度，如焊接数据 welddata 规定的焊接速度等。指

令中的程序数据 Max 用来设定机器人关节、直线、圆弧插补的 TCP 最大速度，它不能限制绝对位置定位、外部轴绝对定位的速度，也不能限制利用添加项 \ T 指定的速度。

RAPID 速度设定指令 VelSet 的编程示例如下。

```
VelSet 50,800;                        //指定速度倍率50%、TCP最大速度800mm/s
MoveJ   p0,v1000,z20,tool1;                   // 倍率有效,TCP速度为500mm/s
MoveL   p1,v2000,z20,tool1;                   // 速度限制有效,TCP速度800mm/s
MoveAbsJ p2,v2000,fine,grip1;        // 倍率有效、速度限制无效,TCP速度1000mm/s
MoveExtJ  p3,vrot100,z20;             // 倍率有效、速度限制无效,回转速度50°/s
MoveL   p4,v1000\T:=5,z20,tool1;             // 倍率有效,实际移动时间10s
MoveL   * ,v2000\T:=6,z20,tool1;     // 倍率有效、速度限制无效,实际移动时间12s
......
```

（2）速度倍率调整指令。速度倍率调整指令 SpeedRefresh 可以倍率（百分率）的形式调整移动指令的速度，倍率允许范围为 0～100 ％，指令的编程示例如下。

```
VAR num speed_ov1 := 50;                        // 速度倍率speed_ov1定义
MoveJ   p1,v1000,z20,tool1;                    // 倍率未生效,速度1000
MoveL   p2,v2000,z20,tool1;                    // 倍率未生效,速度2000
SpeedRefresh speed_ov1 ;                       // 生效速度倍率speed_ov1
MoveJ   p1,v1000,z20,tool1;                    // 倍率有效,速度500
MoveL   p2,v2000,z20,tool1;                    // 倍率有效,速度1000
......
```

（3）关节速度限制指令。关节速度限制指令用来限制指定机械单元、指定关节轴的最大速度，该指令受系统 DI 信号"LimitSpeed"控制。指令生效时，如指定关节轴的速度超过了限制值，系统将自动以速度限制值运动；对于插补运动，只要其中有一轴的速度被限制，参与插补运动的其他运动轴的速度也将同比例下降，以保证插补轨迹的不变。

指令中的程序数据 MechUnit 用来选择机械单元；AxisNo 用来选择轴，6 轴垂直串联机器人的 J1、J2、…、J6 序号依次为 1、2、…、6；AxisSpeed 为速度限制值，关节轴或外部回转轴的单位为（°）/s；直线轴的单位为 mm/s。

轴速度限制指令 SpeedLimAxis 的编程示例如下。

```
SpeedLimAxis ROB_1, 1, 10;
......
SpeedLimAxis ROB_1, 6, 30;
SpeedLimAxis STN_1, 1, 20;
......
```

当系统 DI 信号"LimitSpeed"为"1"时，机器人 ROB _ 1 的 J1 轴速度限制为 10°/s，J6 轴速度限制为 30°/s；变位器 STN _ 1 的 e1 轴速度限制为 20°/s。

2. 加速度控制指令

工业机器人的加减速方式有图 4-2-1 所示的线性和 S 形（亦称钟型或铃型）2 种。

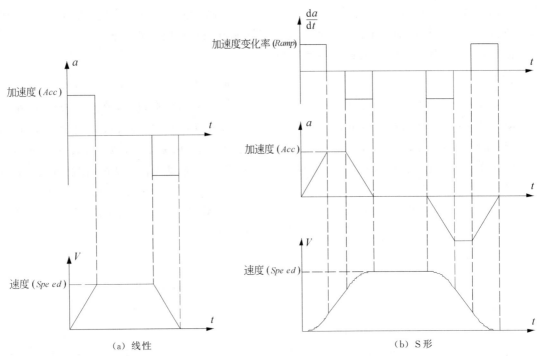

图 4-2-1　工业机器人的加减速方式

　　线性加减速的加速度（Acc）为定值，加减速时的速度线性变化，加减速开始、结束区存在较大冲击。S形加减速是加速度变化率 $\mathrm{d}a/\mathrm{d}t$（Ramp）保持恒定的加减速方式，加减速时的加速度、速度分别按线性、S形曲线变化，其加减速平稳、机械冲击小。

　　ABB 机器人采用的 S 形加减速，其加速度、加速度变化率以及 TCP 点加速度等均可通过 RAPID 加速度设定指令、加速度限制指令定义。加速度控制指令属于模态指令，指令设定的加速度倍率、加速度变化率倍率、最大加速度限制值，对后续的全部移动指令都有效，直至利用新的指令重新设定或进行系统默认值恢复操作。如程序同时使用了多种加速度限制指令，实际加速度限制值将取其中的最小者。

　　常用的 RAPID 加速度控制指令及编程格式如表 4-2-2 所示，说明如下。

表 4-2-2　常用的 RAPID 加速度控制指令及编程格式

名称			编程格式与示例
加速度设定	AccSet	编程格式	AccSet Acc，Ramp
		程序数据	Acc:加速度倍率,%
			Ramp:加速度变化率倍率,%
		功能说明	设定加速度、加速度变化率倍率
加速度限制	PathAccLim	编程格式	PathAccLim　AccLim [\AccMax]，DecelLim [\DecelMax]
		程序数据与添加项	AccLim:启动加速度限制生效/撤销
			\AccMax:启动加速度限制值,$\mathrm{m/s^2}$
			DecelLim:停止加速度限制生效/撤销
			\DeceMax:停止加速度限制值,$\mathrm{m/s^2}$
		功能说明	设定启/制动的最大加速度

　　（1）加速度设定指令。加速度设定指令 AccSet 用来设定移动指令的加速度、加速度变化率倍率。加速度倍率允许设定的范围为 20%～100%；如设定值小于 20%，系统将自动取 20%；加

速度变化率倍率允许设定的范围为 $10\%\sim100\%$；如设定值小于 10%，系统将自动取 10%。

加速度设定指令指令的编程实例如下。

AccSet 50,80；	// 指令有效,加速度倍率 50%、变化率倍率 80%
AccSet 15,5；	// 指令无效,加速度倍率 20%、变化率倍率 10%
……	

（2）加速度限制指令。加速度限制指令用来规定机器人 TCP 的最大加速度，指令生效时，如加速度超过了限制值，将自动使用限制值加速。程序数据 AccLim、DecelLim 为布尔状态型数据，设定 TURE 或 FALSE，可生效或撤销机器人启动、停止时的加速度限制功能；添加项 \AccMax、\DecelMax 用来设定启动、停止时的加速度限制值，最小设定值为 $0.1\ \mathrm{m/s^2}$。

加速度限制指令的编程示例如下。

PathAccLim TRUE\AccMax := 4，FALSE；	// 启动加速度限制为 $4\ \mathrm{m/s^2}$
MoveL p2，v1000，z30，tool0；	// TCP 以 $4\ \mathrm{m/s^2}$ 启动、移动到 p2 点
PathAccLim FALSE，TRUE\DecelMax := 3；	// 停止加速度限制为 $3\ \mathrm{m/s^2}$
MoveL p3，v1000，fine，tool0；	// TCP 在 p3 点以 $3\ \mathrm{m/s^2}$ 加速度停止
PathAccLim FALSE，FALSE；	// 撤销启/停加速度限制功能
……	

3. 姿态控制指令

RAPID 姿态控制指令用于以 TCP 位置为移动目标位置的关节插补、直线插补、圆弧插补指令，常用的姿态控制指令及编程格式如表 4-2-3 所示。

表 4-2-3　常用的 RAPID 姿态控制指令及编程格式

名称		常用的编程格式与示例	
关节插补姿态控制	ConfJ	编程格式	ConfJ [\ON] | [\OFF]
		指令添加项	\ON:生效姿态控制
			\OFF:撤销姿态控制
	功能说明	生效/撤销关节插补的姿态控制功能	
直线、圆弧插补姿态控制	ConfL	编程格式	ConfL [\ON] | [\OFF]
		指令添加项	\ON:生效姿态控制
			\OFF:撤销姿态控制
	功能说明	生效/撤销关节插补的姿态控制功能。	
奇点姿态控制	SingArea	编程格式	SingArea [\Wrist] | [\LockAxis4] | [\OFF]
		指令添加项	\Wrist:改变工具姿态、避免奇点
			\LockAxis4:锁定 J4 轴、避免奇点
			\OFF:撤销奇异点姿态控制
	功能说明	生效/撤销奇异点姿态控制功能	

（1）插补姿态控制。关节插补姿态控制指令 ConfJ 用来规定关节插补时的机器人、工具姿态；直线、圆弧插补姿态控制指令 ConfL 用来规定直线插补、圆弧插补时的机器人、工具的姿态。指令可通过添加项 \ON 或 \OFF 来生效或撤销机器人、工具的姿态控制功能。

通过 ConfJ\ON、ConfL\ON 指令生效姿态控制功能时，系统可保证目标位置的机器人、工具姿态与 TCP 位置数据 robtarget 所规定的姿态一致；如这样的姿态无法实现，程序将在指令执行前自动停止。通过 ConfJ\OFF、ConfL\OFF 指令取消姿态控制功能时，如系统无法保证 TCP 位置数据 robtarget 所规定的姿态，将自动选择最接近 robtarget 数据的姿态，继续执行插补指令。

插补姿态控制指令属于模态指令，指令设定的控制状态对后续的程序有效，直至利用新的指令重新设定或进行恢复系统默认值（ConfJ \ ON、ConfL \ ON）的操作。

插补姿态控制指令的编程示例如下。

```
ConfJ \ ON ;                          // 关节插补姿态控制生效
ConfL \ ON ;                          // 直线、圆弧插补姿态控制生效
MoveJ p1, v1000, z30, tool1 ;         //关节插补运动到 p1 点,并保证姿态一致
MoveL p2, v300, fine, tool1 ;         // 直线插补运动到 p2 点,并保证姿态一致
MoveC p3,p4,v200,z20,Tool1;           // 圆弧插补运动到 p4 点,并保证姿态一致
……
ConfJ \ OFF ;                         // 关节插补姿态控制撤销
ConfL \ OFF;                          // 直线、圆弧插补姿态控制撤销
MoveJ p10, v1000, fine, tool1 ;       // 以最接近的姿态关节插补到 p10 点
……
```

（2）奇点姿态控制。通过项目三的学习，我们已经知道 6 轴串联机器人在工作范围内的奇点主要有臂奇点、肘奇点、腕奇点 3 类。其中，肘奇点只要机器人不进行极限位置工作，便可避免；而在臂奇点、腕奇点上，如果能明确 J4 轴的角度，J1、J6 轴也就不会产生 180°的瞬间旋转。

RAPID 奇点姿态控制指令 SingArea 可通过少量调整工具姿态、锁定 J4 轴位置的方式，来回避、规定奇点的定位方式。指令功能、编程示例如下。

\ OFF：撤销奇点姿态控制，工具姿态调整，J4 轴位置锁定无效。

\ Wrist：自动调整工具姿态、避免奇点。

\ LockAxis4：J4 轴锁定在 0°或±180°位置，避免 J1、J4、J6 轴的瞬间旋转。

```
SingArea\Wrist ;                      // 改变工具姿态、避免奇点定位
MoveL p2, v1000, z30, tool0 ;         // 机器人移动到 p2 点
```

二、基本输入/输出指令与编程

1. 输入/输出信号与处理

机器人的输入/输出指令用来控制机器人系统辅助部件的动作，如搬运机器人抓手的夹紧/松开，点焊机器人的焊钳开/合、电极加压、焊接电流通/断及焊接电流电压调节等。

机器人控制系统的辅助控制信号一般有开关量输入/输出（DI/DO）、模拟量输入/输出（AI/AO）两类。DI/DO 信号多用于开关状态检测、电磁元件通/断控制，其状态可用布尔状态数据 bool 或二进制数字描述。AI/AO 信号一般用于连续变化参数的检测与调节，其状态需要以十进制数值描述。

根据信号的功能与用途，机器人的辅助控制信号又可分系统信号和外部信号两类。系统信号用于系统运行控制，如急停、伺服启动、程序运行、程序暂停等，系统信号的功能、用途通常由系统生产厂家规定，用户一般不使用。外部信号用来检测、控制机器人和工具，信号的功能、数量、地址均由用户定义，动作可通过程序控制。

在控制系统上，开关量输入/输出（DI/DO）信号的状态均以二进制布尔状态数据 bool 的形式存储，其储存器的地址为连续分配；因此，在 RAPID 程序中，不仅可通过普通逻辑操作指令进行独立的二进制位（bit）处理，而且也可用十进制数值数据 num 的形式，利用字节（8 位）、字（16 位）、双字（32 位）逻辑处理函数命令进行成组处理。

RAPID 输入/输出指令有用于系统软硬件配置的 I/O 配置、检测指令，用于特殊作业的控制点输入/输出、特殊模拟量输出指令，以及常规的 I/O 读写指令等。其中，I/O 读写指令是机器人程序最为常用的指令，其编程格式、要求如下。

2. I/O 状态读入

在 RAPID 程序中，I/O 信号的当前状态可通过 RAPID 标准函数命令读取、检查，DI/DO 信号状态可成组读取。I/O 状态读入函数命令及编程格式如表 4-2-4 所示，在 ABB 新版控制系统上，程序参数 di1、gi1、current 可直接读取 DI、GI、AI 的状态，无需使用函数命令。

表 4-2-4　I/O 状态读入函数命令及编程格式

名称	编程格式与示例		
DO 状态读入	DOutput	命令参数	Signal：信号名称
	编程示例	flag1：= DOutput(do1)	
AO 数值读入	AOutput	命令参数	Signal：信号名称
	编程示例	reg1：= AOutput(current)	
32 点 DI 状态成组读入	GInputDnum	命令参数	Signal：信号名称
	编程示例	reg1：= GInputDnum (gi1)	
16 点 DO 状态成组读入	GOutput	命令参数	Signal：信号名称
	编程示例	reg1：=GInput(go1)	
32 点 DO 状态成组读入	GOutputDnum	命令参数	Signal：信号名称
	编程示例	reg1：=GOutputDnum(go1)	
DI 状态检测	TestDI	命令参数	Signal：信号名称
	编程示例	IF TestDI (di2) SetDO do1，1	

I/O 状态读入函数命令的编程要求和示例如下。

（1）DI/DO 状态读入。DI/DO 状态读入函数命令用来读入参数指定的 DI/DO 信号状态，命令的执行结果为 DIO 数值（dionum）数据，数值为"0"或"1"。例如：

```
flag1：= di1 ；                              // 读入信号 di1 状态
flag2：= DOutput(do1) ；                      // 读入信号 do1 状态
IF di2 = 1 THEN                              // di2 状态用作 IF 指令条件
……
```

（2）AI/AO 数值读入。AI/AO 数值读入函数命令用来读入指定 AI/AO 通道的模拟量输入/输出值，命令的执行结果为十进制数值型数据 num。例如：

```
reg1：= ai1 ；                               // 读入 ai1 值
reg2：= AOutput(ao1) ；                      // 读入 ao1 值
deviation1 := 3 * ai2 + 10 ；                // ai2 值参与运算
IF ai2 = 5.12 THEN                          // ai2 值用作 IF 指令条件
……
```

（3）DI/DO 状态成组读入。DI/DO 状态成组读入函数命令用来一次性读入 8～32 点 DI/DO 信号状态，命令执行结果为十进制数值数据 num 或双字长十进制数值 dnum。例如：

```
reg1:= gi1;                              // 读入 gi1 组 16 点 DI 状态
reg2:= GOutput(go1);                     // 读入 go1 组 16 点 DI 状态
reg3:= GInputDnum(gi1);                  // 读入 gi1 组 32 点 DI 状态
reg4:= GOutputDnum(go1);                 // 读入 go1 组 32 点 DI 状态
IF gi2 = 5 THEN                          // DI 组状态作 IF 指令条件
IF GInputDnum(gi2) = 25 THEN             // 32 点 DI 组状态作 IF 指令条件
......
```

（4）DI 状态检测。DI 状态检测函数命令用来检测指定的 DI 信号状态，命令执行结果为布尔状态"TRUE"或"FALSE"，命令多用于 IF 指令的条件判断。例如：

```
IF TestDI(di2) SetDO do1, 1;                      // di2=1 时 do1 输出 1
IF NOT TestDI(di2) SetDO do2, 1;                  // di2=0 时 do2 输出 1
IF TestDI(di1) AND TestDI(di2) SetDO do3, 1;      // di1、di2 同时为 1 时 do3 输出 1
......
```

3. DO/AO 输出指令

在 RAPID 程序中，DO 输出状态、AO 输出值均可通过 DO/AO 输出（写）指令定义；DO 信号可成组输出，也可用状态取反、脉冲、延时等方式输出。DO/AO 输出指令及编程格式如表 4-2-5 所示。

表 4-2-5　DO/AO 输出指令及编程格式

名称			编程格式与示例	
输出控制	DO 信号 ON	Set	程序数据	Signal：信号名称
	DO 信号 OFF	Reset	程序数据	Signal：信号名称
	DO 信号取反	InvertDO	程序数据	Signal：信号名称
	脉冲输出	PulseDO	程序数据	Signal：信号名称
			指令添加项	\High、\Plength
输出设置	DO 状态设置	SetDO	程序数据	Signal，Value
			指令添加项	\SDelay、\Sync
	DO 组状态设置	SetGO	程序数据	Signal，Value｜Dvalue
			指令添加项	\SDelay
	AO 值设置	SetAO	程序数据	Signal，Value

DO/AO 输出指令的编程要求和示例如下。

（1）输出控制。输出控制指令用来定义指定 DO 点的 ON（1）、OFF（0）或现行状态取反输出。例如：

```
Set do2;                                 // do2 输出 ON
Reset do15;                              // do15 输出 OFF
InvertDO do10;                           // do10 输出状态取反
......
```

（2）脉冲输出。脉冲输出指令 PulseDO 可在指定的 DO 点上输出图 4-2-2 所示的脉冲信号，输出脉冲宽度、输出形式可通过指令添加项 \High、\PLength 定义。

指令在未使用添加项 \High 时，PulseDO 指令的输出如图 4-2-2（a）所示，脉冲的形状与指令执行前的 DO 信号状态有关：如指令执行前 DO 信号状态为 "0"，则产生一个正脉冲；如指令执行前 DO 信号状态为 "1"，则产生一个负脉冲。脉冲宽度可通过添加项 \PLength 指定，未使用添加项 \PLength 时，系统默认的脉冲宽度为 0.2s。

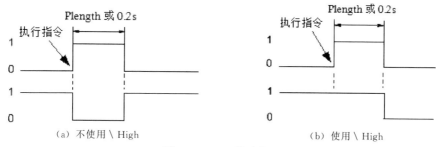

图 4-2-2　DO 脉冲输出

指令使用添加项 \High 时，输出脉冲只能为 "1" 状态，其实际输出有图 4-2-2(b) 所示的两种情况：如指令执行前 DO 信号状态为 "0"，则产生一个 \PLength 指定宽度的正脉冲；如指令执行前 DO 信号状态为 "1"，则 "1" 状态将保持 \PLength 指定的时间；添加项 \Plength 未使用时，系统默认的脉冲宽度为 0.2s。

脉冲输出指令的编程示例如下。

```
PulseDO do15 ;                              // do15 输出宽度 0.2s 的脉冲
PulseDO \PLength :=1.0, do2 ;               // do2 输出宽度 1s 的脉冲
PulseDO \High, do3 ;                        // do3 输出 0.2s 脉冲,或保持 1 状态 0.2s
......
```

（3）输出设置。输出设置指令可用来控制 DO、AO 的输出状态，可用于 DO 信号的成组输出（GO 输出），还可通过添加项定义延时、同步等控制参数。

指令中的程序数据 Value 或双字长数据 Dvalue 用来定义输出值，DO 设定值可为 0 或 1；AO、GO 指令可为十进制数值 num 或双字长十进制数值 dnum。

指令添加项 \Sdelay 用来定义输出延时，单位 s，允许范围 0.001～2000。系统在输出延时阶段，可继续执行后续的其他指令，延时到达后改变输出信号状态。如果在输出延时期间再次出现了同一输出信号的设置指令，则前一指令被自动取消，系统直接执行最后一条输出设置指令。

指令添加项 \Sync 用于同步控制，使用添加项 \Sync 时，系统执行输出设置指令时，需要确认实际输出状态，只有实际输出状态改变后，才能继续执行下一指令；如不使用添加项 \Sync，则系统不等待 DO 信号的实际输出状态改变。

输出设置指令的编程实例如下。

```
SetDO do1, 1 ;                              // 输出 do1 设定为 1
SetDO \SDelay := 0.5, do3, 1 ;             // 延时 0.5s 后,将 do3 设定为 1
SetDO \Sync ,do4, 0 ;                       // 输出 do4 设定为 0,并确认实际状态
SetAO ao1, 5.5 ;                            // ao1 模拟量输出值设定 5.5
SetGO go1, 12 ;                             // 输出组 go1 设定为 0…0 1100
SetGO\SDelay := 0.5, go2, 10 ;             // 延时 0.5s 后,输出组 go2 设定为 0…0 1010
......
```

4. 读写等待指令

在 RAPID 程序中，DI/DO、AI/AO 或 GI/GO 组信号的状态可用来控制程序的执行过程，使程序只有在指定的条件满足后才能继续执行下一指令，否则进入暂停状态。I/O 读写等待指令名称及编程格式如表 4-2-6 所示。

表 4-2-6 I/O 读写等待指令名称及编程格式

名称		编程格式与示例	
DI 读入等待	WaitDI	程序数据	Signal, Value
		数据添加项	\MaxTime, \TimeFlag
DO 输出等待	WaitDO	程序数据	Signal, Value
		数据添加项	\MaxTime, \TimeFlag
AI 读入等待	WaitAI	程序数据	Signal, Value
		数据添加项	\LT \GT, \MaxTime, \ValueAtTimeout
AO 输出等待	WaitAO	程序数据	Signal, Value
		数据添加项	\LT \GT, \MaxTime, \ValueAtTimeout
GI 读入等待	WaitGI	程序数据	Signal, Value | Dvalue
		数据添加项	\NOTEQ| \LT \GT, \MaxTime, \TimeFlag
GO 输出等待	WaitGO	程序数据	Signal, Value | Dvalue
		数据添加项	\NOTEQ| \LT \GT, \MaxTime, \ValueAtTimeout | \DvalueAtTimeout

（1）DI/DO 读写等待。DI/DO 读写等待指令可通过系统对指定 DI/DO 点的状态检查来决定程序是否继续执行；指令还可通过添加项 \MaxTime、\TimeFlag 来规定最长等待时间、生成超时标记。

添加项 \MaxTime 用来定义最长等待时间，单位 s；添加项 \TimeFlag 用来规定等待超时标志。不使用添加项 \MaxTime 时，系统必须等待 DI/DO 条件满足，才能继续执行后续指令。使用添加项 \MaxTime 时，如在 \MaxTime 规定的时间内未满足条件，则：如不使用添加项 \TimeFlag，系统发出等待超时报警（ERR_WAIT_MAXTIME）并停止；如使用添加项 \TimeFlag，则将 \TimeFlag 指定的等待超时标志置为"TURE"，系统继续执行后续指令。

DI/DO 读写等待指令的编程示例如下。

```
WaitDI di4,1;                              //等待 di4=1
WaitDI di4,1\MaxTime:=2;                    //等待 di4=1,2s 后报警停止
WaitDI di4,1\MaxTime:=2\TimeFlag:=flag1;
                          //等待 di4=1,2s 后 flag1 为 TURE、并执行下一指令
```

（2）AI/AO 读写等待。AI/AO 读写等待指令可通过系统对 AI/AO 的数值检查来决定程序是否继续执行；如需要，指令还可通过添加项来增加判断条件、规定最长等待时间、保存超时瞬间当前值等。

指令添加项 \LT 或 \GT（小于或大于）用来规定判断条件，不使用添加项时，直接以等于判别值作为判断条件。添加项 \MaxTime 用来规定最长等待时间，含义同 DI/DO 读写等待指令。\ValueAtTimeout 用来规定当前值存储功能，当 AI/AO 在 \MaxTime 规定时间内未满足条件时，超时瞬间的 AI/AO 当前值保存在 \ValueAtTimeout 指定的程序数据中。

AI/AO 读写等待指令的编程示例如下。

```
WaitAI ai1,5;                                          //等待 ai1＝5
WaitAI ai1,\GT,5;                                      //等待 ai1＞5
WaitAI ai1,\LT,5\MaxTime：＝4;                          //等待 ai1＜5,4s 后报警停止
WaitAI ai1,\LT,5\MaxTime：＝4\ValueAtTimeout：＝reg1;
                                //等待 ai1＜5,4s 后报警停止、当前值保存至 reg1
```

（3）GI/GO 读写等待。GI/GO 读写等待指令可通过系统对成组 DI/DO 信号 GI/GO 的状态检查，来决定程序是否继续执行；如需要，指令还可通过程序数据添加项来规定判断条件、规定最长、等待时间、保存超时瞬间当前值等。

添加项\NOTEQ、\LT、\GT（不等于、小于、大于）用来规定判断条件，不使用添加项时，以等于判别值作为判断条件。添加项\MaxTime 用来规定最长等待时间，含义同DI/DO 读写等待指令。添加项\ValueAtTimeout 或\DvalueAtTimeout 用来存储当前值，当GI/GO 信号在\MaxTime 规定时间内未满足条件时，超时瞬间的 GI/GO 信号状态将保存到添加项\ValueAtTimeout 或\DvalueAtTimeout 指令的程序数据中。

GI/GO 读写等待指令的编程示例如下。

```
WaitGI gi1,5;                                          //等待 gi1＝0…0 0101
WaitGI gi1,\NOTEQ,0;                                   //等待 gi1 不为 0
WaitGI gi1,5\MaxTime：＝2;                              //等待 gi1＝0…0 0101,2s 后报警停止
WaitGI gi1,\GT,0\MaxTime：＝2;                          //等待 gi1 大于 0,2s 后报警停止
WaitGO gi1,\GT,0\MaxTime：＝2\ValueAtTimeout：＝reg1;
                                //等待 gi1 大于 0,2s 后报警停止、当前值保存至 reg1
```

实践指导

一、控制点输出指令与编程

为了减少程序指令、简化编程，PAPID 程序的 I/O 信号状态检测与输出不仅可通过独立的 I/O 读写指令控制，而且还可与机器人关节、直线、圆弧插补移动指令合并，实现机器人移动和 I/O 控制的同步。这一功能可用于点焊机器人的焊钳开合、电极加压、焊接启动、多点连续焊接，以及弧焊机器人的引弧、熄弧等诸多控制场合。

机器人关节、直线、圆弧插补轨迹上需要进行 I/O 控制的位置称为 I/O 控制点或触发点（trigger point），简称控制点。在 RAPID 程序中，控制点不但可以是关节、直线、圆弧插补的目标位置，而且还可以是插补轨迹上的指定位置。为了区分，本书将以关节、直线、圆弧插补的目标位置为控制点指令，称为目标位置输出指令，它可用于 DO、GO、AO 的输出控制；将以机器人关节、直线、圆弧插补轨迹上指定位置作为控制点的指令，称轨迹控制点指令，它可用于 DO、AO、GO 信号输出，以及 DI/DO、AI/AO、GI/GO 的状态检查。控制点输出指令的编程方法如下。

1. 目标位置输出指令

以关节插补、直线插补、圆弧插补目标位置作为 I/O 控制点时，DO、AO、GO 组信号

将在移动指令执行完成、机器人到达插补目标位置时输出。如图 4-2-3 所示，$P1 \rightarrow P2 \rightarrow P3$ 为连续移动轨迹，当 $P1 \rightarrow P2$ 采用连续移动、目标点输出指令编程时，其 DO、AO、GO 信号将在拐角抛物线的中间点输出。

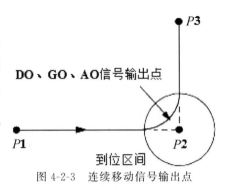

图 4-2-3　连续移动信号输出点

目标位置输出指令的名称及编程格式如表 4-2-7 所示。

表 4-2-7　目标位置输出指令名称及编程格式

名称		编程格式与示例	
关节插补	MoveJDO MoveJAO MoveJGO	基本程序数据	ToPoint，Speed，Zone，Tool
		附加程序数据	Signal，Value（用于 MoveJDO、MoveJAO 指令）
		基本数据添加项	\ID，\T，\WObj，\TLoad
		附加数据添加项	\Value|\Dvalue（用于 MoveJGO 指令）
直线插补	MoveLDO MoveLAO MoveLGO	基本程序数据	ToPoint，Speed，Zone，Tool
		附加程序数据	Signal，Value（用于 MoveLDO、MoveLAO 指令）
		基本数据添加项	\ID，\T，\WObj，\TLoad
		附加数据添加项	\Value|\Dvalue（用于 MoveLGO 指令）
圆弧插补	MoveCDO MoveCAO MoveCGO	基本程序数据	CirPoint，ToPoint，Speed，Zone，Tool
		附加程序数据	Signal，Value（用于 MoveCDO、MoveCAO 指令）
		基本数据添加项	\ID，\T，\WObj，\TLoad
		附加数据添加项	\Value|\Dvalue（用于 MoveCGO 指令）

移动目标点输出指令的编程示例如下。

```
MoveJDO p1,v1000,fine,tool2,do1,1;          //在终点 p1 输出 do1＝1
MoveLAO p2,v1000,z30,tool2,ao1,5.2;         //在 p2 拐角中间点输出 ao1＝5.2
MoveC p3,p4,v500,fine,tool2 ao1,6;          //在 p4 拐角中间点输出 ao1＝6
MoveLAO p5,v1000,z30,tool2;                 //连续移动指令
MoveJGO p6,v1000,z30,tool2,go1 \Value:=6;   //输出组 go1＝0…0 0110
……
```

2. 轨迹控制点设定指令

机器人关节、直线、圆弧插补轨迹上用来输出 DO、AO 或 GO 组信号的位置，称为轨迹控制点，它们需要通过 RAPID 控制点设定指令在程序中定义。轨迹控制点有固定控制点和浮动控制点 2 类，其区别如图 4-2-4 所示。

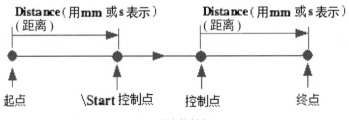

（a）固定控制点

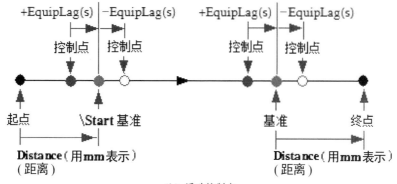

（b）浮动控制点

图 4-2-4　轨迹控制点的定义

　　固定控制点是以图 4-2-4(a) 中的移动指令终点或起点（\Start）为基准，通过移动距离或时间定义的控制点。浮动控制点是以图 4-2-4(b) 中的轨迹上的指定位置为基准，可通过机器人移动时间（EquipLag）偏移的控制点；由于轨迹位置只能通过理论计算得到，因此这样的控制点存在一定的不确定性。

　　轨迹控制点设定指令的格式及添加项、程序数据含义如下。

　　TriggIO TriggData,Distance[\Start] |[\Time][\DOp] |[\GOp] |[\AOp] ,

　　　　　　SetValue | SetDvalue[\DODelay];

　　TriggEquip TriggData,Distance[\Start],EquipLag[\DOp] |[\GOp] |[\AOp],

　　　　　　SetValue | SetDvalue;

　　TriggData：控制点名称。

　　Distance：以绝对距离（mm）或移动时间（s）形式定义的固定控制点位置或浮动控制点的基准位置。

　　\Start 或 \Time：基准位置添加项。不使用添加项 \Start 时，移动指令的终点为计算 Distance 的基准；使用添加项 \Start 时，移动指令的起点为计算 Distance 的基准。添加项 \Time 只能用于固定控制点设定指令，使用添加项时，Distance 以机器人移动时间的形式定义。

　　\DOp 或 \GOp 或 \AOp：需要输出的 DO 或 GO、AO 信号名称。使用添加项后，可以在控制点上输出对应的 DO 或 GO 组或 AO 信号。

　　SetValue 或 SetDvalue：DO、AO、GO 信号输出值。

　　\DODelay：DO、AO、GO 信号输出延时，单位 s。

　　EquipLag：仅用于浮动控制点设定，控制点离基准点的机器人实际移动时间（s）。设定值为正时，控制点位于基准位置之前；为负时，控制点位于基准位置之后。

　　轨迹控制点设定指令的编程示例如下，程序功能如图 4-2-5 所示。程序中的 TriggL 为轨迹控制点输出指令，其编程方法如下。

```
TriggIO gunon,1\Time\DOp：=do1,1;                       // 设定固定控制点 gunon
TriggEquip glueflow,20\Start,0.5\AOp：=ao1,5.3;         // 设定浮动控制点 glueflow
……
TriggL p1,v500,gunon,fine,gun1;                         // gunon 控制点输出 do1=1
TriggL p2,v500,glueflow,z50,tool1;                      // glueflow 控制点输出 ao1=5.3
……
```

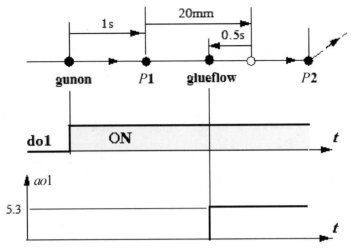

图 4-2-5　轨迹控制点输出功能

3. 轨迹控制点输出指令

需要在 TriggIO、TriggEquip 指令定义的轨迹控制点上，输出指定的 DO、AO 或 GO 信号时，机器人的关节、直线、圆弧插补应使用指令 TriggJ、TriggL、TriggC；指令常用的编程格式及程序数据要求如下。

TriggJ[\Conc]　ToPoint[\ID],Speed[\T],Trigg_1[\T2][\T3][\T4][\T5][\T6][\
　　　　　　　　T7][\T8],
　　　　　　　　Zone[\Inpos],Tool[\WObj][\TLoad];
TriggL[\Conc]　ToPoint[\ID],Speed[\T],Trigg_1[\T2][\T3][\T4][\T5][\T6][\
　　　　　　　　T7][\T8],
　　　　　　　　Zone[\Inpos],Tool[\WObj][\Corr][\TLoad];
TriggC[\Conc]　CirPoint,ToPoint[\ID],Speed[\T],Trigg_1[\T2][\T3][\T4][\T5]
　　　　　　　　[\T6][\T7][\T8],
　　　　　　　　Zone[\Inpos],Tool[\WObj][\Corr][\TLoad];

指令中的 ToPoint[\ID]、CirPoint、Speed[\T]、Zone[\Inpos]、Tool[\WObj][\TLoad]等为关节、直线、圆弧插补指令的基本程序数据与添加项，其含义及要求与指令 MoveJ、MoveL、MoveC 相同，有关内容可参见项目三。其他添加项的作用与要求如下。

Trigg_1：指令 TriggIO、TriggEquip 设定的第 1 轨迹控制点名称。

\T2～\T8：第 2～8 轨迹控制点名称。当轨迹控制点以名称形式指定时，每一 TriggJ、TriggL、TriggC 指令的移动轨迹上允许有最大 8 个控制点，第 2～8 轨迹控制点名称需要通过添加项\T2～\T8 指定。

TriggJ、TriggL、TriggC 指令的编程示例如下，程序功能如图 4-2-6 所示。

```
TriggIO gunon,5\Start\DOp:=do1,1;                    // 设定轨迹控制点
TriggIO gunoff,10\DOp:=do1,0;
……
MoveJ p1,v500,z50,gun1;
TriggL p2,v500,gunon,fine,gun1;                      // 控制点 gunon 输出 do1＝1
```

```
TriggL p3,v500,gunoff,fine,gun1;                           // 控制点 gunoff 输出 do1＝0
MoveJ p4,v500,z50,gun1;
TriggL p5,v500,gunon\T2:＝gunoff,fine,gun1;                // 控制点 gunon、gunoff 同时有效
……
```

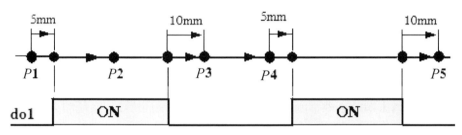

图 4-2-6　轨迹控制点输出控制

RAPID 轨迹控制点输出功能也可通过指令 TriggJIOs、TriggLIOs 实现，此时，控制点需要通过程序数据定义，有关内容可参见参考文献［2］。

二、程序运行控制指令与编程

1. 程序等待指令编程

RAPID 程序等待指令用于程序暂停控制，常用程序等待指令及编程格式如表 4-2-8 所示，说明如下。

表 4-2-8　常用程序等待指令及编程格式

名　称		编程格式与示例	
定时等待	WaitTime	程序数据	Time
		指令添加项	\InPos
移动到位等待	WaitRob	指令添加项	\InPos｜\ZeroSpeed
逻辑状态等待	WaitUntil	程序数据	Cond
		指令添加项	\InPos
		数据添加项	\MaxTime、\TimeFlag、\PollRate

（1）定时等待。定时等待指令 WaitTime 可直接定义程序暂停时间。指令如不使用添加项\InPos，执行指令就立即开始暂停计时；使用添加项\InPos 时，系统需要确认机器人、外部轴的到位检测条件后才开始暂停计时。例如：

```
SetDO do1,1;
WaitTime 1;                                                        // 暂停 1s
MoveJ p1,v1000,z30,tool1;
WaitTime \InPos,0.5;                                    // 确认机器人到位后,暂停 0.5s
……
```

（2）移动到位等待。移动到位等待指令 WaitRob 可通过系统对机器人、外部轴的到位检测来暂停程序的执行过程。指令添加项\InPos 或\ZeroSpeed 为到位检测条件，必须且只能选择其一。使用添加项\InPos 时，系统直接以机器人、外部轴的目标位置到位检测条件作为暂停结束的条件；使用\ZeroSpeed 时，系统将以机器人、外部轴移动速度为 0 的点

作为暂停结束的条件。例如：

```
MoveJ p1,v1000,fine\Inpos:=inpos20,tool1;
WaitRob \InPos;                              // 等待 MoveJ 的目标位置到达到位
MoveJ p2,v1000,fine,tool1;
WaitRob \ZeroSpeed;                          // 等待移动速度为 0
……
```

（3）逻辑状态等待。逻辑状态等待指令 WaitUntil 可通过对系统逻辑状态的判别来控制程序的执行过程。指令中的判断条件 Cond 为逻辑表达式。增加添加项\InPos，可附加移动到位检测条件。增加添加项\MaxTime，可规定最长等待时间，此时，如逻辑条件在\Max-Time 规定的时间内未满足条件，则：如未定义添加项\TimeFlag，系统将发生等待超时报警（ERR_WAIT_MAXTIME）并停止；如定义了添加项\TimeFlag，则将\TimeFlag 指定的等待超时标志置为"TURE"状态，系统继续执行后续指令。添加项\PollRate 用来规定逻辑判断条件的检测周期（单位 s），不使用添加项时，系统默认的检测周期为 0.1 s。例如：

```
WaitUntil \Inpos,di4=1;                      // 等待到位检测及 di4 信号 ON
WaitUntil di1=1 AND di2=1 \MaxTime:=5;       // 等待 di1、di2 信号 ON,5s 后报警
WaitUntil di1=1 \MaxTime:=5 \TimeFlag:=tmout;
                                             // 等待 di1 信号 ON,5s 后 tmout 为 TURE、并执行下一指令
```

2. 程序停止指令编程

程序停止指令用来停止程序自动运行，RAPID 程序有程序停止、退出、移动停止、系统停止 4 种方式停止方式，如表 4-2-9 所示，说明如下。

表 4-2-9　程序停止指令及编程格式

类别与名称		编程格式与示例	
停止	程序终止	Break	指令添加项	——
	程序停止	Stop	指令添加项	\NoRegain
退出	退出程序	Exit	指令添加项	——
	退出循环	ExitCycle	指令添加项	——
移动停止	移动暂停	StopMove	指令添加项	\Quick
	恢复移动	StartMove	指令添加项	——
	移动结束	StopMoveReset	指令添加项	——
系统停止	系统停止	SystemStopAction	指令添加项	\Stop,\StopBlock,\Halt

（1）程序停止。RAPID 程序可通过程序终止 Break、停止 Stop 两种方式停止，程序停止时，系统将保留程序执行信息，操作者可通过示教器的自动运行启动按钮重新启动程序，继续执行后续的指令。系统执行程序终止指令 Break 时，将立即停止机器人、外部轴移动，结束程序的自动运行。系统执行程序停止指令 Stop 时，需要完成当前的移动指令，在机器人、外部轴完全停止后，结束程序的自动运行。

程序停止指令 Stop 可通过添加项\NoRegain 撤销重启时的停止点检查功能。使用添加项\NoRegain 后，程序重启时将不检查机器人、外部轴的当前位置是否为程序停止时的位置，而直接执行后续的指令。不使用添加项时，程序重启时将检查机器人、外部轴的当前

位置，如机器人、外部轴已经不在程序停止时的位置，示教器上将显示操作信息，由操作者可选择是否先使机器人、外部轴返回程序停止时的位置。

程序终止指令 Break、停止指令 Stop 的编程示例如下。

```
MoveJ p0,v1000,z30,tool1;
Break;                                    // 程序终止,机器人立即停止
MoveJ p1,v1000,fine,tool1;
Stop;                                     // 程序停止,到达 p1 后停止
……
```

（2）程序退出。程序退出不但结束程序的自动运行，而且还将退出程序循环。程序一旦退出，机器人、外部轴的移动立即停止，运动轨迹及未完成的动作全部清除，系统无法再通过示教器的自动运行启动按钮继续执行后续的指令。RAPID 程序可通过退出程序指令 Exit、退出循环指令 ExitCycle 两种方式退出。

利用程序退出指令 Exit 退出程序时，系统将清除全部程序信息；程序的重新启动必须重新选择程序，从主程序的起始位置开始重新运行。

利用退出循环指令 ExitCycle 退出程序时，系统将返回到主程序的起始位置，但变量或永久数据的当前值、运动设置、打开的文件及路径、中断设定等不受影响，因此，可通过示教器的自动运行启动按钮，重新启动主程序。

程序退出指令 Exit、退出循环指令 ExitCycle 的编程示例如下。

```
IF di0＝0 THEN
    Exit;                                 // 退出程序
ELSE
    ExitCycle;                            // 退出循环
```

（3）移动停止。RAPID 程序可通过移动暂停指令 StopMove、移动结束指令 StopMoveReset 两种方式停止机器人、外部轴的运动。

移动暂停指令 StopMove 可暂停当前机器人、外部轴移动，运动停止后，系统可继续执行后续其他指令；指令剩余的行程在执行恢复移动指令 StartMove 时可继续。移动暂停指令 StopMove 可通过添加项\Quick 选择快速停止，此时，机器人、外部轴将以动力制动的形式快速停止；不使用添加项时，机器人、外部轴为正常减速停止。

移动结束指令 StopMoveReset 不仅可暂停机器人、外部轴的移动，而且还将清除指令剩余的行程；运动恢复后，系统将直接进入下一移动指令的运动。指令添加项的含义与移动暂停指令 StopMove 相同。

移动暂停指令 StopMove、移动结束指令 StopMoveReset 的编程示例如下。

```
IF di0＝1 THEN
    StopMove;                             // 移动暂停
    WaitDI di1,1;
    StartMove;                            // 移动恢复
ELSE
    StopMoveReset;                        // 移动结束
```

```
    ENDIF
    ……
```

（4）系统停止。系统停止指令 SystemStopAction 可通过如下添加项选择停止方式。

\ Stop：正常停止。使用该添加项时，系统将结束程序自动运行和机器人、外部轴移动；程序可按照正常操作方法，在停止位置上重启。

\ StopBlock：程序段结束。使用该添加项时，系统将结束程序自动运行和机器人、外部轴移动；程序重启时，必须重新选定重启的开始位置。

\ Halt：伺服关闭。使用该添加项时，系统在结束程序的自动运行和机器人、外部轴移动的同时，将关闭伺服；程序重启时，必须重新启动伺服。

系统停止指令 SystemStopActiont 的编程示例如下。

```
IF di0＝1 THEN
    SystemStopAction \Stop;                        // 正常停止
ELSE
    SystemStopAction \Halt;                        // 伺服关闭
ENDIF
……
```

3. 程序跳转指令与编程

程序跳转指令可用来实现程序内部的跳转，RAPID 程序跳转指令及编程格式如表 4-2-10 所示。

表 4-2-10   RAPID 程序跳转指令及编程格式

名称	编程格式与示例		
程序跳转	GOTO	程序数据	Label
条件跳转	IF—GOTO	程序数据	Condition，Label

程序跳转指令 GOTO 可中止后续指令的执行，直接转移至跳转目标（Label）位置继续执行。跳转目标（Label）以字符的形式表示，它需要单独占一指令行，并以"："结束；跳转目标既可位于 GOTO 指令之后（向下跳转），也可位于 GOTO 指令之前（向上跳转）。如果需要，GOTO 指令还可结合 IF、TEST、FOR、WHILE 等条件判断指令一起使用，以实现程序的条件跳转及分支等功能。

利用指令 GOTO 及 IF 实现程序跳转、重复执行、分支转移的编程示例如下。

```
GOTO next1;                           // 跳转至 next1 处继续（向下）
……                                   // 被跳过的指令
next1:                                // 跳转目标
……
! ************************************
next2:                                // 跳转目标
……                                   // 重复执行 4 次
reg1：＝reg1＋1;
```

```
IF reg1＜5 GOTO next2;                              // 条件跳转,至 next2 处重复
! ****************************************
IF reg1＞100 THEN
    GOTO next3;                                     // 如 reg1＞100 跳转至 next3 分支
ELSE
    GOTO next4;                                     // 如 reg1≤100 跳转至 next4 分支
ENDIF
next3:
    ……                                             // next3 分支,reg1＞100 时执行
    GOTO ready;                                      // 分支结束
next4:
    ……                                             // next4 分支,reg1≤100 时执行
ready:
    ……                                             // 分支合并
```

拓展提高

I/O 中断指令及编程

中断是系统对异常情况的处理,中断功能一旦使能(启用),只要中断条件满足,系统可立即终止现行程序的执行,直接转入中断程序 TRAP,而无需进行其他编程。RAPID 程序中断也可在机器人关节、直线、圆弧插补轨迹的控制点上实现,它需要使用特殊的 I/O 控制插补指令 TriggJ、TriggL、TriggC 编程,有关内容可参见参考文献 [2]。

RAPID 中断指令总体可分为中断监控和中断设定 2 类。中断监控指令包括中断连接、使能/禁止、删除、启用/停用等;中断设定指令用来定义中断条件。常用指令的编程方法如下。

1. 中断监控指令

中断监控指令是程序中断的前提条件,它们通常需要在主程序中编程。RAPID 中断监控指令及编程格式如表 4-2-11 所示。

表 4-2-11　RAPID 中断监控指令及编程格式

名称	编程格式与示例		
中断连接	CONNECT—WITH	程序数据	Interrupt,Trap_routine
中断删除	IDelete	程序数据	Interrupt
中断使能	IEnable	程序数据	——
中断禁止	IDisable	程序数据	——
中断停用	ISleep	程序数据	Interrupt
中断启用	IWatch	程序数据	Interrupt

(1) 中断的连接与删除。中断连接指令 CONNECT—WITH 用来建立中断名称(条件) Interrupt 和中断程序 Trap_routine 的连接;每一个中断名称(条件)只能连接唯一的中断程序,但不同的中断名称(条件)可以连接同一中断程序。指令 IDelete 可删除中断连接。例如:

```
PROC main（）                                                    // 主程序
    ……
    CONNECT P_WorkStop WITH WorkStop;                          // 中断连接
    ISignalDI di0,0,P_WorkStop;                                // 中断设定
    ……
    IDelete P_WorkStop;                                        // 中断删除
ENDPROC
```

（2）中断禁止与使能。中断连接一旦建立，中断功能将自动生效，此时，只要中断条件满足，系统便立即终止现行程序，而转入中断程序的处理。因此，对于某些不允许中断的指令，就需要通过中断禁止指令 IDisable 来暂时禁止中断。利用指令 IDisable 禁止的中断功能可通过中断使能指令 IEnable 重新使能。中断禁止、使能指令 IDisable、IEnable 对所有中断均有效，如只需要禁止特定的中断，则应使用下述的中断停用/启用指令。

中断禁止、使能指令的编程示例如下。

```
    ……
    IDisable;                                                 // 禁止中断
    FOR i FROM 1 TO 100 DO                                    // 不允许中断的指令
        character[i]:=ReadBin(sensor);
    ENDFOR
    IEnable;                                                  // 使能中断
    ……
```

（3）中断停用与启用。中断停用指令 ISleep 用来禁止特定的中断，而不影响其他中断；被停用的中断可通过中断启用指令 IWatch 重新启用。例如：

```
    ……
    ISleep sig1int;                                           // 停用中断 sig1int
    weldpart1;                                                // 中断 sig1int 对子程序 weldpart1 无效
    IWatch sig1int;                                           // 启用中断 sig1int
    weldpart2;                                                // 中断 sig1int 对子程序 weldpart2 有效
    ……
```

2. I/O 中断设定指令

I/O 中断是利用系统 DI/DO、AI/AO、GI/GO 状态控制的中断，它在实际中使用最广。I/O 中断也可通过指令 TriggJ、TriggL、TriggC 的轨迹控制点定义，有关内容可参见参考文献［2］。I/O 中断设定指令的编程格式与要求如下。

（1）DI/DO 中断。DI/DO 中断可在 DI/DO 信号满足指定条件时终止现行程序的执行，直接转入中断程序，指令的编程格式、添加项及程序数据含义如下。

ISignalDI［\Single,］|［\SingleSafe,］Signal,TriggValue,Interrupt;

ISignalDO［\Single,］|［\SingleSafe,］Signal,TriggValue,Interrupt;

\Single 或 \SingleSafe：一次性中断或一次性安全中断选择。指定添加项 \Single 为

一次性中断，系统仅在 DI 信号第一次满足条件时启动中断；指定添加项 \ SingleSafe 为一次性安全中断，它同样只在 DI 信号第一次满足条件时启动中断，而且，如系统处于程序暂停状态，中断将进入"列队等候"，只有在程序再次启动时，才执行中断功能。不使用添加项时，只要 DI 信号满足指定条件，便立即启动中断。

Signal：中断信号名称。

TriggValue：信号检测条件。0 或 low 为下降沿中断；1 或 high 为上升沿中断；2 或 edge 为边沿中断，上升/下降沿同时有效；状态固定为 0 或 1 的信号不能产生中断。

Interrupt：中断名称（条件）。

DI/DO 中断设定指令的编程实例如下。

```
CONNECT siglint WITH iroutine1;                           // 中断连接
ISignalDI di1,0,di_int;               // 中断设定,di1 的下降沿启动中断 di_int
……
```

（2）GI/GO 中断。使用 GI/GO 中断时，只要 GI/GO 组中的任一 DI/DO 信号发生改变，便可启动中断。指令的编程格式如下，添加项及程序数据含义、编程方法与 DI/DO 中断相同。

ISignalGI[\Single,] |[\SingleSafe,] Signal,Interrupt;

ISignalGO[\Single,] |[\SingleSafe,] Signal,Interrupt;

（3）AI/AO 中断。AI/AO 中断可在 AI/AO 信号满足指定条件时启动中断。指令的编程格式、添加项如下：

IsignalAI　[\Single,] |[\SingleSafe,] Signal,Condition,HighValue,LowValue,DeltaValue[\DPos] |[\DNeg],Interrupt;

ISignalAO　[\Single,] |[\SingleSafe,] Signal,Condition,HighValue,LowValue,DeltaValue[\DPos] |[\DNeg],Interrupt;

程序数据含义如下。

\ Single 或 \ SingleSafe：一次性中断或一次性安全中断选择，含义同 DI/DO 中断。

Signal：中断信号名称。

Condition：以字符串形式定义的中断条件，中断条件设定值及含义见表 4-2-12。

表 4-2-12　中断条件设定值及含义

设定值	含义
AIO_ABOVE_HIGH	AI/AO 实际值＞HighValue 时中断
AIO_BELOW_HIGH	AI/AO 实际值＜HighValue 时中断
AIO_ABOVE_LOW	AI/AO 实际值＞LowValue 时中断
AIO_BELOW_LOW	AI/AO 实际值＜LowValue 时中断
AIO_BETWEEN	HighValue≥AI/AO 实际值≥LowValue 时中断
AIO_OUTSIDE	AI/AO 实际值＜LowValue 及 AI/AO 实际值＞HighValue 时中断
AIO_ALWAYS	只要存在 AI/AO 即中断

HighValue、LowValue：AI/AO 中断检测范围（上、下限），设定值 HighValue 必须大于 LowValue，模拟量不在检测范围时，AI/AO 中断无效。

DeltaValue：AI/AO 最小变化量，只能为 0 或正值。与上次发生中断的实际值（基准值）比较，AI/AO 变化量必须大于本设定值才能更新测试值，并产生新的中断。

\ DPos 或 \ DNeg：AI/AO 极性选择。指定 \ DPos 时，仅 AI/AO 值增加时产生中断，指定 \ DNeg 时，仅 AI/AO 值减少时产生中断；如不指定 \ DPos 及 \ DNeg，则无论 AI/AO 值增、减，均可以产生中断。

Interrupt：中断名称。

例如，当模拟量 $ai1$ 的实际值变化如图 4-2-7 所示时，对于中断设定指令"ISignalAI ai1，AIO _ BETWEEN，6.1，2.2，1.2，siglin t;"，可产生 AI 中断见表 4-2-13。

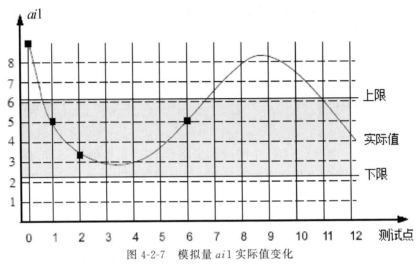

图 4-2-7　模拟量 $ai1$ 实际值变化

表 4-2-13　AI 中断条件判断及中断发生表

测试点	实际值	基准点	ai 变化量	AI 中断
1	6.1≥$ai1$≥2.2	测试点 0	>1.2	产生
2	6.1≥$ai1$≥2.2	测试点 1	>1.2	产生
3～5	6.1≥$ai1$≥2.2	测试点 2	<1.2	不产生
6	6.1≥$ai1$≥2.2	测试点 2	>1.2	产生
7～10	$ai1$≥6.1,不在范围内	——	——	中断无效
11	6.1≥$ai1$≥2.2	测试点 6	<1.2	不产生

技能训练

一、结合本任务的学习，完成以下多项选择题。

1. 以下对 RAPID 速度控制指令理解正确的是（　　）。

A. 模态指令　　　　　　　　　　　B. 可调节倍率

C. 可限制最大速度　　　　　　　　D. 可限制最小速度

2. 以下对 RAPID 加速度控制指令理解正确的是（　　）。

A. 模态指令　　　　　　　　　　　B. 可调节倍率

C. 可限制最大加速度　　　　　　　D. 对减速无效

3. 当 RAPID 姿态控制指令生效时，以下理解正确的是（　　）。

A. 姿态无法保证，将停止机器人运动　　　B. 自动选择最接近姿态继续运动

C. 对关节绝对位置定位无效　　　　　　　D. 可通过 J4 轴锁定，规避奇点

4. 以下对工业机器人 DI/DO 信号理解正确的是（　　）。

A. 开关量输入/输出　　　　　　　　B. 可成组处理

C. 可控制机器人运动　　　　　　　　　　D. 可控制辅助动作

5. 以下 RAPID 状态读入指令理解正确的是（　　　）。

A. 需要用函数命令编程　　　　　　　　　B. 只能读取系统输入信号状态

C. 只能读取开关量信号状态　　　　　　　D. DI/DO 信号状态可成组读取

6. 以下对 RAPID 开关量输出（DO）指令理解正确的是（　　　）。

A. 只能 ON/OFF　　　B. 可输出脉冲　　　C. 状态可取反　　　　　D. 延时可定义

7. 以下对 "PulseDO \High,do2;" 指令理解正确的是（　　　）。

A. 脉冲输出　　　　　　　　　　　　　　B. 脉冲宽度 0.2s

C. 在脉冲输出区，do2 的状态有可能是 0 或 1　D. 在脉冲输出区，do2 的状态肯定为 1

8. 以下对 RAPID 读写等待指令理解正确的是（　　　）。

A. 等待条件满足时，程序暂停　　　　　　B. 等待条件不满足时，程序暂停

C. 即使条件不符合，也可继续　　　　　　D. 条件不符合，系统必然报警

9. 以下 RAPID 输出控制点设定理解正确的是（　　　）。

A. 控制点只能是移动指令目标位置　　　　B. 控制点可在作业范围任意设定

C. 控制点必须位于移动轨迹上　　　　　　D. 每一移动指令只能有一个控制点

10. 以下对指令 "WaitDI di4，1\MaxTime：=2;" 理解正确的是（　　　）。

A. 等待 di4＝1　　　　　　　　　　　　 B. 等待 di4＝0

C. 最多等待 2s　　　　　　　　　　　　 D. 等待超时、程序继续

11. 以下对指令 "TriggIO gunon，10\Time\DOp：=do1，1;" 理解正确的是（　　　）。

A. 固定控制点设定指令　　　　　　　　　B. 浮动控制点设定指令

C. 控制点距离终点 10mm　　　　　　　　D. 控制点到终点移动时间为 10s

12. 以下对 WaitTime 指令理解正确的是（　　　）。

A. 可定义直接指定暂停时间　　　　　　　B. 可增加到位检测条件

C. 可增加速度检测条件　　　　　　　　　D. 必须选 B、C 之一

13. 以下对 WaitRob 指令理解正确的是（　　　）。

A. 可定义直接指定暂停时间　　　　　　　B. 可增加到位检测条件

C. 可增加速度检测条件　　　　　　　　　D. 必须选 B、C 之一

14. 以下对 Break 指令理解正确的是（　　　）。

A. 运动立即停止　　　　　　　　　　　　B. 程序信息保留

C. 剩余行程保留　　　　　　　　　　　　D. 可检查重启位置

15. 以下对 Stop 指令理解正确的是（　　　）。

A. 运动立即停止　　　　　　　　　　　　B. 程序信息保留

C. 剩余行程保留　　　　　　　　　　　　D. 可检查重启位置

16. 以下对 Exit 指令理解正确的是（　　　）。

A. 运动立即停止　　　　　　　　　　　　B. 程序信息保留

C. 需要重选主程序　　　　　　　　　　　D. 可直接重启主程序

17. 执行 ExitCycle 指令后，系统可以保留的信息是（　　　）。

A. VAR 数值　　　　　　　　　　　　　 B. PERS 数值

C. 中断设定　　　　　　　　　　　　　　D. 机器人剩余行程

18. 以下对 StopMove 指令理解正确的是（　　　）。

A. 机器人移动暂停　　　B. 全部动作暂停　　　C. 剩余行程清除　　　D. 伺服关闭

19. 以下对 StopMoveReset 指令理解正确的是（　　）。

A. 机器人移动暂停　　　B. 全部动作暂停　　　C. 剩余行程清除　　　D. 伺服关闭

20. 以下对 GOTO 指令的跳转目标理解正确的是（　　）。

A. 只能向下跳转　　　　　　　　　　　　B. 只能向上跳转

C. 在同一程序可重复　　　　　　　　　　D. 必须占 1 指令行

二、假设搬运机器人在工件抓取点 **P2**、安放点 **P4** 的抓手松开信号 **do1** 控制要求如图 **4-2-8** 所示，试设定 **RAPID** 输出控制点，并利用控制点输出指令编制实现图示动作的机器人直线插补移动程序段。

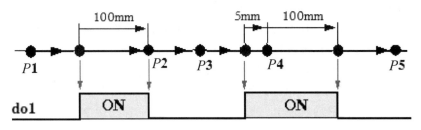

图 4-2-8　轨迹控制点输出控制

三、假设双工位作业的弧焊机器人的控制要求为：如工位检测信号 di0＝1，调用子程序 **rWeldingA**；如工位检测信号 di1＝1，调用子程序 **rWeldingB**；否则直接退出循环（ExitCycle）。试编制实现以上要求的程序运行控制指令。

任务 3　熟悉 RAPID 参数编程

知识目标

① 掌握 RAPID 表达式、运算指令的编程方法。

② 掌握 RAPID 数据运算与转换函数命令的编程方法。

③ 掌握 RAPID 移动数据读入与转换函数命令的编程方法。

④ 熟悉 PAPID 程序偏移指令的功能、编程格式。

⑤ 熟悉 RAPID 位置偏置与镜像函数命令的编程方法。

⑥ 熟悉 RAPID 坐标变换函数命令的编程方法。

⑦ 了解 RAPID 工具坐标系、回转工件坐标系的测定方法。

能力目标

① 能熟练运用表达式、运算指令编制程序。

② 能熟练运用数据运算与转换函数命令编制程序。

③ 能熟练运用移动数据读入与转换函数命令编制程序。

④ 能使用程序偏移指令编制程序。

⑤ 能使用位置偏置与镜像函数命令编制程序。

⑥ 能使用坐标变换函数命令计算坐标变换数据。

⑦ 能阅读工具坐标系、回转工件坐标系的测定程序。

基础学习

一、表达式与运算指令

1. 表达式及编程

在 RAPID 程序中，移动目标位置、速度、加速度等数值型数据既可直接设定数值，也可利用表达式、运算指令或函数命令通过运算得到。

表达式是用来计算程序数据数值、逻辑状态的算术、逻辑运算式或比较式，在 RAPID 程序中，表达式可用于程序数据计算、IF 指令判断条件定义等场合。

表达式中的运算数可以是基本程序数据，也可是常量 CONST、永久数据 PERS 和程序变量 VAR。表达式中的运算数需要用运算符连接，不同运算对运算数类型有规定要求；简单四则运算和比较操作可使用基本运算符，复杂运算则需要用 RAPID 函数命令，或编制专门的功能子程序。

RAPID 基本运算符说明如表 4-3-1 所示。

表 4-3-1　RAPID 基本运算符说明表

运算符		运算	运算数类型	运算说明
算术运算	:=	赋值	任意	$a := b$
	+	加	num,dnum,pos,string	$[x1,y1,z1] + [x2,y2,z2] = [x1+x2,y1+y2,z1+z2]$ "IN" + "OUT" = "INOUT"
	−	减	num,dnum,pos	$[x1,y1,z1] − [x2,y2,z2] = [x1−x2,y1−y2,z1−z2]$
	*	乘	num,dnum,pos,orient	$[x1,y1,z1] * [x2,y2,z2] = [x1*x2,y1*y2,z1*z2]$ $a * [x,y,z] = [a*x,a*y,a*z]$
	/	除	num,dnum	a/b
逻辑运算	AND	逻辑与	bool	a AND b
	OR	逻辑或	bool	a OR b
	NOT	逻辑非	bool	NOT a
	XOR	异或	bool	a XOR b
比较运算	<	小于	num,dnum	$(3 < 5) = TRUE; (5 < 3) = FALSE$
	<=	小于等于	num,dnum	——
	=	等于	任意同类数据	$([0,0,100] = [0,0,100]) = TRUE$ $([100,0,100] = [0,0,100]) = FALSE$
	>	大于	num,dnum	——
	>=	大于等于	num,dnum	——
	<>	不等于	任意同类数据	$([0,0,100] <> [0,0,100]) = FALSE$ $([100,0,100] <> [0,0,100]) = TRUE$

表达式的运算次序与通常的算术、逻辑运算相同，并可使用括号。在比较、逻辑运算混合表达式上，比较运算优先于逻辑运算，如运算式 "a<b AND c<d"，先进行的是 a<b、c<d 的比较运算，然后再对比较结果进行 "AND" 运算。

表达式的编程示例如下。

```
CONST num a:=3;
PERS num b:=5;
```

```
VAR num c:=10;
……
reg1:=c * (a+b);                              // 数值计算,reg1=80
val_ bit:=a AND b;                                     // 逻辑运算
highstatus:=reg1>100 OR reg1<10;              // 比较、逻辑混合运算
pos1:=[100,200,2 * a];                              // 代替数值
WaitTime a+b;                                      // 代替操作数
IF a > 2 AND NOT highstatus THEN              // 作为 IF 指令判断条件
……
```

2. 运算指令及编程

RAPID 运算指令较简单,它通常只能用于十进制数值数据的清除、相加、增/减 1 等基本运算,指令的编程格式如表 4-3-2 所示。

表 4-3-2 RAPID 运算指令及编程格式

名称		编程格式与示例	
数值清除	Clear	编程格式	Clear Name｜Dname
		程序数据	Name 或 Dname:需清除的数据
	简要说明		清除指定程序数据的数值
加运算	Add	编程格式	Add Name｜Dname,AddValue｜AddDvalue
		程序数据	Name 或 Dname:被加数 AddValue 或 AddDvalue:加数,可为负数
	简要说明		同类型程序数据加运算,结果保存在被加数上
数值增 1	Incr	编程格式	Incr Name｜Dname
		程序数据	Name 或 Dname:需增 1 的数据
	简要说明		指定的程序数据数值增 1
数值减 1	Decr	编程格式	Decr Name｜Dname
		程序数据	Name 或 Dname:需减 1 的数据
	简要说明		指定的程序数据数值减 1
指定位置位	BitSet	编程格式	BitSet BitData｜DnumData,BitPos
		程序数据	BitData 或 DnumData:需要置位的数据 BitPos:需要置 1 的数据位
	简要说明		将 byte、dnum 型数据指定位的状态置 1
指定位复位	BitClear	编程格式	BitClear BitData｜DnumData,BitPos
		程序数据	BitData 或 DnumData:需要复位的数据 BitPos:需要复位的数据位
	简要说明		将 byte、dnum 型数据指定位的状态置 0

RAPID 运算指令的编程示例如下。

```
Clear reg1;                                        // reg1=0
Add reg1,3;                                        // reg1=reg1+3
Add reg1,-reg2;                                    // reg1=reg1- reg2
Incr reg1;                                         // reg1=reg1+1
BitSet data1,8;                                    // data1 的 bit8 置 1
……
```

二、数据运算与转换函数

1. 命令与参数

RAPID 函数命令（简称函数或命令）相当于编程软件固有的功能子程序，它可通过函数命令直接调用。与功能程序一样，RAPID 函数命令同样需要定义参数，参数数量、类型必须与函数命令的要求一致；函数命令的执行结果可直接用于程序数据赋值。

函数命令所需的运算参数可为数值、已赋值的程序数据或常量 CONST、永久数据 PERS 和程序变量 VAR 等。例如：

```
reg1:=Sin(45);                        // 用数值指定参数
angle1:=ATan2(y_value, x_value);      // 用程序变量指定参数
angle2:=ATan2(a:=2, b:=2);            // 用表达式指定参数
……
```

RAPID 函数命令数量众多，详见参考文献 [2]。算术和逻辑运算、字符串运算和比较、程序数据格式转换是 RAPID 程序最常用的命令，说明如下。

2. 算术、逻辑运算函数

算术运算、逻辑运算函数命令可用于复杂算术运算、三角函数及逻辑运算，如表 4-3-3 所示，命令的功能清晰，使用简单，简要说明如下。

表 4-3-3 常用的算术运算、逻辑运算函数命令表

	函数命令	功能	编程示例
算术运算	Abs、AbsDnum	绝对值	val:=Abs(value)
	DIV	求商	val:=20 DIV 3
	MOD	求余数	val:=20 MOD 3
	quad、quadDmum	平方	val:=quad(value)
	Sqrt、SqrtDmum	平方根	val:=Sqrt(value)
	Exp	计算 e^x	val:=Exp(x_value)
	Pow、PowDnum	计算 x^y	val:=Pow(x_value, y_value)
	Round、RoundDnum	小数位取整	val:=Round(value \Dec:=1)
	Trunc、TruncDnum	小数位舍尾	val:=Trunc(value \Dec:=1)
三角函数运算	Sin、SinDnum	正弦	val:=Sin(angle)
	Cos、CosDnum	余弦	val:=Cos(angle)
	Tan、TanDnum	正切	val:=Tan(angle)
	Asin、AsinDnum	$-90\sim90°$ 反正弦	Angle1:=Asin(value)
	Acos、AcosDnum	$0\sim180°$ 反余弦	Angle1:=Acos(value)
	ATan、ATanDnum	$-90\sim90°$ 反正切	Angle1:=ATan(value)
	ATan2、ATan2Dnum	y/x 反正切	Angle1:=ATan(y_value, x_value)
多位逻辑运算	BitAnd、BitAndDnum	位"与"	val_byte:=BitAnd(byte1, byte2)
	BitOr、BitOrDnum	位"或"	val_byte:=BitOr(byte1, byte2)
	BitXOr、BitXOrDnum	位"异或"	val_byte:=BitXOr(byte1, byte2)
	BitNeg、BitNegDnum	位"非"	val_byte:=BitNeg(byte)
	BitLSh、BitLShDnum	左移位	val_byte:=BitLSh(byte, value)
	BitRSh、BitLRhDnum	右移位	val_byte:=BitRSh(byte, value)
	BitCheck、BitCheckDnum	位状态检查	IF BitCheck(byte 1, value)=TRUE THEN

（1）算术运算命令。Round、Trunc 为取近似值命令，Round 为"四舍五入"，Trunc 为

"舍尾"，添加项 \ Dec 用来指定小数位数，不使用 \ Dec 时，只保留整数。例如：

```
VAR num reg1：=0.8665372；
VAR num reg2：=0.6356138；
val1：=Round(reg1\Dec：=3)；        // 保留 3 位小数、四舍五入，val1=0.867
val2：=Round(reg2)；               // 保留整数、四舍五入，val2=1
val3：=Trunc(reg1\Dec：=3)；        // 保留 3 位小数、舍尾，val3=0.866
val4：=Trunc(reg2)；               // 保留整数、舍尾，val4=0
……
```

（2）三角函数运算命令。命令 Asin 的计算结果为 $-90°\sim90°$，Acos 的计算结果为 $0\sim180°$；Atan 的计算结果为 $-90°\sim90°$。Atan2 可根据 y、x 值确定象限，并利用 Atan（y/x）求出角度，其计算结果为 $-180°\sim180°$。例如：

```
VAR num value1：=1；
VAR num value2：=-1；
val6：=Atan(value1)；              // val6=45
val7：=Atan(value2)；              // val7=-45
val8：=Atan2(value1,value1)；       // val8=45
val9：=Atan2(value1,value2)；       // val8=135
val10：=Atan2(value2,value1)；      // val8=-45
val10：=Atan2(value2,value2)；      // val8=-135
……
```

（3）逻辑运算命令。BitAnd、BitOr、BitXOr、BitNeg、BitLSh、BitRSh、BitCheck 用于字节型数据 byte 的 8 位逻辑操作。例如：

```
VAR byte data1：=38；              // 定义 byte 数据 data1=0010 0110
VAR byte data2：=40；              // 定义 byte 数据 data2=0010 1000
data3：=BitAnd(data1,data2)；       // 8 位逻辑与运算 data3=0010 0000
data4：=BitOr(data1,data2)；        // 8 位逻辑或运算 data4=0010 1110
data5：=BitXOr(data1,data2)；       // 8 位逻辑异或运算 data5=0000 1110
data6：=BitNeg(data1)；            // 8 位逻辑非运算 data6=1101 1001
data7：=BitLSh(data1,index_bit)；   // 左移 3 位操作 data7=0011 0000
data8：=BitRSh(data1,index_bit)；   // 右移 3 位操作 data8=0000 0100
IF BitCheck(data1,index_bit)=TRUE THEN    // 检查第 3 位（bit2）的"1"状态
……
```

3. 字符串操作函数

字符串操作命令 StrDigCalc、StrDigCmp 用于纯数字字符串数据 stringdig 的四则运算运算和比较，进行字符串运算的数据必须为纯数字正整数字符串（stringdig），如果出现运算结果为负、除数为 0 或数据范围超过 2^{32} 的情况，控制系统都将发生运算出错报警。

字符串操作需要使用表 4-3-4 所示的文字型运算符 opcalc、比较符 opnum 进行编程。

表 4-3-4　opcalc 运算符及 opnum 比较符一览表

运算	opcalc 运算符	OpAdd	OpSub	OpMult	OpDiv	OpMod	
	运算	加	减	乘	求商	求余数	
比较	opnum 比较符	LT	LTEQ	EQ	GT	GTEQ	NOTEQ
	操作	小于	小于等于	等于	大于	大于等于	不等于

字符串操作命令的编程示例如下，字符串数据在程序中需要用双引号标记。

```
VAR stringdig digits1:="99988";                              // 定义纯数字字符串 1
VAR stringdig digits2:="12345";                              // 定义纯数字字符串 2
res1:=StrDigCalc(str1,OpAdd,str2);                          // res1="112333"
res2:=StrDigCalc(str1,OpSub,str2);                          // res2="87643"
res3:=StrDigCalc(str1,OpMult,str2);                         // res3="1234351860"
res4:=StrDigCalc(str1,OpDiv,str2);                          // res4="8"
res5:=StrDigCalc(str1,OpMod,str2);                          // res5="1228"
is_not1:=StrDigCmp(digits1,LT,digits2);                    // is_not1 为 FALSE
is_not2:=StrDigCmp(digits1,EQ,digits2);                    // is_not2 为 FALSE
is_not3:=StrDigCmp(digits1,GT,digits2);                    // is_not3 为 TRUE
is_not4:=StrDigCmp(digits1,NOTEQ,digits2);                // is_not4 为 TRUE
……
```

4. 数据转换函数

RAPID 程序数据转换函数命令可用于 num、dnum、string、byte 数据的格式转换，常用的如表 4-3-5 所示，其他命令详见参考文献 [2]。

表 4-3-5　常用的数据转换函数命令表

名　称		编程格式与示例	
nun 数据转换为 string 数据	NumToStr	命令格式	NumToStr (Val ,Dec[\Exp])
		基本参数	Val:需要转换的数据 Dec:转换后保留的小数位数
		可选参数	不指定:小数形式的字符串 \Exp:指数形式的字符串
		执行结果	小数或指数形式的字符串数据 string
		功能	将十进制数值型数据 num 转换为字符串数据 string
string 数据截取	StrPart	命令格式	StrPart (Str,ChPos,Len)
		基本参数	Str:待转换的字符串 ChPos:截取的首字符位置 Len:需要截取的字符数量
		执行结果	新的字符串数据 string
		功能	从指定字符串中截取部分字符,构成新的字符串
任意类型数据转换为 string 数据	ValToStr	命令格式	ValToStr (Val)
		基本参数	Val:待转换的数据,类型任意
		执行结果	字符串数据 string
		功能	将任意类型的程序数据转换为字符串数据 string
string 数据转换为任意类型数据	StrToVal	命令格式	StrToVal (Str,Val)
		基本参数	Str:待转换的字符串 Val:转换结果,数据类型任意定义
		执行结果	命令执行情况,转换成功为 TRUE,否则为 FALSE
		功能	将指定字符串数据 string 转换为任意类型的程序数据

基本数据转换函数命令的编程示例如下。

```
VAR num a:=0.3852138754655357;
str1:=NumToStr( a,2 );                    // num→string 转换,str1 为字符"0.38"
str2:=NumToStr(a,2\Exp);                  // num→string 转换,str2 为字符"3.85E-01"
Part1:=StrPart( "Robotics Position",1,5 );  // 字符串截取,part1 为字符"Robot"
Part2:=StrPart( "Robotics Position",10,3 ); // 字符串截取,part2 为字符"Pos"
……
```

函数命令 ValToStr、StrToVal 可进行字符串（string 数据）和其他类型数据间的相互转换，数据类型可以任意指定。ValToStr 可将任意类型数据转换为字符串，StrToVal 可将字符串转换为其他类型数据。十进制数值数据转换为字符串时，保留 6 个有效数字（不包括符号、小数点）；数据转换成功时，执行结果为 TRUE，否则为 FALSE。例如：

```
VAR pos p:=[100,200,300];
VAR num numtype:=1.234567890123456789;
Str1:=ValToStr(p);                        // str1 为字符"[100,200,300]"
Str3:=ValToStr(numtype);                  // str3 为字符"1.23457"
……
```

例如，利用以下程序可将字符串"3.85"转换为 num 数据 nval，将字符串"［600，500，225.3］"转换为 pos 数据 pos15，命令执行结果分别保存在 bool 数据 ok1、ok2 中，数据转换成功时，ok1、ok2 状态分别为 TRUE。

```
VAR string str15:="[600,500,225.3]";
ok1:=StrToVal("3.85",nval);               // 字符串"3.85"转换为数据 nval 的值
ok2:=StrToVal(str15,pos15);    // 字符串"[600,500,225.3]"转换为 pos15 的坐标值
……
```

三、移动数据读入与转换函数

1. 移动数据读入函数

在 RAPID 程序中，控制系统信息、机器人和外部轴移动数据、I/O 信号状态等均可通过程序指令或函数命令读入到程序中进行运算和处理。其中，I/O 信号状态一般通过输入/输出命令读取，控制系统信息主要用于系统配置检查和网络控制，有关内容可参见参考文献[2]。机器人和外部轴移动数据包括机器人、外部轴的当前位置、工具工件数据等，它们可通过 RAPID 函数命令读取，常用的移动数据读入函数命令如表 4-3-6 所示。

表 4-3-6　常用的移动数据读入函数命令

名称		编程格式与示例	
XYZ 坐标值读取	CPos	命令格式	CPos ([\Tool][\WObj])
		可选参数	\Tool:工具数据,未指定时为当前工具 \WObj:工件数据,未指定时为当前工件
		执行结果	机器人当前的 XYZ 位置,数据类型 pos
	功能说明		读取当前的 XYZ 坐标值,到位区间要求:inpos50 以下的停止点 fine

名称			编程格式与示例
TCP 位置读取	CRobT	命令格式	CRobT（[\TaskRef] |[\TaskName][\Tool][\WObj]）
		可选参数	\TaskRef | \TaskName：任务代号或名称，未指定时为当前任务；\Tool、\WObj：工具、工件数据，同 Cpos 命令
		执行结果	机器人当前的 TCP 位置，数据类型 robtarget
	功能说明		读取到位区间 inpos50 以下准确停止点的当前 TCP 位置值
关节位置读取	CJointT	命令格式	CJointT（[\TaskRef] |[\TaskName]）
		可选参数	\TaskRef | \TaskName：同 CRobT 命令
		执行结果	机器人当前的关节位置，数据类型 jointtarget
	功能说明		读取机器人及外部轴的关节位置，到位区间要求：停止点 fine
工具数据读取	CTool	命令格式	CTool（[\TaskRef] |[\TaskName]）
		可选参数	\TaskRef | \TaskName：同 CRobT 命令
		执行结果	当前有效的工具数据，数据类型 tooldata
	功能说明		读取当前有效的工具数据
工件数据读取	CWobj	命令格式	CWobj（[\TaskRef] |[\TaskName]）
		可选参数	\TaskRef | \TaskName：同 CRobT 命令
		执行结果	当前有效的工件数据，数据类型 wobjdata
	功能说明		读取当前有效的工件数据

RAPID 移动数据读入函数命令的编程示例如下。

```
pos1：＝CPos(\Tool：＝tool1 \WObj：＝wobj0);        // 当前的 XYZ 坐标读入到 pos1
p1：＝CRobT(\Tool：＝tool1 \WObj：＝wobj0);         // 当前的 TCP 位置读入到 p1
joints1：＝CJointT();                             // 当前的关节位置读入到 joints1
temp_tool：＝CTool();                             // 当前的工具数据读入到 temp_tool
temp_wobj：＝CWObj();                             // 当前的工件数据读入到 temp_wobj
......
```

2. 移动数据转换函数

RAPID 移动数据转换函数命令可用于机器人的 TCP 位置数据 robtarget 和关节位置数据 jointtarget 的相互转换、程序点距离计算等。常用的如表 4-3-7 所示。

表 4-3-7　常用的移动数据转换函数命令

名称			编程格式与示例
TCP 位置转换为关节位置	CalcJointT	命令格式	CalcJointT（[\UseCurWObjPos],Rob_target,Tool[\WObj][\ErrorNumber]）
		基本参数	Rob_target：需要转换的机器人 TCP 位置；Tool：工具数据。
		可选参数	\UseCurWObjPos：用户坐标系位置，未指定时为工件坐标系位置；\WObj：工件数据，未指定时为 WObj0；\ErrorNumber：存储错误的变量名称。
		执行结果	程序点 Rob_target 的关节位置，数据类型 jointtarget
	功能说明		将机器人的 TCP 位置转换为关节位置
关节位置转换为 TCP 位置	CalcRobT	命令格式	CalcRobT（Joint_target,Tool[\WObj]）
		命令参数	Joint_target：需要转换的机器人关节位置；Tool：工具数据。
		可选参数	\WObj：工件数据，未指定时为 WObj0；
		执行结果	程序点 Joint_target 的 TCP 位置，数据类型 robtarget
	功能说明		将机器人的关节位置转换为 TCP 位置

名称	编程格式与示例		
两点距离计算	Distance	命令格式	Distance（Point1，Point2）
		命令参数	Point1：第 1 点位置（pos）
			Point2：第 2 点位置（pos）
		执行结果	Point1 与 Point2 的空间距离，数据类型 num
	功能说明		计算两点的空间距离
	编程示例		dist：＝Distance(p1,p2)

命令 CalcJointT 可将 TCP 位置数据 robtarget 转换为关节位置数据 jointtarget。计算关节位置时，机器人姿态将使用 TCP 位置数据 robtarget 所定义的理论值，而不考虑插补姿态控制指令 ConfL/ConfJ 影响；如程序点为奇点，则 J4 轴规定为 0°。

命令 CalcRobT 可将机器人关节位置数据 jointtarget，转换为指定工具、工件数据下的 TCP 位置数据 robtarget。

命令 Distance 可计算 2 个 XYZ 坐标点（x_1，y_1，z_1）和（x_2，y_2，z_2）的空间距离，其计算结果为 $\sqrt{(x_1-x_2)^2+(y_1-y_2)^2+(z_1-z_2)^2}$。

移动数据转换函数命令的编程示例如下。

```
p1：＝[[1000,0,800],[1,0,0,0],[0,1,0,0],[0,0,9E9,9E9,9E9,9E9]];
p2：＝[[0,60,15,0,-90,0],[0,0,9E9,9E9,9E9,9E9]];
p1_jointpos：＝CalcJointT(p1,tool1 \WObj：＝wobj1);        // 计算 p1 的关节位置
p2_robtarget：＝CalcRobT(jointpos1,tool1 \WObj：＝wobj1);   // 计算 p2 的 TCP 位置
dist：＝Distance(p1. pos,p2_robtarget. pos);               // 计算 p1,p2 距离
……
```

实践指导

一、程序偏移指令编程

1. 指令与功能

RAPID 程序偏移指令可一次性改变 RAPID 程序中所有程序点的位置，机器人和外部轴的偏移可分别指令，程序偏移指令及编程格式如表 4-3-8 所示。

表 4-3-8 程序偏移指令及编程格式

名称	编程格式与示例		
机器人程序偏移生效	PDispOn	编程格式	PDispOn[\Rot][\ExeP,] ProgPoint,Tool[\WObj]
		指令添加项	\Rot：工具偏移功能选择
			\ExeP：程序偏移目标位置
		程序数据与添加项	ProgPoint：程序偏移参照点
			Tool：工具数据
			\WObj：工件数据
		功能	生效程序偏移功能
机器人程序偏移设定	PDispSet	编程格式	PDispSet DispFrame;
		程序数据	DispFrame：程序偏移量
		功能	设定机器人程序偏移量

续表

名称	编程格式与示例		
机器人偏移撤销	PDispOff	编程格式	PDispOff
	功能	撤销机器人程序偏移功能	
外部轴程序偏移生效	EOffsOn	编程格式	EOffsOn[\ExeP,] ProgPoint
		指令添加项	\ExeP：程序偏移目标点
		程序数据	ProgPoint：程序偏移参照点
	功能说明	生效外部轴程序偏移功能	
外部轴程序偏移设定	EOffsSet	编程格式	EOffsSet EAxOffs；
		程序数据	EaxOffs：外部轴程序偏移量
	功能	设定外部轴程序偏移量	
外部轴偏移撤销	EOffsOff	编程格式	EOffsOff
	功能说明	撤销外部轴程序偏移功能	
程序偏移量清除	ORobT	命令参数	OrgPoint
		可选参数	\InPDisp \InEOffs
	功能	清除指定程序点的程序偏移量	

程序偏移指令的功能类似于工件坐标系设定，当机器人偏移生效时，可使所有程序点的 XYZ 坐标、工具姿态均产生整体偏移；外部轴偏移生效时，则可使所有程序点的外部轴位置产生整体偏移。

程序偏移不仅可改变图 4-3-1(a) 中的机器人 XYZ 位置，且还可添加工具姿态偏移功能，使坐标系产生图 4-3-1(b) 中的旋转。程序偏移通常用来改变机器人的作业区，例如，当机器人需要进行多工件作业时，通过机器人偏移便可利用同一程序完成作业区 1、作业区 2 的相同作业。

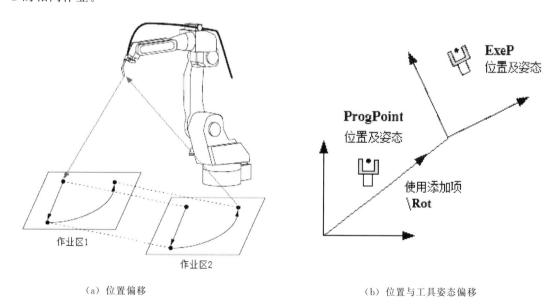

（a）位置偏移　　　　　　　　　　　　　　　　（b）位置与工具姿态偏移

图 4-3-1　机器人的程序偏移

2. 程序偏移生效与撤销

机器人、外部轴的程序偏移可分别通过机器人程序偏移生效指令 PDispOn、外部轴程序偏移生效指令 EOffsOn 实现。程序偏移量可通过指令中的参照点和目标点由系统自动计算生成，或者通过程序偏移设定指令直接定义。PDispOn、EOffsOn 指令可在程序中多次使用，所产生的偏移量可自动叠加；指令所产生的偏移可分别通过指令 PDispOff、EOffsOff 撤销，或者利用程序偏移量清除函数命令 ORobT 清除。

PDispOn、EOffsOn 指令中的添加项 \ Rot 用于工具偏移功能选择，使用添加项 \ Rot，可使机器人在 *XYZ* 位置偏移的同时，按目标位置调整工具姿态。添加项 \ ExeP 用来指定参照点 ProgPoint 通过程序偏移后的目标位置，目标位置与参照点的差值就是程序偏移量；如不使用添加项 \ ExeP，则以机器人当前位置（准确定位 fine 区间定义的位置）作为程序偏移的目标位置。例如，执行以下程序偏移指令，机器人的移动轨迹将为图 4-3-2 所示程序偏移运动轨迹。

```
MoveL p0,v500,z10,tool1;                              // 无偏移运动
MoveL p1,v500,z10,tool1;
……
PDispOn\ExeP:=p1,p10,tool1;                           // 生效机器人偏移
MoveL p20,v500,z10,tool1;                             // 偏移运动
MoveL p30,v500,z10,tool1;
PDispOff;                                             // 机器人偏移撤销
MoveL p40,v500,z10,tool1;
……
```

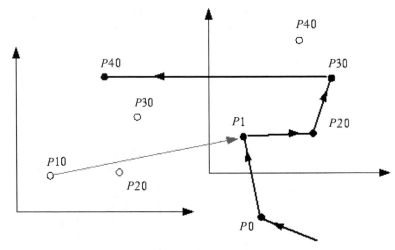

图 4-3-2　程序偏移运动轨迹

外部轴程序偏移仅用于配置有外部轴的机器人系统，例如：

```
MoveL p1,v500,z10,tool1;                              // 无偏移运动
EOffsOn \ExeP:=p1,p10;                                // 外部轴程序偏移生效
MoveL p20,v500,z10,tool1;
……
EOffsOff;                                             // 外部轴偏移撤销
```

机器人程序偏移指令可结合子程序调用使用，以达到改变作业区域的目的。例如，实现图 4-3-3 所示 3 个作业区变换的程序如下。

```
    MoveJ p10,v1000,fine\Inpos:=inpos50,tool1;              // 第 1 偏移目标点定位
    draw_square;                                            // 调用子程序轨迹
    MoveJ p20,v1000,fine \Inpos:=inpos50,tool1;             // 第 2 偏移目标点定位
    draw_square;                                            // 调用子程序轨迹
    MoveJ p30,v1000,fine \Inpos:=inpos50,tool1;             // 第 3 偏移目标点定位
    draw_square;                                            // 调用子程序轨迹
    ……
! ***************************************
PROC draw_square()
    PDispOn p0,tool1;                       // 生效程序偏移,参照点 p0、目标点为当前位置
    MoveJ p1,v1000,z10,tool1;                              // 需要偏移的轨迹
    MoveL p2,v500,z10,tool1;
    MoveL p3,v500,z10,tool1;
    MoveL p4,v500,z10,tool1;
    MoveL p1,v500,z10,tool1;
    PDispOff;                                              // 程序偏移撤销
    ENDPROC
! ***************************************
```

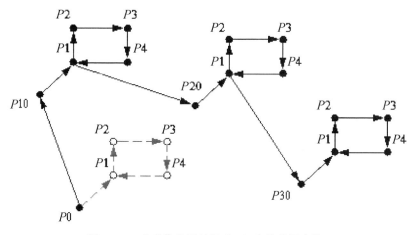

图 4-3-3　改变作业区的运动（3 个作业区变换）

3. 程序偏移设定与撤销

在 RAPID 程序中，机器人、外部轴的程序偏移也可通过机器人、外部轴程序偏移设定指令实现。指令 PDispSet、EOffsSet 可直接定义机器人、外部轴的程序偏移量，而无需利用参照点和目标位置计算偏移量；如图 4-3-4 所示程序偏移设定与运动，对只需要进行坐标轴偏移的作业（如搬运、堆垛等），可利用指令实现位置平移，以简化编程与操作。

指令 PDispSet、EOffsSet 所生成的程序偏移可分别通过偏移撤销指令 PDispOff、EOffsOff 撤销，或利用程序偏移指令 PDispOn、EOffsOn 清除。此外，对于同一程序点，只能利用 PDispSet、EOffsSet 指令设定一个偏移量，而不能通过指令的重复使用叠加偏移。

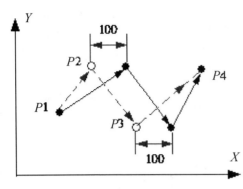

图 4-3-4　程序偏移设定与运动

机器人、外部轴程序偏移设定指令的程序数据含义如下。

DispFrame：机器人程序偏移量，pose 型数据。机器人的程序偏移量需要通过坐标系姿态数据 pose 定义，pose 数据中的位置数据项 pos 用来指定坐标原点的偏移量；方位数据项 orient 用来指定坐标系旋转的四元数，不需要旋转坐标系时，rient 为 [1, 0, 0, 0]。

EAxOffs：外部轴程序偏移量，extjoint 型数据。直线轴偏移量的单位为 mm，回转轴的回转单位为 deg。

对于图 4-3-4 所示的程序偏移运动，程序偏移设定/撤销指令的编程实例如下。

```
VAR pose xp100:=[[100,0,0],[1,0,0,0]];          // 定义程序偏移量 X+100
MoveJ p1,v1000,z10,tool1;                        // 无偏移运动
……
PDispSet xp100;                                  // 程序偏移生效
MoveL p2,v500,z10,tool1;                         // 偏移运动
MoveL p3,v500,z10,tool1;                         // 偏移运动
PDispOff;                                        // 程序偏移撤销
MoveJ p4,v1000,z10,tool1;                        // 无偏移运动
……
```

外部轴程序偏移设定仅用于配置有外部轴的机器人系统，指令的编程实例如下。

```
VAR extjoint eax_p100:=[100,0,0,0,0,0];          // 定义外部轴偏移量 e1+100
MoveJ p1,v1000,z10,tool1;                         // 无偏移运动
……
EOffsSet eax_p100;                                // 程序偏移生效
MoveL p2,v500,z10,tool1;                          // 偏移运动
EOffsOff;                                         // 程序偏移撤销
MoveJ p3,v1000,z10,tool1;                         // 无偏移运动
……
```

4. 程序偏移量清除

RAPID 程序偏移量清除函数命令 OrobT 可用来清除特定程序点的程序偏移量，恢复原来的 TCP 位置值，它对指令 PDispOn、EOffsOn 及 PDispSet、EOffsSet 所生成的机器人、外部轴偏移均有效。函数命令 OrobT 的编程格式、参数如下。

ORobT（OrgPoint[\InPDisp] |[\InEOffs]）

OrgPoint：需要清除偏移量的程序点。

\InPDisp 或 \InEOffs：需要保留的偏移量。不指定添加项时，命令将同时清除指令 PdispOn、EOffsOn 偏移量；选择添加项 \InPDisp，执行结果将保留 PdispOn 偏移、清除

EOffsOn 偏移；选择添加项 \ InEOffs，执行结果将保留 EoffsOn 偏移、清除 PdispOn 偏移。例如：

p10:=ORobT(p1);	// p10 为无 PdispOn、EOffsOn 偏移的 p1 原始位置
p11:=ORobT(p1 \InPDisp);	// p11 为有 PdispOn、无 EoffsOn 的 p1 位置
p12:=ORobT(p1 \InEOffs);	// p12 为无 PdispOn、有 EoffsOn 的 p1 位置
……	

二、位置偏置与镜像函数编程

1. 命令与功能

RAPID 程序中的程序点位置不但可利用程序偏移指令调整，而且还可利用 TCP 位置偏置、工具偏置、程序点镜像等 RAPID 函数命令来改变。常用位置偏置与镜像函数命令及编程格式如表 4-3-9 所示。

表 4-3-9　常用位置偏置与镜像函数命令及编程格式

名称		编程格式与示例	
位置偏置	Offs	编程格式	Offs（Point，XOffset，YOffset，ZOffset）
		命令功能	改变指定程序点的 XYZ 坐标值
工具偏置	RelTool	编程格式	RelTool（Point，Dx，Dy，Dz[\Rx][\Ry][\Rz]）
		命令功能	改变指定程序点的工具数据
程序点镜像	MirPos	编程格式	MirPos（Point，MirPlane[\WObj][\MirY]）
		命令功能	将指定程序点转换为 $XZ(YZ)$ 平面对称点

2. 位置偏置函数

位置偏置函数命令 Offs 可改变程序点 TCP 位置数据 robtarget 的 XYZ 坐标值 pos，但不能改变坐标系方向及工具数据 tooldata。命令参数 Point 为需要偏置的程序点名称，XOffset、YOffset、Zoffset 为 X、Y、Z 坐标的偏移量。位置偏置函数命令可用来改变程序点的 XYZ 坐标值、定义新程序点，或者直接用于移动指令编程，例如：

p1:=Offs（p1,0,0,100）;	// 改变程序点坐标值
p2:=Offs（p1,50,100,150）;	// 定义新程序点
MoveL Offs(p2,0,0,10),v1000,z50,tool1;	// 直接用于移动指令
……	

函数命令 Offs 结合子程序使用，可用来实现搬运、码垛等机器人的多工位作业，大大简化程序。

例如，图 4-3-5 中，如使用如下子程序 PROC pallet，只要在主程序中改变列号参数 cun、行号参数 row 和间距参数 dist，系统便可利用位置偏置函数命令 Offs 自动计算偏移量、调整目标位置 ptpos 的 X、Y 坐标值，并将机器人定位到目标点，从而简化作业程序。

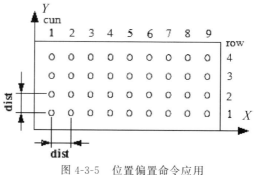

图 4-3-5　位置偏置命令应用

```
PROC pallet (num cun,num row,num dist,PERS tooldata tool,PERS wobjdata wobj )
    VAR robtarget ptpos：＝[[0,0,0],[1,0,0,0],[0,0,0,0],[9E9,9E9,9E9,9E9,9E9,
9E9]]；
    ptpos：＝Offs (ptpos,cun＊dist,row＊dist ,0 )；
    MoveL ptpos,v100,fine,tool\WObj：＝wobj；
ENDPROC
```

3. 工具偏置函数

工具偏置函数命令 RelTool 可用来改变程序点的工具数据，包括工具坐标原点偏置及坐标系方向调整。命令参数 Point 为需要进行工具偏置的程序点名称；Dx、Dy、Dz 为工具坐标原点偏移量；\Rx、\Ry、\Rz 为工具坐标系绕 X、Y、Z 轴旋转的角度，添加项\Rx、\Ry、\Rz 同时指定时，按\Rx、\Ry、\Rz 次序回转。函数命令 RelTool 可用来改变指定点的工具数据、定义新程序点，或直接用于移动指令编程，例如：

```
p1：＝RelTool (p1,0,0,100 \Rx：＝30)；          // 改变工具数据
p2：＝RelTool (p1,50,100,150 \Rx：＝30 \Ry：＝45)；   // 定义新程序点
MoveL RelTool (p2,0,0,100 \Rz：＝90),v1000,z50,tool1；  //直接用于移动指令
……
```

4. 镜像函数

镜像函数命令 MirPos 可将指定的程序点转换为 XZ 平面或 YZ 平面对称的点，实现机器人的对称作业功能。

例如，对于图 4-3-6 所示的对称作业，对于运动轨迹为 $P0{\to}P1{\to}P2{\to}P0$，如生效 XZ 平面对称的镜像功能，机器人的运动轨迹可转换成 $P0'{\to}P1'{\to}P2'{\to}P0'$。

函数命令 MirPos 的参数 Point 用来指定需要转换的程序点名称；MirPlane 用来指定用于镜像变换的工件坐标系名称；添加项 \WObj 为程序点 Point 所使用的工件坐标系名称；\ MirY 用来选定 XZ 平面对称、进行 Y 轴坐标值的对称变换，如不使用添加项，为 YZ 平面对称、进行 X 轴坐标值的对称变换。

机器人的镜像变换一般需要在工件坐标系上进行，基座坐标系、工具坐标系受结构限制，一般无法镜像。函数命令 MirPos 一般用来定义新程序

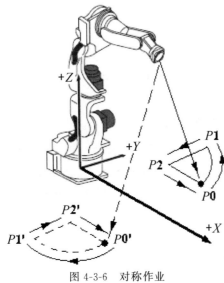

图 4-3-6　对称作业

点，或直接用于移动指令编程，例如：

```
PERS wobjdata mirror：＝[……]；              // 定义镜像转换坐标系
p2：＝MirPos(p1,mirror)；                     // 定义新程序点
MoveL RelTool MirPos(p1,mirror),v1000,z50,tool1；  // 替代移动指令程序点
……
```

三、坐标测定与变换函数编程

1. 命令与功能

程序偏移设定指令需要通过坐标系姿态数据 pose 指定偏移量，由于 pose 数据是包含 XYZ 位置偏移（pos）、方位变换（orient）的复合型数据，其计算较为复杂，因此实际编程时，一般需要利用 RAPID 坐标测定与变换函数命令，通过若干个通过示教操作确定的程序点（基准点），由系统自动计算和生成坐标变换参数或坐标变换偏移量。

RAPID 常用的坐标测定与变换函数命令如表 4-3-10 所示，其他更多的命令详见参考文献［2］。

表 4-3-10　常用的坐标测定与变换函数命令

名称			编程格式与示例
3点测定 pose 数据	DefFrame	编程格式	DefFrame（NewP1,NewP2,NewP3[\Origin]）
		命令功能	利用3点计算坐标变换数据 pose
6点测定 pose 偏移	DefDFrame	编程格式	DefDFrame（OldP1,OldP2,OldP3,NewP1,NewP2,NewP3）
		命令功能	利用6点计算坐标偏移数据 pose

2. pose 数据的 3 点计算

函数命令 DefFrame 可通过 3 个基准点获得从当前坐标系变换为目标坐标系的坐标变换数据 pose。命令中的 NewP1～NewP3 为目标坐标系的 3 个基准点。添加项 \ Origin 用来定义目标坐标系的原点位置，参数的定义方法如下，程序点的间距越大、定位区间越小，所得到的变换数据就越准确。

\ Origin＝1 或不使用：NewP1 为坐标原点，NewP2 为＋X 轴上的 1 点，NewP3 为 XY 平面＋Y 方向的 1 点，＋Z 轴方向由右手定则决定，如图 4-3-7 所示。

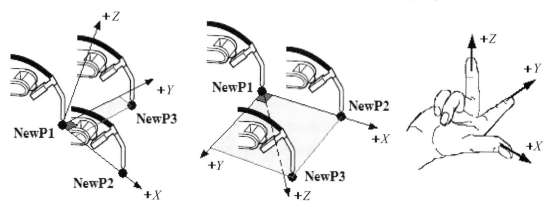

图 4-3-7　\Origin＝1或不使用时的坐标变换

\Origin＝2：NewP2 为坐标原点，NewP1 为－X 轴上的 1 点，NewP3 为 XY 平面＋Y 方向的 1 点，＋Z 轴方向由右手定则决定，如图 4-3-8(a) 所示。

\Origin＝3：NewP3 与 NewP1、NewP2 连线的垂足为坐标原点，NewP1、NewP2 决定的矢量为＋X 轴，NewP3 为＋Y 轴上的 1 点，Z 轴正方向由右手定则决定，如图 4-3-8(b) 所示。

命令 DefFrame 所生成的坐标变换数 pose 可直接用于机器人程序偏移设定指令 Pdisp-Set，程序偏移量可通过指令 PDispOff 撤销。例如：

```
frame1:=DefFrame(p1,p2,p3);          // 计算坐标变换数据 frame1
PDispSet frame1;                      // 用 frame1 偏移程序点
MoveL p2,v500,z10,tool1;             // 偏移运动
......
PDispOff;                            // 撤销程序偏移
......
```

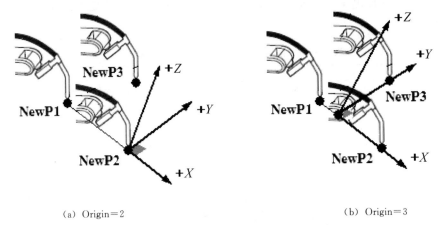

(a) Origin＝2   (b) Origin＝3

图 4-3-8   Origin＝2 或 3 时的坐标变换

3. pose 偏移量的 6 点测定

利用 6 点偏移量测定函数命令 DefDFrame 可获得任意 2 个坐标系的 pose 偏移量，如图 4-3-9 所示。

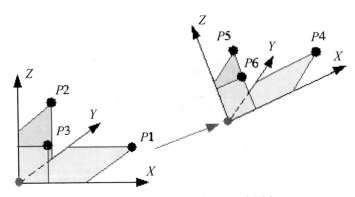

图 4-3-9   pose 坐标偏移量的 6 点测定

命令参数 OldP1～OldP3 为坐标偏移前的 3 个基准点，NewP1～NewP3 为 3 个基准点在偏移后的目标坐标系上的位置。其中 OldP1、NewP1（P1、P4）应为 XY 平面第 1 象限上的一点，它是决定坐标系原点、方向的关键点，故必须是准确定位（fine）的 TCP 位置；OldP2、NewP2 应为 YZ 平面第 1 象限上的一点，用来确定＋Y 轴方向；OldP3、NewP3 应为 XZ 平面第 1 象限上的一点，用来确定＋Z、＋X 轴方向。程序点的间距越大、定位区间越小，所得到的变换数据就越准确。例如：

```
frame1:=DefDframe (p1,p2,p3,p4,p5,p6);          //计算程序偏移量 frame1
PDispSet frame1;                                  //生效程序偏移
MoveL p2,v500,z10,tool1;                          //偏移运动
……
PDispOff;                                         //程序偏移撤销
```

拓展提高

工具及工件坐标系测定指令

1. 工具坐标系测定指令

RAPID 工具数据 tooldata 需要由工具安装形式 robhold、工具坐标系 tframe、负载特性 3 类数据复合而成，其中，工具坐标系数据 tframe 需要定义坐标原点（TCP）位置、坐标轴方位四元数，位置测量与计算较为复杂，因此，实际使用时通常直接利用 RAPID 工具坐标系测定指令，通过工具定向示教操作，由控制系统自动计算并设定。

RAPID 常用的移动工具坐标系测定指令如表 4-3-11 所示，有关固定工具坐标系测定、工具负载自动测定等更多内容，可参见参考文献 [2]。

表 4-3-11　RAPID 常用移动工具坐标系测定指令

名　称	编　程　格　式　与　示　例		
工具 TCP 位置测定	MToolTCPCalib	编程格式	MToolTCPCalib Pos1, Pos2, Pos3, Pos4, Tool, MaxErr, MeanErr
		程序数据 与添加项	Pos1，Pos2，Pos3，Pos4:测试点 1~4 关节位置 Tool:工具数据名称 MaxErr:最大误差 MeanErr:平均误差
	功能说明		利用 4 点定位,计算工具数据的坐标原点(TCP 位置)
工具方位测定	MToolRotCalib	编程格式	MToolRotCalib RefTip, ZPos [\XPos],Tool
		程序数据 与添加项	RefTip:TCP 关节位置 Zpos:工具坐标系+Z 轴关节位置 \Xpos:工具坐标系+X 轴关节位置 Tool:工具数据名称
	功能说明		利用 2~3 点定位,计算工具数据的坐标方位四元数

工具坐标系的测试要求如图 4-3-10 所示。

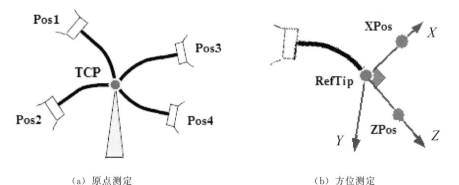

(a) 原点测定　　　　　　　　　　　　　(b) 方位测定

图 4-3-10　工具坐标系的测试要求

执行工具坐标系测定指令前，必须利用永久数据 PERS，预定义工具数据中的工具安装形式 robhold、负载特性项 tload 数据项。对于机器人移动工具的作业（移动工具），预定义数据必须为工具安装形式 robhold 为 TRUE（移动）的工具数据初始值 tool0；同时，必须将工件数据 Wobj 定义为初始值 Wobj0，并通过 PdispOff 指令撤销机器人程序偏移。然后可通过以下方法利用工具坐标系测定指令，自动测定坐标原点和方位。

（1）坐标原点测定。利用指令 MToolTCPCalib 测定工具 TCP 位置（工具坐标原点）时，首先需要在基座（大地）坐标系上建立一个 TCP 基准点，然后，通过工具定向示教操作或其他方式，定义图 4-3-10(a)所示的 4 个测试点 Pos1、Pos2、Pos3、Pos4；4 个测试点都必须是 TCP 位于基准点的关节位置数据 jointtarget，且其关节位置变化量应尽可能大。这样，通过 4 个测试点的工具定向关节运动，控制系统便可利用指令 MToolTCPCalib 自动计算 TCP 位置、设定工具坐标原点，并计算出最大、平均测量误差；测试点 Pos1、Pos2、Pos3、Pos4 的关节位置变化量越大，计算误差就越小。

工具 TCP 位置测定程序的编程示例如下。

```
PERS tooldata tool1:= [TRUE, [ [0, 0, 0], [1, 0, 0 ,0] ], [0.001, [0, 0, 0.001],
[1, 0, 0, 0], 0, 0, 0] ];                                    // 预定义工具数据
MoveAbsJ p1, v10, fine, tool0;                                        //测试点定位
MoveAbsJ p2, v10, fine, tool0;
MoveAbsJ p3, v10, fine, tool0;
MoveAbsJ p4, v10, fine, tool0;
MToolTCPCalib p1, p2, p3, p4, tool1, max_err, mean_err;    //测定 tool1 的 TCP 位置
……
```

（2）工具方位测定。利用指令 MToolRotCalib 测定工具方位（计算）时，通过机器人定位示教操作或其他方式，定义图 4-3-10(b)所示的 2～3 个测试点 RefTip、Zpos、Xpos，测试点都必须为工具姿态保持不变的关节位置数据 jointtarget，且其关节位置变化量应尽可能大。

测试点 RefTip 为工具坐标系原点，Zpos 为工具坐标系+Z 轴上的任意一点，测试点添加项 \Xpos 为工具坐标系+X 轴上的任意一点。如果工具坐标系的 X、Y 轴方向与机器人手腕基准坐标系相同，添加项 \Xpos 可以省略。

工具方位测定同样需要通过机器人的测试点关节绝对定位（MoveAbsJ）运动实现，执行指令 MtoolRotCalib，控制系统便可自动计算、设定工具坐标系的方位四元数。

工具方位测定指令的编程示例如下，它可紧接 TCP 位置测定程序后，此时无需再定义工具数据初始值。

```
MoveAbsJ pos_tip, v50, fine, tool0;                                   //测试点定位
MoveAbsJ pos_z, v50, fine, tool0;
MoveAbsJ pos_x, v50, fine, tool0;
MToolRotCalib pos_tip, pos_z\XPos:=pos_x, tool1;              //测定 tool1 的方位
……
```

2. 工件坐标系测定函数

对于采用无回转轴、固定工装的简单机器人系统，工件或用户坐标系的原点和方位数据

pose 可直接通过前述的 pose 数据 3 点计算函数命令 DefFrame 直接获得。但是，当系统配置有工件回转变位器时，其工件或用户坐标系需要建立在倾斜或垂直回转的工件回转变位器上，此时，一般需要通过 RAPID 回转坐标系测定函数命令，利用多个测试点（4~10 个）的关节定位运动，由控制系统自动测定、计算工件或用户坐标系的原点和方位数据 pose，并计算出最大、平均测量误差。回转工件坐标系测定见图 4-3-11。

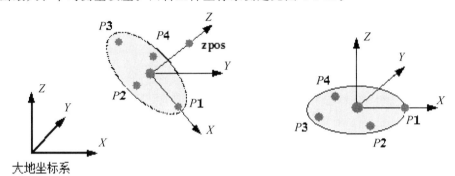

（a）Z 轴倾斜回转　　　　　　　　　　　　　（b）Z 轴垂直回转

图 4-3-11　回转工件坐标系测定

RAPID 回转工件坐标系测定函数及编程格式如表 4-3-12 所示，命令中的测试点应为大地（基座）坐标系 TCP 位置数据 robtarget，它们可通过机器人定位示教操作或其他方式定义，并需要以数组的形式编程；测试点越多、相邻点的间距越大，计算误差就越小。

表 4-3-12　RAPID 回转工件坐标系测定函数及编程格式

名 称		编 程 格 式 与 示 例	
倾斜回转坐标系测定	CalcRotAxFrameZ	命令格式	CalcRotAxFrameZ（TargetList，TargetsInList，PositiveZPoint，MaxErr，MeanErr）
		命令参数与添加项	TargetList：测试点位置（数组名称） TargetsInList：测试点数量（大于等于 4） PositiveZPoint：+Z 轴上的点 MaxErr：最大误差 MeanErr：平均误差
		执行结果	用户坐标系原点、方位数据 pose。
垂直回转坐标系测定	CalcRotAxisFrame	命令格式	CalcRotAxisFrame（MechUnit［\ AxisNo］，TargetList，TargetsInList，MaxErr，MeanErr）
		命令参数与添加项	MechUnit：回转轴所在的机械单元名称 \AxisNo：回转轴序号（默认 1） TargetList：测试点位置（数组名称） TargetsInList：测试点数量（大于等于 4） MaxErr：最大误差 MeanErr：平均误差
		执行结果	用户坐标系原点、方位数据 pose

（1）倾斜回转坐标系测定命令。倾斜回转坐标系测定函数命令 CalcRotAxFrameZ 可用于图 4-3-11（a）所示的 Z 轴倾斜回转的工件或用户坐标系的测定。命令需要定义 5 个以

上的测试点 zpos、$P1 \sim P4$（或更多），其中，测试点 zpos 必须为工件或用户坐标系$+Z$轴上的一点；$P1$ 必须为$+X$ 轴上的一点；$P2$、$P3$、$P4$（或更多）可以为 XY 平面上的任意点（3 点或更多）。命令的编程示例如下。

```
VAR robtarget plist{n};                                    //测试点数组定义,n≥4
plist {1}:= p1;
……
plist {n}:= pn;
MoveJ p1, v100, fine, Tool1;                               //测试点 1~n 定位
……
MoveJ pn, v100, fine, Tool1;
MoveJ zpos, v100, fine, Tool1;                             //测试点 zpos 定位
resFr1:=CalcRotAxFrameZ(plist, n, zpos, max_err, mean_err); //倾斜回转坐标系测定
……
```

（2）垂直回转坐标系测定命令。垂直回转坐标系测定函数命令 CalcRotAxisFrame 可用于图 4-3-11(b)所示的 Z 轴垂直回转的工件或用户坐标系的测定。命令需要定义 4 个以上测试点 $P1 \sim P4$（或更多），其中，测试点 $P1$ 必须为$+X$ 轴上的一点；$P2$、$P3$、$P4$（或更多）可以为 XY 平面上的任意点（3 点或更多）。命令的编程示例如下。

```
VAR robtarget plist{n};                                    //测试点数组定义,n≥4
plist {1}:= p1;
……
plist {n}:= pn;
MoveJ p1, v100, fine, Tool1;                               //测试点 1~n 定位
……
MoveJ pn, v100, fine, Tool1;
resFr2:=CalcRotAxisFrame(STN_1, plist, n, max_err, mean_err);
                                                           //垂直回转坐标系测定
……
```

技能训练

一、结合本任务的学习，完成以下多项选择题。

1. 以下对 RAPID 表达式理解正确的是（　　）。

A. 只能用于算术运算　　　　　　　B. 只能用于逻辑运算

C. 只能用于比较判别　　　　　　　D. A、B、C 都可以

2. 以下可以用于 RAPID 表达式运算的数据是（　　）。

A. 程序数据　　　　　　　　　　　B. 常量 CONST

C. 永久数据 PERS　　　　　　　　D. 程序变量 VAR

3. 以下对 RAPID 表达式运算优先级理解正确的是（　　）。

A. 与通常运算相同　　　　　　　　B. 可用括号

C. 运算与比较可混用　　　　　　　　D. 逻辑运算优先于比较

4. 以下可直接通过 RAPID 运算指令进行数据运算的是（　　）。

A. 加法运算　　　B. 减法运算　　　C. 加/减 1 运算　　　D. 乘除运算

5. 以下可通过 RAPID 函数命令进行数据运算的是（　　）。

A. 幂函数　　　B. 三角函数　　　C. 反三角函数　　　D. 多位逻辑运算

6. 以下可用于 RAPID 函数命令的字符串及能进行字符串运算的是（　　）。

A. 纯正整数　　　B. 含小数的纯数字　　C. 四则运算　　　D. 数字比较

7. 通过 RAPID 字符串运算函数命令，可能得到的执行结果是（　　）。

A. 纯正整数字符　　　　　　　　　B. 含小数纯数字字符

C. 十进制数值　　　　　　　　　　D. 布尔状态

8. 以下对"NumToStr"转换函数命令理解正确的是（　　）。

A. 可将十进制数值转换为字符串　　　B. 只能用于正整数转换

C. 执行结果可以为指数型字符　　　　D. 转换结果保留 6 个有效数字

9. 以下对 RAPID 移动数据读取函数命令"CPos"理解正确的是（　　）。

A. 读取 TCP 的 XYZ 坐标值　　　　B. 读取 TCP 的 XYZ 坐标值及姿态

C. 需要指定当前工具数据　　　　　　D. 需要指定当前工件数据

10. 以下对 RAPID 移动数据读取函数命令"CRobT"理解正确的是（　　）。

A. 读取 TCP 的 XYZ 坐标值　　　　B. 读取 TCP 的 XYZ 坐标及姿态

C. 程序点的到位区间应小于 inpos50　　D. 读取机器人的关节位置数据

11. 以下对 RAPID 移动数据读取函数命令"CJointT"理解正确的是（　　）。

A. 读取 TCP 的 XYZ 坐标值　　　　B. 读取 TCP 的 XYZ 坐标及姿态

C. 程序点的到位区间应为 fine　　　　D. 读取机器人的关节位置数据

12. 以下对 RAPID 移动数据转换函数命令"CalcJointT"理解正确的是（　　）。

A. 转换结果为机器人 TCP 位置　　　B. 转换结果为关节绝对位置

C. 转换不考虑姿态控制指令影响　　　D. 奇点转换时 J4 轴规定为 0°

13. 以下对 RAPID 程序偏移生效指令"PDispOn"理解正确的是（　　）。

A. 可用于机器人位置的偏移　　　　　B. 可用于外部轴位置的偏移

C. 可添加工具姿态偏移功能　　　　　D. 可多次使用、叠加偏移量

14. 以下对 RAPID 程序偏移设定指令"PDispSet"理解正确的是（　　）。

A. 可用于机器人位置的偏移　　　　　B. 偏移量可直接定义

C. 可添加工具姿态偏移功能　　　　　D. 可多次使用、叠加偏移量

15. 以下对 RAPID 程序偏移量清除函数命令"ORobT"理解正确的是（　　）。

A. 可一次性清除所有程序点的偏移　　B. 只能清除指定程序点的偏移量

C. 可保留程序点的外部轴偏移　　　　D. 可保留程序点的机器人偏移

16. 以下可通过一条 RAPID 位置偏置函数命令"Offs"改变的是（　　）。

A. 所有程序点的 XYZ 坐标值　　　B. 指定程序点的 XYZ 坐标值

C. 指定程序点的坐标系方位　　　　　D. 指定程序点的工具数据

17. 以下对 RAPID 镜像函数命令"MirPos"理解正确的是（　　）。

A. 可进行 X 轴位置的对称变换　　　B. 可进行 Y 轴位置的对称变换

C. 可进行 Z 轴位置的对称变换　　　D. 一般需要在工件坐标系上进行

18. 以下对 RAPID 坐标测定与变换函数命令功能理解正确的是（　　）。

A. 可自动计算坐标原点偏移　　　　　　B. 可自动计算坐标系方位

C. 基准点的定位区间越小越好　　　　　D. 基准点的间距越大越好

19. 以下对 RAPID 工具坐标系测定指令 MToolTCPCalib 理解正确的是（　　）。

A. 至少有 4 个数组形式的测定点　　　　B. 测定点应为关节坐标值

C. 不能测定工具安装形式和负载　　　　D. 不能测定工具坐标系方位

20. 以下对 RAPID 工件坐标系测定指令功能理解正确的是（　　）。

A. 主要用于回转工件坐标系测定　　　　B. 可测定倾斜回转坐标系

C. 至少有 4 个数组形式的测定点　　　　D. 测定点应为关节坐标值

二、阅读以下 RAPID 程序，并写出程序数据 str1、str2、part1、part2 的执行结果。

```
VAR num a:=0.6553573852138754;
str1:=NumToStr(a,2);
str2:=NumToStr(a,2\Exp);
Part1:=StrPart("Robotics Position",1,5);
Part2:=StrPart("Robotics Position",10,3);
......
```

三、结合本任务的学习，利用 RAPID 程序偏移指令，编制机器人进行图 4-3-12 所示双工位作业运动的 RAPID 程序。

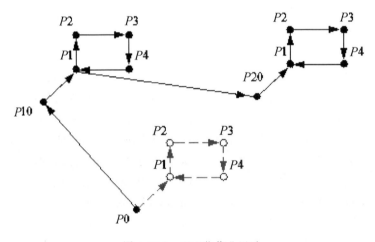

图 4-3-12　双工位作业运动

任务 4　RAPID 程序设计案例

知识目标

① 熟悉 RAPID 程序的设计过程。

② 掌握 RAPID 程序的设计方法。

③ 了解机器人弧焊系统及 RAPID 弧焊作业指令。

① 能根据作业要求定义 RAPID 程序数据。

② 能根据设计要求规划 RAPID 程序结构。

③ 能设计完整的 RAPID 应用程序。

一、应用程序设计要求

一个完整的 RAPID 应用程序，需要根据机器人的作业要求，定义程序数据、编制主模块、主程序、子程序（普通子程序、功能子程序、中断子程序）等。下面将以 ABB 弧焊工业机器人为例，学习 RAPID 应用程序的设计方法。

1. 机器人动作要求

弧焊机器人的焊接运动要求如图 4-4-1 所示，焊接机器人能按图示的轨迹移动，完成工件 $P3 \sim P5$ 点的直线焊缝焊接作业。

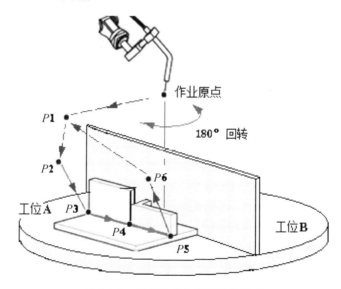

图 4-4-1 弧焊机器人焊接运动要求

工件焊接完成后，需要输出工件变位器回转信号，并通过变位器的 180°回转，进行工位 A、B 的工件交换；此时，机器人可继续进行新工件的焊接作业，而操作者则可在 B 工位进行工件的装卸作业；从而实现机器人的连续焊接作业。

如焊接完成后，B 工位工件的装卸尚未完成，则需要中断程序执行，输出工件安装指示灯，提示操作者装卸工件；操作者完成工件装卸后，可通过应答按钮输入安装完成信号，程序继续。

如自动循环开始时工件变位器不在工作位置，或者 A、B 的工件交换信号输出后变位器在 30s 内尚未回转到位，则利用错误处理程序在示教器上显示相应的系统出错信息，并退出程序循环。

焊接作业动作表如表 4-4-1 所示。

表 4-4-1　焊接作业动作表

工步	名　称	动作要求	运动速度	DI/DO 信号
0	作业初始状态	机器人位于作业原点	——	——
		加速度及倍率限制 50% 速度限制 600mm/s	——	——
		工件变位器回转阀关闭	——	A、B 工位回转信号为 0
		焊接电源、送丝、气体关闭	——	电源、送丝、气体信号为 0
1	作业区上方定位	机器人高速运动到 $P1$ 点	高速	同上
2	作业起始点定位	机器人高速运动到 $P2$ 点	高速	同上
3	焊接开始点定位	机器人移动到 $P3$ 点	500mm/s	焊接电源、送丝、气体信号为 1；焊接电流、电压输出（系统自动控制）
4	$P3$ 点附近引弧	自动引弧	焊接参数设定	
5	焊缝 1 焊接	机器人移动到 $P4$ 点	200mm/s	
6	焊缝 2 摆焊	机器人移动到 $P5$ 点	100mm/s	
7	$P5$ 点附近熄弧	自动熄弧	焊接参数设定	焊接电源、送丝、气体信号为 0；焊接电流、电压关闭（系统自动控制）
8	焊接退出点定位	机器人移动到 $P6$ 点	500mm/s	
9	作业区上方定位	机器人高速运动到 $P1$ 点	高速	同上
10	返回作业原点	机器人移动到作业原点	高速	同上
11	变位器回转	A、B 工位自动交换	——	A 或 B 工位回转信号为 1
12	结束回转	撤销 A、B 工位回转信号	——	A、B 工位回转信号为 0

2. DI/DO 信号定义

以上焊接机器人系统的基本外部 DI/DO 信号及功能如表 4-4-2 所示。

表 4-4-2　基本外部 DI/DO 信号及功能

DI/DO 信号	信号名称	功能
引弧检测	di01_ArcEst	1：正常引弧；0：熄弧
送丝检测	di02_WirefeedOK	1：正常送丝；0：送丝关闭
保护气体检测	di03_GasOK	1：保护气体正常；0：保护气体关闭
A 工位到位	di06_inStationA	1：A 工位在作业区；0：A 工位不在作业区
B 工位到位	di07_inStationB	1：B 工位在作业区；0：B 工位不在作业区
工件装卸完成	di08_bLoadingOK	1：工件装卸完成应答；0：未应答
焊接 ON	do01_WeldON	1：接通焊接电源；0：关闭焊接电源
气体 ON	do02_GasON	1：打开保护气体；0：关闭保护气体
送丝 ON	do03_FeedON	1：启动送丝；0：停止送丝
交换 A 工位	do04_CellA	1：A 工位回转到作业区；0：A 工位锁紧
交换 B 工位	do05_CellB	1：B 工位回转到作业区；0：B 工位锁紧
回转出错	do07_SwingErr	1：变位器回转超时；0：回转正常
等待工件装卸	do08_WaitLoad	1：等待工件装卸；0：工件装卸完成

二、弧焊指令简介

弧焊系统需要有引弧、熄弧、送丝、退丝、剪丝等基本动作，并对焊接电流、电压等模拟量进行控制，因此，控制系统通常需要配套专门的弧焊控制模块，并使用表 4-4-3 所示的 RAPID 弧焊控制专用指令。

表 4-4-3　RAPID 弧焊控制专用指令与程序数据及编程格式

名称			编 程 格 式 与 示 例
直线引弧	ArcLStart	编程格式	ArcLStart ToPoint，Speed[\V]，seam，weld [\Weave]，Zone[\Z][\Inpos]，Tool[\Wobj] [\TLoad]
		程序数据	seam：引弧、熄弧参数 seamdata weld：焊接参数 welddata \Weave：摆焊参数 weavedata 其他：同 MoveL 指令
		功能说明	TCP 直线插补运动，在目标点附近自动引弧
		编程示例	ArcLStart p1，v500，Seam1，Weld1，fine，tWeld \wobj ：= wobjStation
直线焊接	ArcL	编程格式	ArcL ToPoint，Speed[\V]，seam，weld [\Weave]，Zone[\Z][\Inpos]，Tool[\Wobj] [\TLoad]
		程序数据	同上
		功能说明	TCP 直线插补自动焊接运动
		编程示例	ArcL p2，v200，Seam1，Weld1，fine，tWeld \wobj ：= wobjStation
直线熄弧	ArcLEnd	编程格式	ArcLEnd ToPoint，Speed[\V]，seam，weld [\Weave]，Zone[\Z][\Inpos]，Tool[\Wobj] [\TLoad]
		程序数据	同上
		功能说明	TCP 直线插补运动，在目标点附近自动熄弧
		编程示例	ArcLStart p1，v500，Seam1，Weld1，fine，tWeld \wobj ：= wobjStation
圆弧引弧	ArcCStart	编程格式	ArcCStart CirPoint，ToPoint，Speed[\ V]，seam，weld [\Weave]，Zone[\Z][\Inpos]，Tool[\Wobj] [\TLoad]
		程序数据	同 MoveC、ArcLStart 指令
		功能说明	TCP 直线插补自动焊接运动，在目标点附近自动引弧
		编程示例	ArcCStart p1，p2，v500，Seam1，Weld1，fine，tWeld \wobj ：= wobjStation
圆弧焊接	ArcC	编程格式	ArcC CirPoint，ToPoint，Speed[\V]，seam，weld [\Weave]，Zone[\Z][\Inpos]，Tool[\Wobj] [\TLoad]
		程序数据	同 MoveC、ArcLStart 指令
		功能说明	TCP 圆弧插补自动焊接运动
		编程示例	ArcC p1，p2，v500，Seam1，Weld1，fine，tWeld \wobj ：= wobjStation
圆弧熄弧	ArcCEnd	编程格式	ArcCEnd CirPoint，ToPoint，Speed[\V]，seam，weld [\Weave]，Zone[\Z][\Inpos]，Tool[\Wobj] [\TLoad]
		程序数据	同 MoveC、ArcLStart 指令
		功能说明	TCP 圆弧插补自动焊接运动，在目标点附近自动熄弧
		编程示例	ArcCEnd p1，p2，v500，Seam1，Weld1，fine，tWeld \wobj ：= wobjStation

以上指令中的 seamdata、welddata 为弧焊机器人专用的基本程序数据，在焊接指令中必须予以定义。seamdata 用来设定引弧/熄弧的清枪时间 Purge_time、焊接开始的提前送气时间 Preflow_time、焊接结束时的保护气体关闭延时 Postflow_time 等工艺参数；welddata 用来设定焊接速度 Weld_speed、焊接电压 Voltaga、焊接电流 Current 等工艺参数。

指令中的 weavedata 为弧焊机器人专用的程序数据添加项，用于特殊的摆焊作业控制，可以根据实际需要选择。weavedata 可用来设定摆动形状 Weave_shape、摆动类型 Weave_type、行进距离 Weave_Length，以及 L 型摆和三角摆的摆动宽度 Weave_Width、摆动高度 Weave_Height 等参数。有关机器人弧焊作业的方式及工艺参数可参见参考文献 [6]。

实践指导

一、程序设计思路

1. 程序数据定义

RAPID 程序设计前，首先需要根据控制要求，将机器人工具的形状、姿态、载荷以及工件位置、机器人定位点、运动速度等全部控制参数定义成 RAPID 程序设计所需要的程序数据。

根据上述弧焊作业要求，所定义的基本程序数据如表 4-4-4 所示，不同程序数据的设定要求和方法可参见前述的相关章节。

表 4-4-4　基本程序数据定义表

程序数据			含　义	设定方法
性　质	类　型	名　称		
CONST	robtarget	pHome	机器人作业原点	指令定义或示教设定
CONST	robtarget	Weld_p1	作业区预定位点	指令定义或示教设定
CONST	robtarget	Weld_p2	作业起始点	指令定义或示教设定
CONST	robtarget	Weld_p3	焊接开始点	指令定义或示教设定
CONST	robtarget	Weld_p4	摆焊起始点	指令定义或示教设定
CONST	robtarget	Weld_p5	焊接结束点	指令定义或示教设定
CONST	robtarget	Weld_p6	作业退出点	指令定义或示教设定
PERS	tooldata	tMigWeld	工具数据	手动计算或自动测定
PERS	wobjdata	wobjStation	工件坐标系	手动计算或自动测定
PERS	seamdata	MIG_Seam	引弧、熄弧数据	指令定义或手动设置
PERS	welddata	MIG_Weld	焊接数据	指令定义或手动设置
VAR	intnum	intno1	中断名称	指令定义

以上程序数据为弧焊作业基本数据，且多为常量 CONST、永久数据 PERS，故需要在主模块上进行定义。对于子程序数据运算、状态判断所需要的其他程序变量 VAR，可在相应的子程序中根据需要进行个别定义，具体参见后述的程序实例。

2. 程序结构设计

为了使读者熟悉 RAPID 中断、错误处理指令的编程方法，在以下程序实例中使用了中断、错误处理指令编程，并根据控制要求，将以上焊接作业分解为作业初始化、A 工位焊接、B 工位焊接、焊接作业、中断处理 5 个相对独立的动作。

① 作业初始化。作业初始化用来设置循环焊接作业的初始状态，设定并启用系统中断监控功能等。

循环焊接作业的初始化包括机器人作业原点检查与定位、系统 DO 信号初始状态设置等，它只需要在首次焊接时进行，机器人循环焊接开始后，其状态可通过 RAPID 程序保证。因此，作业初始化可用一次性执行子程序的形式，由主程序进行调用；作业初始化程序包括机器人作业原点检查与定位、程序中间变量的初始状态设置等。

作业原点 pHome 是机器人搬运动作的起始点和结束点，进行第一次焊接时，必须保证机器人从作业原点向工件运动时无干涉和碰撞；机器人完成焊接后，可直接将该点定义为动作结束点，以便实现循环焊接动作。如作业开始时机器人不在作业原点，出于安全上的考虑，一般应先进行 Z 轴提升运动，然后再进行 XY 轴定位。

作业原点是 TCP 位置数据（robtarget），它需要同时保证 XYZ 位置和工具姿态正确，因此，程序需要进行 TCP 的 (x, y, z) 坐标和工具姿态四元数 (q_1, q_2, q_3, q_4) 的比较与判别,由于其运算指令较多,故可用单独的功能程序形式进行编制。只要能够保证机器人在首次运动时不产生碰撞,机器人的作业开始位置和作业原点实际上允许有一定的偏差,因此,在判别程序中,可将 XYZ 位置和工具姿态四元数 $q_1 \sim q_4$ 偏差不超过某一值(如 ±20mm、±0.05)的点视作作业原点。

作为参考,本例的作业初始化程序的功能可设计为:进行程序中间变量的初始状态设置;调用作业原点检查与定位子程序,检查作业起始位置、完成作业原点定位。其中,作业原点的检查和判别通过调用功能程序完成,作业原点的定位运动在子程序中实现。

中断设定指令用来定义中断条件、连接中断程序、启动中断监控。由于系统的中断功能一旦生效,中断监控功能将始终保持有效状态,中断程序就可随时调用,因此,它同样可在一次性执行的初始化程序中编制。

② A 工位焊接。调用焊接作业程序,完成焊接;焊接完成后启动中断,等待工件装卸完成;输出 B 工位回转信号,启动变位器回转,回转时间超过时,调用主程序错误处理程序,输出回转出错指示。

③ B 工位焊接。调用焊接作业程序,完成焊接;焊接完成后启动中断,等待工件装卸完成;输出 A 工位回转信号,启动变位器回转,回转时间超过时,调用主程序错误处理程序,输出回转出错指示。

④ 焊接作业。沿图 4-4-1 所示的轨迹,完成表 4-4-1 中的焊接作业。

⑤ 中断处理。等待操作者工件安装完成应答信号、关闭工件安装指示灯。

根据以上设计思路,应用程序的结构与功能可规划为表 4-4-5 所示。

表 4-4-5 RAPID 应用程序结构与功能

名 称	类 型	程 序 功 能
mainmodu	MODULE	主模块,定义基本程序数据
mainprg	PROC	主程序,进行如下子程序调用与管理: 1. 一次性调用初始化子程序 rInitialize,完成机器人作业原点检查与定位、DO 信号初始状态设置、设定并启用系统中断监控功能; 2. 根据工位检测信号,循环调用子程序 rCellA_Welding() 或 rCellB_Welding(),完成焊接作业; 3. 通过错误处理程序 ERROR,处理回转超时出错
rInitialize	PROC	一次性调用 1 级子程序,完成以下动作: 1. 调用 2 级子程序 rCheckHomePos,进行机器人作业原点检查与定位; 2. 设置 DO 信号初始状态; 3. 设定并启用系统中断监控功能
rCheckHomePos	PROC	rInitialize 一次性调用的 2 级子程序,完成以下动作: 1. 调用功能程序 InHomePos,判别机器人是否处于作业原点;机器人不在原点时进行如下处理: 2. Z 轴直线提升至原点位置; 3. XY 轴移动到原点定位
InHomePos	FUNC	rCheckHomePos 一次性调用的 3 级功能子程序,完成机器人原点判别: 1. $X/Y/Z$ 位置误差不超过 ±20mm; 2. 工具姿态四元数 $q_1 \sim q_4$ 误差不超过 ±0.05
rCellA_Welding()	PROC	循环调用 1 级子程序,完成以下动作: 1. 调用焊接作业程序 rWeldingProg(),完成焊接; 2. 启动中断程序 tWaitLoading、等待工件装卸完成; 3. 输出 B 工位回转信号,启动变位器回转; 4. 回转时间超过时,调用主程序错误处理程序,输出回转出错指示

名　称	类　型	程　序　功　能
rCellB_Welding()	PROC	循环调用 1 级子程序,完成以下动作: 1. 调用焊接作业程序 rWeldingProg(),完成焊接; 2. 启动中断程序 tWaitLoading、等待工件装卸完成; 3. 输出 A 工位回转信号、启动变位器回转; 4. 回转时间超过时,调用主程序错误处理程序,输出回转出错指示
tWaitLoading	TRAP	子程序 rCellA_Welding()、rCellB_Welding()循环调用的中断程序,完成以下动作: 1. 等待操作者工件安装完成应答信号; 2. 关闭工件安装指示灯
rWeldingProg()	PROC	子程序 rCellA_Welding()、rCellB_Welding()循环调用的 2 级子程序,完成以下动作:沿图 4-4-1 所示的轨迹完成表 4-4-1 中的焊接作业

二、程序设计示例

根据以上设计要求与思路,设计的参考 RAPID 应用程序如下。

```
! ****************************************************
MODULE mainmodu (SYSMODULE)                          //主模块 mainmodu 及属性
  ! Module name : Mainmodule for MIG welding          //注释
  ! Robot type : IRB 2600
  ! Software : RobotWare 6. 01
  ! Created : 2017-06-18
! ****************************************************
                                                     //定义程序数据(根据实际情况设定)
  CONST robtarget pHome:=[……];                       //作业原点
  CONST robtarget Weld_p1:=[……];                      //作业点 P1
  ……
  CONST robtarget Weld_p6:=[……];                      //作业点 P6
  ……
  PERS tooldata tMigWeld:= [……];                      //作业工具
  PERS wobjdata wobjStation:= [……];                   // 工件坐标系
  PERS seamdata MIG_Seam:=[……];                       //引弧、熄弧参数
  PERS welddata MIG_Weld:=[……];                       //焊接参数
  VAR intnum intno1;                                  //中断名称
! ****************************************************
PROC mainprg ()                                      //主程序
  rInitialize;                                       //调用初始化程序
  WHILE TRUE DO                                      //无限循环
  IF di06_inStationA=1 THEN
    rCellA_Welding;                                  //调用 A 工位作业程序
  ELSEIF di07_inStationB=1 THEN
    rCellB_Welding;                                  //调用 B 工位作业程序
```

```
    ELSE
        TPErase;                                          //示教器清屏
        TPWrite "The Station positon is Error";           //显示出错信息
        ExitCycle;                                        //退出循环
    ENDIF
        Waittime 0.5;                                     //暂停 0.5s
    ENDWHILE                                              //循环结束
    ERROR                                                 //错误处理程序
        IF ERRNO = ERR_WAIT_MAXTIME THEN                 //变位器回转超时
        TPErase;                                          //示教器清屏
        TPWrite "The Station swing is Error";             //显示出错信息
        Set do07_ SwingErr;                              //输出回转出错指示
        ExitCycle;                                        //退出循环
ENDPROC                                                  //主程序结束
! ************************************************************
PROC rInitialize ()                                     //初始化程序
        AccSet 50，50;                                    //加速度设定
        VelSet 100，600;                                  //速度设定
        rCheckHomePos;                                   //调用作业原点检查程序
        Reset do01_WeldON                                //焊接关闭
        Reset do02_GasON                                 //保护气体关闭
        Reset do03_FeedON                                //送丝关闭
        Reset do04_ CellA                                //A 工位回转关闭
        Reset do05_ CellB                                //B 工位回转关闭
        Reset do07_ SwingErr                             //回转出错灯关闭
        Reset do08_WaitLoad                              //工件装卸灯关闭
        IDelete intno1;                                  //中断复位
        CONNECT intno1 WITH tWaitLoading;                //定义中断程序
        ISignalDO do08_WaitLoad，1，intno1;               //定义中断、启动中断监控
ENDPROC                                                  //初始化程序结束
! ************************************************************
PROC CheckHomePos ()                                    //作业原点检查程序
        VAR robtarget pActualPos;                        //程序数据定义
        IF NOT InHomePos( pHome, tMigWeld) THEN
                        //利用功能程序判别作业原点,非作业原点时进行如下处理
        pActualPos:=CRobT(\Tool:= tMigWeld \ wobj :=wobj0);   //读取当前位置
        pActualPos. trans. z:= pHome. trans. z;          //改变 Z 坐标值
        MoveL pActualPos, v100, z20, tMigWeld;           //Z 轴退至 pHome
        MoveL pHome, v200, fine, tMigWeld;               //X、Y 轴定位到 pHome
```

```
    ENDIF
ENDPROC                                                //作业原点检查程序结束
! ***********************************************************
FUNC bool InHomePos（robtarget ComparePos，INOUT tooldata CompareTool）    //原点判别程序
    VAR num Comp_Count：=0；
    VAR robtarget Curr_Pos；
    Curr_Pos：= CRobT(\Tool：= CompareTool \ wobj ：=wobj0)；        //读取当前位置
    IF Curr_Pos. trans. x＞ComparePos. trans. x－20 AND
    Curr_Pos. trans. x＜ComparePos. trans. x＋20 Comp_Count：= Comp_Count＋1；
    IF Curr_Pos. trans. y＞ComparePos. trans. y－20 AND
    Curr_Pos. trans. y＜ComparePos. trans. y＋20 Comp_Count：= Comp_Count＋1；
    IF Curr_Pos. trans. z＞ComparePos. trans. z－20 AND
    Curr_Pos. trans. z＜ComparePos. trans. z＋20 Comp_Count：= Comp_Count＋1；
    IF Curr_Pos. rot. q1＞ComparePos. rot. q1－0. 05 AND
    Curr_Pos. rot. q1＜ComparePos. rot. q1＋0. 05 Comp_Count：= Comp_Count＋1；
    IF Curr_Pos. rot. q2＞ComparePos. rot. q2－0. 05 AND
    Curr_Pos. rot. q2＜ComparePos. rot. q2＋0. 05 Comp_Count：= Comp_Count＋1；
    IF Curr_Pos. rot. q3＞ComparePos. rot. q3－0. 05 AND
    Curr_Pos. rot. q3＜ComparePos. rot. q3＋0. 05 Comp_Count：= Comp_Count＋1；
    IF Curr_Pos. rot. q4＞ComparePos. rot. q4－0. 05 AND
    Curr_Pos. rot. q4＜ComparePos. rot. q4＋0. 05 Comp_Count：= Comp_Count＋1；
     RETUN Comp_Count=7；                          //返回 Comp_Count＝7 的逻辑状态
ENDFUNC                                                //作业原点判别程序结束
! ***********************************************************
PROC rCellA_Welding（）                                //A 工位焊接程序
    rWeldingProg；                                    //调用焊接程序
    Set do08_WaitLoad；                            //输出工件安装指示,启动中断
    Set do05_ CellB；                                //回转到 B 工位
    WaitDI di07_inStationB, 1\MaxTime：=30；        //等待回转到位 30s
    Reset do05_ CellB；                              //撤销回转输出
    ERROR
    RAISE；                                          //调用主程序错误处理程序
ENDPROC                                                //A 工位焊接程序结束
! ***********************************************************
PROC rCellB_Welding（）                                //B 工位焊接程序
    rWeldingProg；                                    //调用焊接程序
    Set do08_WaitLoad；                            //输出工件安装指示,启动中断
    Set do04_ CellA；                                //回转到 A 工位
    WaitDI di06_inStationA, 1\MaxTime：=30；        //等待回转到位 30s
```

```
      Reset do04_ CellA;                                              //撤销回转输出
      ERROR
      RAISE;                                                    //调用主程序错误处理程序
ENDPROC                                                             //B工位焊接程序结束
! ************************************************************
TRAP tWaitLoading                                                       //中断程序
      WaitDI di08_bLoadingOK;                                      //等待安装完成应答
      Reset do08_WaitLoad;                                         //关闭工件安装指示
ENDTRAP                                                              //中断程序结束
! ************************************************************
PROC rWeldingProg()                                                    //焊接程序
      MoveJ Weld_p1, vmax, z20, tMigWeld \wobj := wobjStation;        //移动到P1
      MoveL Weld_p2, vmax, z20, tMigWeld \wobj := wobjStation;        //移动到P2
      ArcLStart Weld_p3, v500, MIG_Seam, MIG_Weld, fine, tMigWeld \wobj := wob-
jStation;
                                                             //直线移动到P3、并引弧
      ArcL Weld_p4, v200, MIG_Seam, MIG_Weld, fine, tMigWeld \wobj := wobjSta-
      tion;
                                                               //直线焊接到P4
      ArcLEnd Weld_p5, v100, MIG_Seam, MIG_Weld\Weave:= Weave1, fine, tMigWeld
          \wobj := wobjStation;                            //直线焊接(摆焊)到p5、并熄弧
      MoveL Weld_p6, v500, z20, tMigWeld \wobj := wobjStation;        //移动到P6
      MoveJ Weld_p1, vmax, z20, tMigWeld \wobj := wobjStation;        //移动到P1
      MoveJ pHome, vmax, fine, tMigWeld \wobj := wobj0;            //作业原点定位
ENDPROC                                                             //焊接程序结束
! ************************************************************
ENDMODULE                                                           //主模块结束
! ************************************************************
```

拓展提高

机器人弧焊系统

1. 气体保护焊

电弧熔化焊接简称弧焊（Arc Welding），是目前金属熔焊中使用最普遍的方法，它属于熔焊的范畴；弧焊的方法有 TIG 焊、MIG 焊、MAG 焊、CO_2 焊等多种。

熔焊是通过加热，使工件（Parent metal，又称母材）、焊件（Weld metal）以及焊丝、焊条等熔填物局部熔化、形成熔池（Weld pool），冷却凝固后接合为一体的焊接方法。

无论采用何种方法加热，熔焊加工都需要形成高温熔池。由于大气存在氧、氮、水蒸气，高温熔池如果与大气直接接触，金属或合金元素就会被氧化或产生气孔、夹渣、裂纹等

缺陷，因此，通常需要用图 4-4-2 所示的原理，通过焊枪的导电嘴将氩、氦气、二氧化碳或其混合气体连续喷到焊接区，来隔绝大气、保护熔池，这种焊接方式称为气体保护电弧焊。

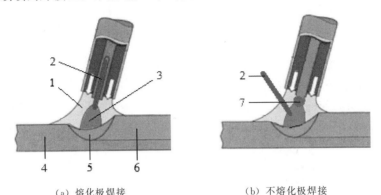

(a) 熔化极焊接　　　　　(b) 不熔化极焊接

图 4-4-2　气体保护电弧焊原理

1—保护气体；2—焊丝；3—电弧；4—工件；5—熔池；6—焊件；7—钨极

弧焊需要通过电极和焊接件间的电弧来产生高温、熔化金属，如弧焊使用焊丝、焊条等熔填物，熔填物既可如图 4-4-2(a) 所示直接作为电极熔化；也可如图 4-4-2(b) 所示由熔点极高的电极（一般为钨）加热后，随同工件、焊接件一起熔化。

熔填物作为电极熔化的焊接称为"熔化极气体保护电弧焊"，它主要有 MIG 焊、MAG 焊、CO_2 焊 3 种；电极不熔化的焊接称为"不熔化极气体保护电弧焊"，它主要有 TIG 焊、原子氢焊、等离子弧焊等，以 TIG 焊为常用；两种焊接方式的电极极性正好相反。

MIG 焊是惰性气体保护电弧焊（Metal Inert-gas Welding）的英文简称，它所使用的保护气体为氩气（Ar）、氦气（He）等惰性气体。使用氩气（Ar）的 MIG 焊又称"氩弧焊"。MIG 焊几乎可用于所有金属的焊接，对铝及合金、铜及合金、不锈钢等材料尤为适合。

MAG 焊是活性气体保护电弧焊（Metal Active-gas Welding）的英文简称，它所使用的保护气体为惰性气体和氧化性气体的混合物，如在氩气中加入氧气、二氧化碳或两者的混合物，我国常用的活性气体为 80% Ar＋20% CO_2；由于混合气体中氩气的比例较大，故又称"富氩混合气体保护电弧焊"。MAG 焊主要适用于碳钢、合金钢和不锈钢等黑色金属的焊接，特别在不锈钢焊接中应用十分广泛。

CO_2 焊是二氧化碳气体保护电弧焊的英文简称，它所使用的保护气体为二氧化碳或二氧化碳和氩气的混合气体。CO_2 焊采用价格低廉的二氧化碳气体，焊缝的成形良好，如使用含脱氧剂的焊丝，可获得无内部缺陷的高质量焊接效果，因此它是目前碳钢、合金钢等黑色金属材料最主要的焊接方法之一。

TIG 焊是钨极惰性气体保护电弧焊（Tungsten Inert Gas Welding）的英文简称，属于不熔化极气体保护电弧焊。TIG 焊是利用钨电极与工件、焊件间产生的电弧热熔化工件、焊件和焊丝，实现金属熔合、冷凝后形成焊缝的焊接方法。TIG 焊所使用的保护气体一般为惰性气体氩气（Ar）、氦气（He）或氩氦混合气体，在特殊应用场合，也可添加少量的氢气（H_2）。用氩气（Ar）作为保护气体的 TIG 焊称为"钨极氩弧焊"，用氦气（He）作为保护气体的 TIG 焊称为"钨极氦弧焊"，由于氦气的价格昂贵，目前工业上使用的一般以钨极氩弧焊为主。钨极氩弧焊可用于大多数金属和合金的焊接，但对铅、锡、锌等低熔点、易蒸发金属的焊接较困难；由于钨极氩弧焊的成本较高，故多用于铝、镁、钛、铜等有色金属及不锈钢、耐热钢等材料的薄板焊接。

2. 机器人弧焊系统

用于电弧熔焊作业的机器人简称弧焊机器人，单弧焊机器人系统组成如图4-4-3所示，它由机器人基本部件、焊枪（工具）和焊接设备、系统附件等组成。在自动化程度较高的系统上，有时还需要配备焊枪清洗装置、焊枪自动交换装置等系统附件，以及防护罩、警示灯等其他安全保护装置，以构成安全运行的弧焊工作站。

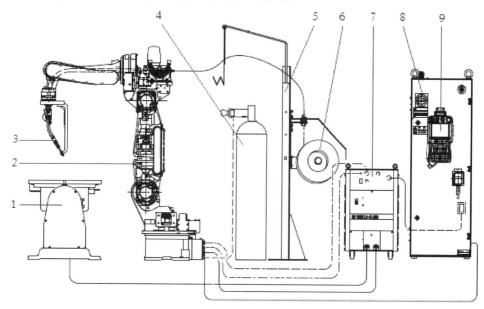

图4-4-3　单弧焊机器人系统组成
1—变位器；2—机器人本体；3—焊枪；4—保护气体；5—焊丝架；
6—焊丝盘；7—焊机；8—控制柜；9—示教器

① 机器人。弧焊机器人本体一般采用6轴或7轴垂直串联结构，弧焊作业的工具为焊枪，其体积、重量均较小，对机器人的承载能力要求不高；因此，通常以承载能力3～20kg、作业半径1～2m的中小规格机器人为主。

弧焊机器人需要进行焊缝的连续焊接作业，机器人需要具备直线、圆弧等连续轨迹的控制能力，对控制系统的插补性能、速度平稳性和定位精度的要求均较高；此外，还需要进行特殊的引弧、熄弧、送丝、退丝、剪丝等控制和焊接电流、电压等模拟量的自动调节，因此，控制系统通常需要配套专门的弧焊控制模块。

② 焊枪和焊接设备。弧焊机器人的作业工具通常为图4-4-4所示的焊枪。如果焊枪及气管、电缆、焊丝通过支架安装在机器人的手腕上，气管、电缆、焊丝从手腕、手臂外部引入，这种焊枪称为外置焊枪；如果焊枪直接安装在手腕上，气管、电缆、焊丝从机器人手腕、手臂内部引入，这种焊枪称为内置焊枪。外置焊枪、内置焊枪的质量均较轻，因此，弧焊对机器人的承载能力的要求并不高，绝大多数中小规格的机器人都可满足弧焊机器人的承载要求。

焊接设备是焊接作业的基本部件，它主要有焊机、保护气体、送丝机构等。弧焊机是用于焊接电压、焊接电流、焊接时间等焊接工艺参数自动控制与调整的电源设备；以焊丝作为填充料的弧焊，在焊接过程中焊丝将不断被熔化、填充到熔池中，因此，需要有焊丝盘、送

（a）外置焊枪　　　　　　　　　　　　　　（b）内置焊枪

图 4-4-4　弧焊机器人的焊枪

丝机构来保证焊丝的连续输送；此外，还需要通过气瓶、气管，向导电嘴连续提供保护气体。

③ 系统附件。弧焊系统常用的附件有变位器、焊枪清洗装置、焊枪自动交换装置等。

变位器可用来安装工件，实现工件的移动、回转、摆动或自动交换功能，提高系统的作业效率和自动化程度。

焊枪清洗装置和焊枪自动交换装置是高效、自动化弧焊作业生产线或工作站常用的配套附件。焊枪经过长时间焊接，必然会导致电极磨损、导电嘴焊渣残留等问题，从而影响焊接质量和作业效率；因此，在自动化焊接工作站或生产线上，一般都需要通过焊枪自动清洗装置对焊枪定期进行导电嘴清洗、防溅喷涂、剪丝等调整，以保证气体畅通，减少残渣附着，保证焊丝干伸长度不变。焊枪自动交换装置可用来实现焊枪的自动更换，以改变焊接工艺、提高机器人作业柔性和作业效率。

参考文献

［1］ 龚仲华 . 工业机器人结构及维护［M］. 北京：化学工业出版社， 2017.

［2］ 龚仲华 . ABB 工业机器人编程全集［M］. 北京：人民邮电出版社， 2018.

［3］ 安川 MOTOMAN-MH6 机器人使用说明书［M］. 安川电机（中国）有限公司，2009.

［4］ HarmonicDrive 精密控制用减速器综合样本［M］. Harmonic Drive System，Ltd. ，2015.

［5］ Nabtesco RV N 系列减速器样本［M］. Nabtesco Corporation，2015.

［6］ 龚仲华 . 工业机器人完全应用手册［M］. 北京：人民邮电出版社， 2017.